高等职业教育计算机类课程
新形态一体化教材

信息技术

徐维祥　主编

中国教育出版传媒集团
高等教育出版社·北京

内容简介

2021 年 4 月,教育部制定出台了《高等职业教育专科信息技术课程标准(2021年版)》(以下简称"新课标")。本书的编写充分贯彻新课标的要求,全面覆盖基础模块和拓展模块的内容,旨在培养高等职业教育专科学生的综合信息素养,提升信息意识与计算思维,促进数字化创新与发展能力,促进专业技术与信息技术融合,并树立正确的信息社会价值观和责任感,为职业能力的持续发展奠定必要的基础。

本书分为两篇:基础篇包括文档处理、电子表格处理、演示文稿制作、信息检索、新一代信息技术概述、信息素养与社会责任 6 章,是提升高职学生信息学科素养的核心;拓展篇包括信息安全、项目管理、机器人流程自动化、程序设计基础、大数据、人工智能、云计算、现代通信技术、物联网、数字媒体、虚拟现实和区块链 12 章,帮助高职学生深入理解信息技术,拓展其解决问题的综合能力。

本书配套有微课视频、教学设计、授课用 PPT、案例素材及代码、习题答案等数字化学习资源。与本书配套的数字课程"信息技术"在"智慧职教"平台(www.icve.com.cn)上线,学习者可以登录平台进行在线课程的学习,授课教师可以调用本课程构建符合自身教学特色的 SPOC 课程,详见"智慧职教"服务指南。授课教师可发邮件至编辑邮箱 1548103297@qq.com 获取相关资源。

本书内容丰富、选材新颖、结构清晰、通俗易懂,具有较强的实用性,可作为高等职业院校各专业信息技术课程的教材,也可以满足学生参加全国计算机等级考试一级的备考需要。

图书在版编目(CIP)数据

信息技术 / 徐维祥主编. --北京:高等教育出版社, 2023.5

ISBN 978-7-04-057443-2

Ⅰ.①信… Ⅱ.①徐… Ⅲ.①电子计算机 – 高等职业教育 – 教材 Ⅳ.①TP3

中国版本图书馆CIP数据核字(2021)第260940号

Xinxi Jishu

| 策划编辑 侯昀佳 | 责任编辑 刘子峰 | 封面设计 张 志 | 版式设计 张 杰 |
| 插图绘制 邓 超 | 责任校对 高 歌 | 责任印制 存 怡 | |

出版发行	高等教育出版社	网 址	http://www.hep.edu.cn
社 址	北京市西城区德外大街 4 号		http://www.hep.com.cn
邮政编码	100120	网上订购	http://www.hepmall.com.cn
印 刷	北京利丰雅高长城印刷有限公司		http://www.hepmall.com
开 本	850mm×1168mm 1/16		http://www.hepmall.cn
印 张	18.25		
字 数	580千字	版 次	2023 年 5 月第 1 版
购书热线	010-58581118	印 次	2023 年 5 月第 1 次印刷
咨询电话	400-810-0598	定 价	55.00元

本书如有缺页、倒页、脱页等质量问题,请到所购图书销售部门联系调换
版权所有 侵权必究
物 料 号 57443-00

"智慧职教" 服务指南

"智慧职教"（www.icve.com.cn）是由高等教育出版社建设和运营的职业教育数字教学资源共建共享平台和在线课程教学服务平台，与教材配套课程相关的部分包括资源库平台、职教云平台和 App 等。**用户通过平台注册，登录即可使用该平台。**

● **资源库平台：为学习者提供本教材配套课程及资源的浏览服务。**

登录"智慧职教"平台，在首页搜索框中搜索"信息技术"，找到对应作者主持的课程，加入课程参加学习，即可浏览课程资源。

● **职教云平台：帮助任课教师对本教材配套课程进行引用、修改，再发布为个性化课程（SPOC）。**

1. 登录职教云平台，在首页单击"新增课程"按钮，根据提示设置要构建的个性化课程的基本信息。

2. 进入课程编辑页面设置教学班级后，在"教学管理"的"教学设计"中"导入"教材配套课程，可根据教学需要进行修改，再发布为个性化课程。

● **App：帮助任课教师和学生基于新构建的个性化课程开展线上线下混合式、智能化教与学。**

1. 在应用市场搜索"智慧职教 icve" App，下载安装。

2. 登录 App，任课教师指导学生加入个性化课程，并利用 App 提供的各类功能，开展课前、课中、课后的教学互动，构建智慧课堂。

"智慧职教" 使用帮助及常见问题解答请访问 help.icve.com.cn。

前　言

当今世界，信息技术创新日新月异，数字化、网络化、智能化深入发展，在推动经济社会发展、促进国家治理体系和治理能力现代化、满足人民日益增长的美好生活需要方面发挥着越来越重要的作用。信息技术是推进新型工业化，加快建设制造强国、质量强国、航天强国、交通强国、网络强国、数字中国的基础支撑。

信息技术涵盖信息的获取、表示、传输、存储、加工、应用等各种技术。自从电子计算机问世以来，信息技术沿着以计算机为核心到以互联网为核心再到以数据为核心的脉络快速发展，推动了社会信息化、智能化的建设与发展，催生出现实空间与虚拟空间并存的信息社会，并逐步构建智慧社会。提升信息素养，增强在信息社会中的适应能力与创造能力，做合格的"数字公民"，不仅是当前高职院校学生融入信息社会、提高生活质量的必备素质，也是信息社会背景下成为高素质技术技能人才的基本要求。

本书的编写严格遵循《高等职业教育专科信息技术课程标准（2021 年版）》的要求，注重课程思政，贯穿核心素养，弘扬工匠精神，培养创新意识，体现时代特色。具体体现在以下几个方面：

1. 全面贯彻党的教育方针，落实立德树人根本任务，将德育元素融入教学，以润物无声的方式引导学生树立正确的世界观、人生观和价值观。全书以信息技术应用为主线，特别是在对操作性要求较高的第 1~4 章，采用"项目引导，任务驱动，理实一体"的编写模式，将每个设定项目分成若干具体任务，在每个任务中又包含相关的知识点及操作实例，每个实例的操作图例上都标注有操作步骤，使学习者看图就会操作，帮助其快速掌握具体操作方法，从而实现对整个项目的掌握。

2. 遵循职业教育规律，体现高职院校信息技术课程教学要求。教材内容充分体现信息技术的学科核心素养，有利于培养学生的信息意识、计算思维、数字化创新与发展、信息社会责任，有助于教师依据课程标准科学、合理地组织教学。编者团队立足于培养学生的信息素养和驾驭信息的职业技能，坚持教材编写与课程开发一体化，教材内容与数字资源建设一体化，教学与学习过程一体化的原则，实现"教师 + 教材 + 教法"的深度融合，实施精准教与学。为适应经济社会发展和科技进步的需要，反映新知识、新技术、新工艺、新方法，体现教学研究与改革的成果。本书合理安排章节内容，理论与实例配合恰当，做到层次分明、条理清楚、逻辑性强。全书以"应用"为主旨，基本理论以"必需、够用"为度，突出技能培训，采用任务驱动编写模式，强化项目训练，提高教学效果。

3. 体现"做中学、做中教"的职业教育特色。本书遵循高职院校学生的心理特征和认知发展规律，以项目和任务整合课堂教学内容，以解决问题为导向，开展方案设计、新知识学习和实践探索。开展项目学习时，创设适合高职学生认知特点的活动情境，引导其利用信息技术开展项目实践、形成作品；同时密切联系生产生活实际，使本书兼具解决具体问题的"实用工作手册"功能。

4. 配备丰富教学资源。为便于教师教学及学生学习，本书配套有微课视频、教学设计、授课用 PPT、案例素材及代码、习题答案等数字化学习资源。与本书配套的数字课程"信息技术"在"智慧职教"平台（www.icve.com.cn）上线，学习者可以登录平台进行在线课程的学习，授课教师可以调用本课程构建符合自身教学特色的 SPOC 课程，详见"智慧职教"服务指南。授课教师可发邮件至编辑邮箱 1548103297@qq.com 获取相关资源。

5. 兼顾《全国计算机等级考试一级计算机基础及 MS Office 应用》考试大纲（2021 年版），在每章的课后习题部分均补充了丰富的参考 2021 年全国计算机等级考试的样题，满足学生参加等级考试备考的需要。

本书作为高等职业教育专科信息技术公共基础课程教材，内容严格按照新课标的课程结构进行编排。基础篇是必修或限定选修内容。拓展篇是选修内容，各院校可以结合学校特色、专业需要和学生实际情况，自主设置教学内容。此外，为了突破篇幅束缚，保证各章教学内容的完整性，本书拓展篇采用"纸质教材 + 电子活页式教材"方式呈现，每章都提供了丰富的电子信息，一般不少于纸面篇幅的 3 倍。读者可以扫描相应二维码阅读更为丰富的拓展内容。各章建议学时如下：

模块	教学内容	建议学时
基础篇 （48~72 学时）	第 1 章　文档处理	14~18
	第 2 章　电子表格处理	10~14
	第 3 章　演示文稿制作	8~12
	第 4 章　信息检索	6~10
	第 5 章　新一代信息技术概述	6~10
	第 6 章　信息素养与社会责任	4~8
拓展篇 （32~80 学时，自主选取教学章节）	第 7 章　信息安全	4~10
	第 8 章　项目管理	6~12
	第 9 章　机器人流程自动化	4~10
	第 10 章　程序设计基础	8~16
	第 11 章　大数据	4~10
	第 12 章　人工智能	6~12
	第 13 章　云计算	6~12
	第 14 章　现代通信技术	6~12
	第 15 章　物联网	6~12
	第 16 章　数字媒体	8~16
	第 17 章　虚拟现实	6~12
	第 18 章　区块链	4~10

　　本书由《高等职业教育专科信息技术课程标准（2021 年版）》专家组成员徐维祥（北京交通大学教授）担任主编，王健（大连市教育事业发展中心正高级讲师）担任副主编。各章编写分工如下：徐婷（清华大学助理教授）编写第 1 章，梁丽梅（河北金融学院副教授）编写第 2、3、8 章，尹鸿峰（沧州交通学院副教授）、徐维祥、赵旭辉（辽宁铁道职业技术学院教授）编写第 4、7 章，徐维祥编写第 5、13 章，王健编写第 6 章及附录，杨灵（辽宁机电职业技术学院副教授）编写第 9 章，赵旭辉编写第 10、16 章，祝凌曦（北京交通大学讲师）编写第 11、12、18 章，郑毛祥（武汉铁路职业技术学院教授）编写第 14、15 章，熊鹏航、黄腾（武汉灏存科技有限公司）编写第 17 章。此外，陈磊（中国电子系统技术有限公司）、冯波（北京金山办公软件股份有限公司）等企业专家为本书的编写提供了资源案例和技术支持。

　　由于编者水平所限，书中难免有不足之处，敬请广大读者批评指正。

徐维祥
2021 年秋于北京

目 录

拓 展 篇

基础篇

1

2

3

4

第 1 章

文 档 处 理

信息技术的飞速发展以及与各行各业的深度融合应用,对人们的信息处理能力提出了更高要求。在日常工作、生活及学习中,最常见的信息处理是文档处理,主要包括对文档进行文字编辑、格式美化、表格图形处理、多人协同处理等内容。可以说,掌握文档处理技术已成为现代职场人的必备技能。本章将围绕日常生活场景中的实例,由浅入深地学习文、表、图等编辑排版方法,达到轻松制作各种形式文档的目的。

本章以 Word 2016 为例,介绍文档的处理方法与技巧。

【学习目标】

1)掌握文档的基本编辑方法和操作技巧。

2)掌握图片、表格等的插入、编辑及美化等操作。

3)掌握样式和模板的创建与使用,会完成目录制作等操作。

4)掌握页面设置和打印设置方法。

5)掌握多人协同编辑文档的方法与技巧。

1.1 创建与编辑文档

【设定项目】创建"倡议书"文档

情境描述 ▶

学校即将迎来 70 周年校庆,为了协助校庆活动的有序进行,校学生会指派李明同学撰写校庆志愿者招募"倡议书"。

项目要求 ▶

1)创建空白文档。

2)选择一种输入方法,录入如图 1-1 所示的文字。

> XX 学校 70 周年校庆学生志愿者招募倡议书
> 亲爱的同学们:
> 3. 今年校庆期间学校将组织"庆祝 XX 学校建校七十周年大会"等一系列活动。
> 4. 2021 年 9 月 15 日,学校将迎来七十岁生日。
> 5. 为了更好地展现学生全新的精神面貌和良好的综合素质,我们在此倡议:全体学生结
> 6. 合学校各部门活动安排,积极参与接待、导游等校庆志愿服务活动,通过身体力行,
> 表达对学校建校七十周年的祝福。
> 让我们一起参与、共同见证学校的重要时刻,为更好的明天努力奋斗!
> 咨询电话:62XX1888
> 校学生会
> 2021.8.1

图 1-1 "倡议书(录入)"文档内容

3)将新创建的文档命名为"倡议书(录入).docx",保存在"素材与实例\第 1 章"文件夹中。

4)打开文档进行编辑。

① 将文档第 3、4 行内容互换。

② 将"今年"后的"校庆"复制到第 6 行的"活动"之前。

③ 将全文中的"七十"替换成"70"。

5）将文档重命名为"倡议书（编辑).docx"，保存在"素材与实例 \ 第 1 章"文件夹中。

6）将文档拆分成 2 个窗口。

项目分解 ▶

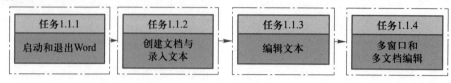

微课 1-1

任务 1.1.1　启动和退出 Word

启动和退出 Word（字处理软件），是使用 Word 进行文档处理的前提条件。本节将学习启动和退出 Word 2016 的操作方法。

步骤 1：启动 Word。单击系统"开始"按钮，选择"Word 2016"命令。

提示：
启动 Word

> 双击桌面上的快捷图标 W，即可启动 Word 2016。
>
> 在资源管理器中双击某个 Word 文档，可启动 Word 2016 程序并打开该文档。

步骤 2：熟悉软件界面。启动 Word 2016 并创建文档后，会显示软件的主界面，其中包括快速访问工具栏、标题栏、功能区、标尺、编辑区、滚动条、状态栏等组成元素，如图 1-2 所示。

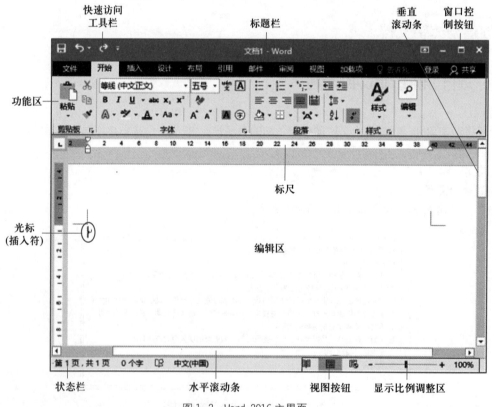

图 1-2　Word 2016 主界面

- 快速访问工具栏：放置一些使用频率较高的工具按钮。默认情况下，该工具栏包含了"保存"按钮 、"撤销"按钮 和"重复"按钮 。

- 标题栏：位于窗口的最上方，显示当前编辑的文档名和窗口控制按钮。单击标题栏右侧的 3 个控制

按钮 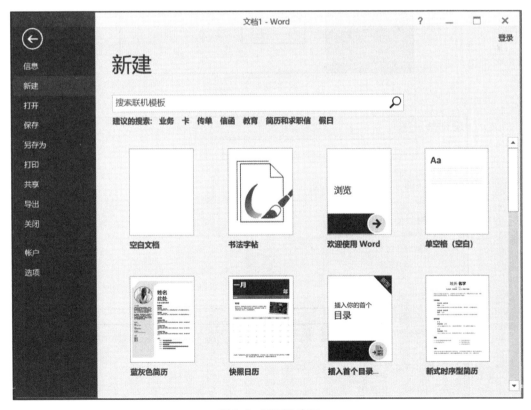，可分别将程序窗口最小化、还原 / 最大化、关闭。

- 功能区：位于编辑区上方的长方形区域，放置常用的功能按钮和下拉菜单等工具。功能区包括多个选项卡，单击不同的选项卡会显示不同组的命令集合，某些组的右下角有一个"对话框启动器"按钮，单击可打开相关对话框。
- 标尺：分为水平标尺和垂直标尺，用于确定文档内容在纸张上的位置，也可以调整段落编排方式、左右页边距等。
- 编辑区：用户进行文本输入、编辑和排版的区域。在编辑区左上角有一个不停闪烁的光标，用于定位当前的编辑位置。
- 滚动条：分为垂直滚动条和水平滚动条。当内容较多时，拖动滚动条可以查看文档的整个页面内容。
- 状态栏：位于窗口底部，用于显示当前文档窗口的状态信息，如编辑文档的页数、字数、文档显示缩放比例等。

步骤 3：退出 Word。选择"文件"→"关闭"命令或单击窗口右上角的"关闭"按钮。

任务 1.1.2　创建文档与录入文本

创建文档与录入文本是文档处理最基本的操作。本节以"倡议书（录入）"文档为例，来学习创建文档、录入文本、保存及关闭文档等操作方法。

步骤 1：新建文档。启动 Word 2016 后，在右侧的模板列表中选择"空白文档"，可创建一个空白文档。

> 可选择"文件"→"新建"命令，利用右侧的文档模板创建文档，如图 1-3 所示。或者按"Ctrl+N"组合键，可快速新建一个空白文档。

提示：
创建文档

图 1-3　"新建"窗口

步骤 2：输入文本。选择一种汉字输入法，录入"倡议书（录入）"文档中的内容。录入文字内容如图 1-1 所示。

🗂 技巧：
输入法
转换

> 录入中文时要把输入法切换到中文状态，录入英文时要把输入法切换到英文状态，使用
> "Ctrl+Shift" 组合键可以实现不同输入法之间的快速切换，使用 "Ctrl+Space" 组合键可以实现中、英文
> 输入法之间的快速切换。

如果需要输入键盘上没有的特殊符号，如箭头、几何图形等，在确定插入位置后，可单击 "插入" → "符号" 组中的 "符号" 下拉按钮 **Ω**，在下拉列表中选择 "其他符号"，打开 "符号" 对话框，选择所需要的符号插入到文档中。

步骤 3 : 保存文档。单击快速访问工具栏中的 "保存" 按钮 💾，或者选择 "文件" → "保存" 命令，或者按 "Ctrl+S" 组合键，打开 "另存为" 窗口，如图 1-4 所示。单击 "浏览" 按钮，在打开的 "另存为" 对话框中，选择文件的保存位置为 "素材与实例 \ 第 1 章" 文件夹，在 "文件名" 编辑框中输入 "倡议书（录入）"，单击 "保存" 按钮，如图 1-5 所示。

图 1-4　"另存为" 窗口

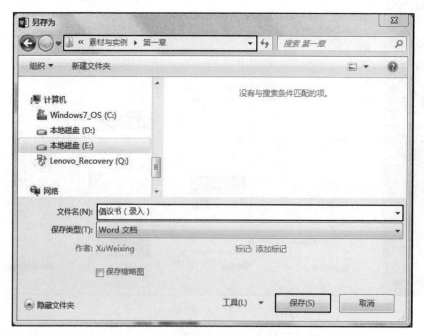

图 1-5　设置文档保存位置和文件名

提示：
保存类型

> 在"保存类型"下拉列表中可以选择要保存的文件类型，默认类型为 Word 文档，扩展名为 docx；如果选择"PDF"选项，则保存为 PDF 格式的文件类型；如果选择"Word 模板"，则保存为 Word 模板的文件类型，如图 1-6 所示。

Word 2016 有自动保存文档的功能，可以按照用户设定的时间间隔来自动保存当前文档。选择"文件"→"选项"命令，会弹出"Word 选项"对话框，如图 1-7 所示。

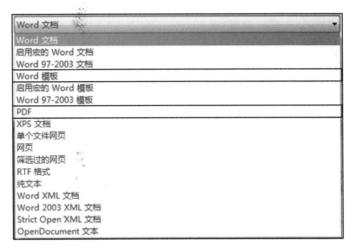

图 1-6　文档保存类型

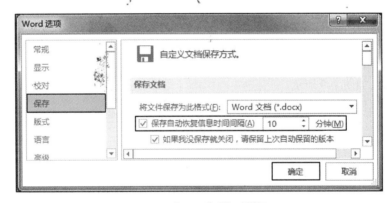

图 1-7　"Word 选项"对话框

选择"保存"，选中"保存自动恢复信息时间间隔"复选框，单击"确定"按钮，就启动了自动保存文档功能。系统默认的自动保存文档时间间隔为 10 分钟，用户可以根据自己的需要进行设置。

技巧：
保存文档

> 在编辑文档时，要养成经常保存文档的习惯。第二次保存文档时不会再弹出"另存为"对话框，因此当打开某个文档进行修改后，如果希望保存原文档，可选择"文件"→"另存为"命令，打开"另存为"对话框，将文档以不同的名称保存，这样修改结果将只反映在另存的文档中，原文档没有任何改动。

步骤 4：关闭文档。单击文档主窗口标题栏右侧的"关闭"按钮✖，或选择"文件"→"关闭"命令。关闭文档或退出 Word 程序时，如果文档经修改后尚未保存，系统将弹出提示框，提醒用户保存文档。

任务 1.1.3　编辑文本

创建文档并录入文本之后，对文本进行编辑是必不可少的一项环节。本节以"倡议书（录入）"文档为例，学习打开文档、选择文本、移动和复制文本、查找和替换文本、多窗口编辑等操作。

步骤 1：打开文档。选择"文件"→"打开"命令，或者按"Ctrl+O"组合键，显示"打开"窗口，如图 1-8 所示。窗口右侧显示了最近打开过的文档名称，单击"倡议书（录入）"文档，可将文档打开。

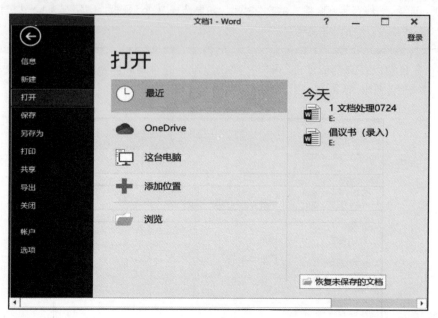

图 1-8　"打开"窗口

🔖 提示：
打开文档

　　如果文档不在"最近"列表中，可在"打开"窗口中单击"浏览"按钮，在"打开"对话框中选择保存文档的磁盘驱动器或文件夹，再选择要打开的文档，单击"打开"按钮。

步骤 2：选择文本。在打开的"倡议书（录入）"文档中，将插入符定位到第 4 行开头，按住鼠标左键，拖动到要选择文本的结束处，释放鼠标左键即可选中鼠标轨迹经过的文本，如图 1-9 所示。

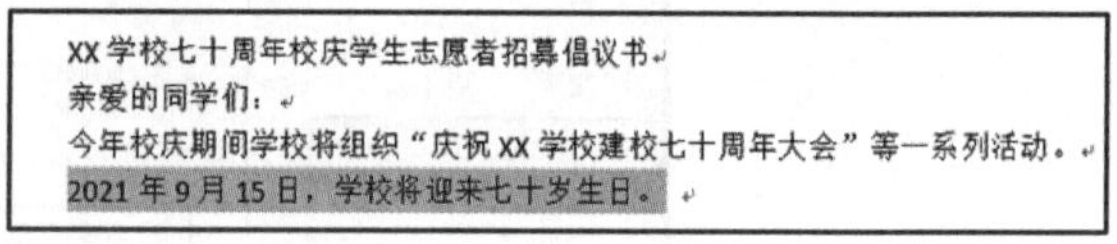

除此之外，还可以使用以下方法选择文本。

- 选择一行文本：将鼠标移至该行左端，当指针变为 ⤢ 形状时单击。

XX 学校七十周年校庆学生志愿者招募倡议书
亲爱的同学们：
今年校庆期间学校将组织"庆祝 XX 学校建校七十周年大会"等一系列活动。
2021 年 9 月 15 日，学校将迎来七十岁生日。

图 1-9　用鼠标拖动方式选择文本

- 选择连续多行文本：将鼠标移至该行左端，当指针变为 ⤢ 形状时按住鼠标左键向下拖动。
- 选择一个段落：在该段落左端空白位置处双击，或者在该段落中任意位置处三击。
- 选择连续的文本：选择文本的起始位置，按住"Shift"键，单击文本的终止位置。
- 选择不连续的文本：选择一部分连续文本后，按住"Ctrl"键再选择其他的文本。
- 选择矩形文本：将鼠标移至矩形文本的一角，按住"Alt"键的同时按住鼠标左键拖动至矩形文本的对角。
- 选择整篇文档：按"Ctrl+A"组合键可选择整篇文档内容。

步骤 3：移动文本。选中第 3 行文本内容，如图 1-10 所示。按住鼠标左键并拖动至空行的目标位置，所选文本即被移动到第 4 行，而原来位置将不再保留被移动的文本，如图 1-11 所示。

步骤 4：复制文本。选中"校庆"，在按住鼠标左键拖动至目标位置的同时按住"Ctrl"键，则原位置的文本依然保留，如图 1-12 所示。

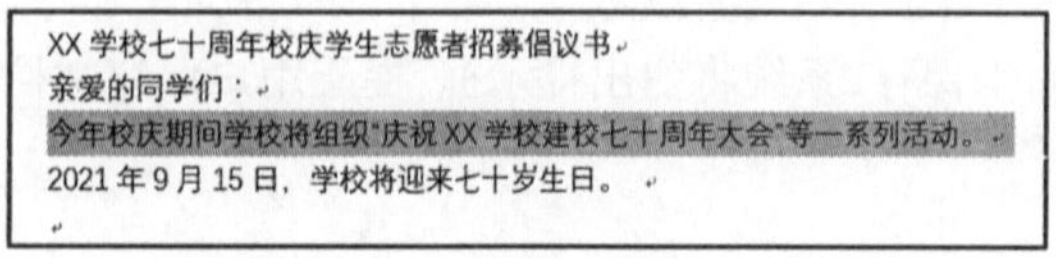

XX 学校七十周年校庆学生志愿者招募倡议书
亲爱的同学们：
今年校庆期间学校将组织"庆祝 XX 学校建校七十周年大会"等一系列活动。
2021 年 9 月 15 日，学校将迎来七十岁生日。

图 1-10　选择要移动的文本

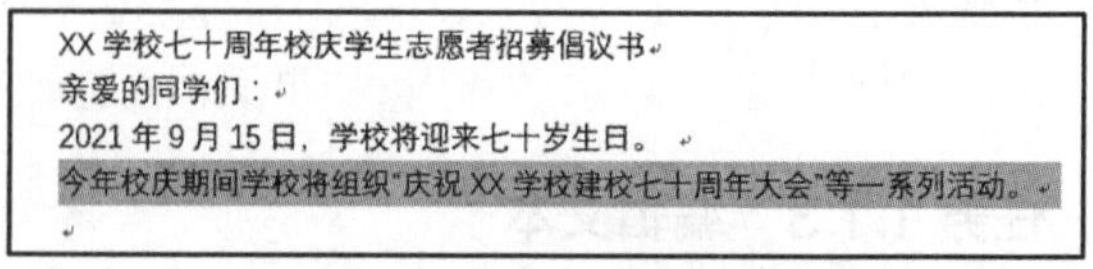

XX 学校七十周年校庆学生志愿者招募倡议书
亲爱的同学们：
2021 年 9 月 15 日，学校将迎来七十岁生日。
今年校庆期间学校将组织"庆祝 XX 学校建校七十周年大会"等一系列活动。

图 1-11　移动文本至目标位置

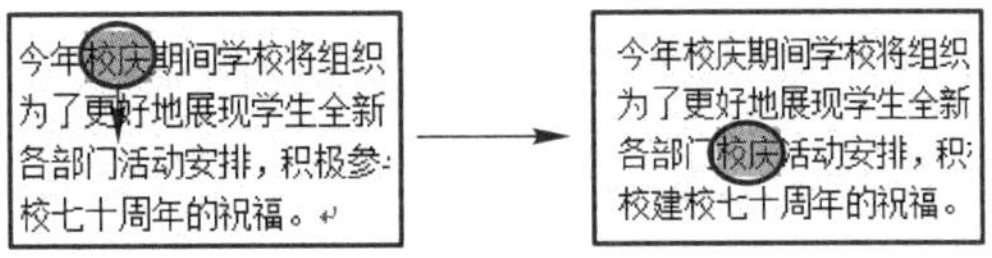

图 1-12　复制文本到目标位置

提示：
移动、复制、
粘贴文本

> 1) 如果要移动文本,先选中要移动的文本,单击"开始"→"剪贴板"组中的"剪切"按钮 ✂ (或按"Ctrl+X"组合键),再执行 3)。
>
> 2) 如果要复制文本,先选中要复制的文本,单击"开始"→"剪贴板"组中的"复制"按钮 📋 (或按"Ctrl+C"组合键),再执行 3)。
>
> 3) 将插入符定位到目标位置,单击"开始"→"剪贴板"组中的"粘贴"按钮 📋 (或按"Ctrl+V"组合键),即可将所选文本移动或复制到该位置。

步骤 5：查找文本。将插入符定位到文档开头,单击"开始"→"编辑"组中的"查找"按钮 🔍 或者按"Ctrl+F"组合键,在"导航"任务窗格的编辑框中输入要查找的内容,如"七十",如图 1-13 所示。文档中将以橙色底纹突出显示查找到的内容,如图 1-14 所示。

图 1-13　"导航"任务窗格

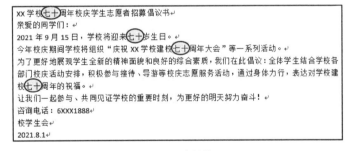

图 1-14　查找结果

提示：
"导航"任
务窗格

> 在"导航"任务窗格中,单击"下一处搜索结果"按钮 🔽,可从上到下将文档依次定位到查找的内容;单击"上一处搜索结果"按钮 🔼,可从下到上定位搜索结果。单击编辑框中的"关闭"按钮 ✕,可以停止搜索;单击"导航"任务窗格右上角的"关闭"按钮 ✕,则关闭窗格。

步骤 6：替换文本。将插入符定位到文档开头,单击"开始"→"编辑"组中的"替换"按钮 🔁,或者按"Ctrl+H"组合键,打开"查找和替换"对话框。在"查找内容"编辑框中输入要替换的内容"七十",在"替换为"编辑框中输入替换结果"70",如图 1-15 所示,单击"替换"按钮表示逐一确认后替换,单击"全部替换"按钮表示一次全部替换。

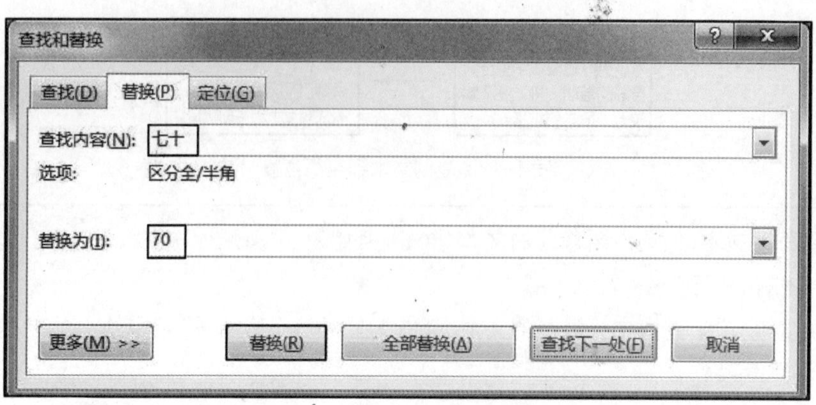

图 1-15　输入查找和替换内容

步骤 7：另存文档。选择"文件"→"另存为"命令，将文档重命名为"倡议书(编辑).docx"，保存在"素材与实例\第 1 章"文件夹中。编辑后的结果如图 1-16 所示。

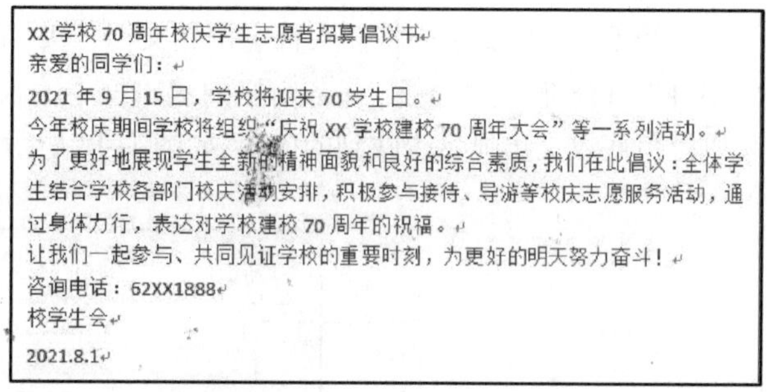

> XX 学校 70 周年校庆学生志愿者招募倡议书
> 亲爱的同学们：
> 2021 年 9 月 15 日，学校将迎来 70 岁生日。
> 今年校庆期间学校将组织"庆祝 XX 学校建校 70 周年大会"等一系列活动。
> 为了更好地展现学生全新的精神面貌和良好的综合素质，我们在此倡议：全体学生结合学校各部门校庆活动安排，积极参与接待、导游等校庆志愿服务活动，通过身体力行，表达对学校建校 70 周年的祝福。
> 让我们一起参与、共同见证学校的重要时刻，为更好的明天努力奋斗！
> 咨询电话：62XX1888
> 校学生会
> 2021.8.1

任务 1.1.4　多窗口和多文档编辑

Word 文档窗口可以拆分为两个或多个窗口，以方便编辑操作。本节以"倡议书(编辑)"文档为例，学习文档窗口拆分与合并的操作方法。

图 1-16　"倡议书(编辑)"文档效果

步骤 1：拆分文档。选择"文件"→"打开"命令，打开"倡议书(编辑)"文档，单击"视图"→"窗口"组中的"拆分"按钮，则文档窗口会被分成两个，如图 1-17 所示。用户可以同时在这两个窗口中对文档进行各种编辑操作。

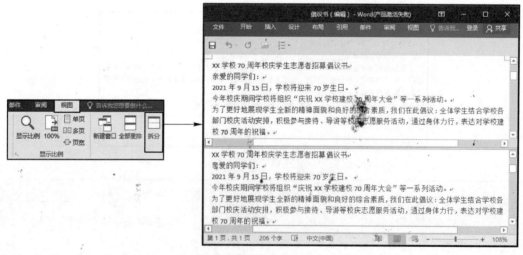

图 1-17　拆分文档窗口

步骤 2：调整窗口大小。将鼠标移到每个窗口的水平线上，当指针变为 ⇕ 形状时按住鼠标左键拖动。

步骤 3：合并窗口。对窗口进行拆分后，"拆分"按钮变成"取消拆分"按钮，单击该按钮，或者将鼠标移到窗口的水平线上并双击，可以将拆分的窗口合并为一个窗口。

Word 允许同时打开多个文档进行编辑,每个文档对应一个窗口。单击"视图"→"窗口"组中的"切换窗口"下拉按钮 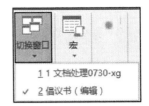,在下拉列表中用编号方式列出了所有被打开的文档,如图 1-18 所示,其中只有一个文档名称前有√符号,表示该文档窗口是当前文档窗口。单击下拉列表中的文档名称,可切换到相应的文档窗口。

图 1-18 切换窗口列表

> 单击"视图"→"窗口"组中的"全部重排"按钮 ▤,可以将所有文档窗口排列在屏幕上。单击某个文档窗口可使其成为当前窗口,各文档窗口间的内容可以进行剪切、粘贴和复制操作。

提示:
多窗口排列

【实训项目】创建"通知"文档

情境描述 ▶
为庆祝伟大祖国 72 周年华诞,李明所在的班级要组织"迎国庆,登长城"活动,并由他负责"通知"文档的拟制。

项目要求 ▶
创建和编辑文档内容。

实训内容 ▶
请完成如下任务:

1) 创建"通知(录入)"的空白文档。

2) 选择一种输入方法,录入如图 1-19 所示的文字并保存。

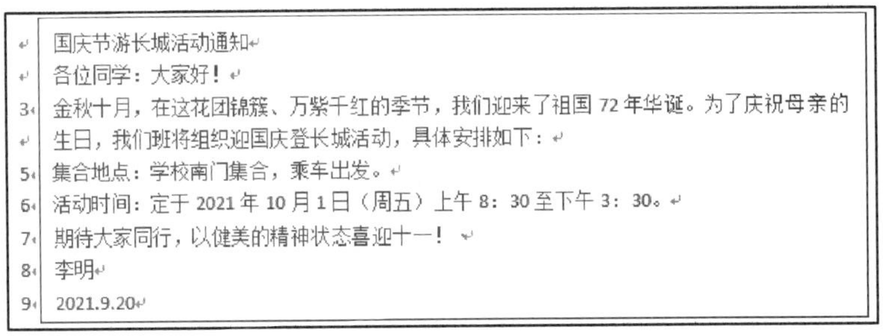

```
国庆节游长城活动通知
各位同学:大家好!
金秋十月,在这花团锦簇、万紫千红的季节,我们迎来了祖国 72 年华诞。为了庆祝母亲的
生日,我们班将组织迎国庆登长城活动,具体安排如下:
集合地点:学校南门集合,乘车出发。
活动时间:定于 2021 年 10 月 1 日(周五)上午 8:30 至下午 3:30。
期待大家同行,以健美的精神状态喜迎十一!
李明
2021.9.20
```

图 1-19 "通知(录入)"文档内容

3) 对"通知(录入).docx"文档进行编辑。

① 将文档第 5 行和第 6 行的内容互换。

② 将第 3 行中的"祖国"复制到同行的"母亲"之前。

③ 将第 6 行中的"8:30"替换成"8:20",将"3:30"替换成"3:20"。

④ 在第 7 行末尾加笑脸符号"☺"。

4) 将文档重命名为"通知(编辑).docx",保存在"素材与实例\第 1 章"文件夹中。

文档编辑后的结果如图 1-20 所示。

案例素材

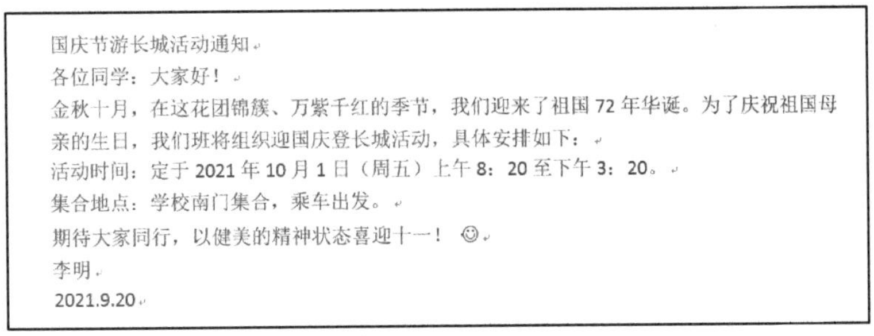

```
国庆节游长城活动通知
各位同学:大家好!
金秋十月,在这花团锦簇、万紫千红的季节,我们迎来了祖国 72 年华诞。为了庆祝祖国母
亲的生日,我们班将组织迎国庆登长城活动,具体安排如下:
活动时间:定于 2021 年 10 月 1 日(周五)上午 8:20 至下午 3:20。
集合地点:学校南门集合,乘车出发。
期待大家同行,以健美的精神状态喜迎十一! ☺
李明
2021.9.20
```

图 1-20 "通知(编辑)"文档效果

拓展阅读
1-1-1

1.2　美化文档 ▶▶▶

【设定项目】美化"通知"文档

情境描述 ▶

李明已经创建了"通知(编辑)"文档,为了便于同学们关注和阅读,他决定对该文档进行文档格式处理,增添文档的美观度。

项目要求 ▶

案例素材

1) 打开"通知(编辑)"文档。

2) 设置"字符格式"。

① 标题设置为"黑体",字号为"小初",标题颜色为红色,并设置阴影效果。

② 正文中文字体设置为"华文中宋",西文字体设置为"Times New Roman",字号为"18"。

③ 结尾两行文本的间距设置为"加宽","磅值"设置为"2.5磅"。

3) 设置"段落格式"。

① 标题"居中",第8行和第9行的两个段落"右对齐",段落行间距为"3"。

② 正文首行缩进"2字符",段前和段后间距设为"0.5行",行距为"1.5倍行距"。

4) 为第3段和第4段设置项目编号。

5) 设置文档页面。

① 自定义页边距值,将上下和左右定义为"2厘米"和"2.5厘米"。

② 另存文档为"通知(美化).docx",保存在"素材与实例\第1章"文件夹中。

微课1-2

项目分解 ▶

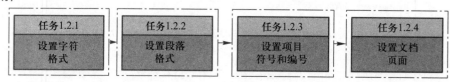

任务1.2.1　设置字符格式

对文档内容进行必要的格式设置,不仅可以使文档更加美观,还可以使读者更轻松地阅读和理解文档内容。本节以"通知(编辑)"文档为例,学习设置字体、字号、字形、颜色、修饰效果、字符间距等操作方法。

步骤1:打开文档。选择"文件"→"打开"命令,打开文档"素材与实例\第1章\通知(编辑).docx"。

步骤2:设置标题字体字号。选中标题"国庆节游长城活动通知",单击"开始"→"字体"组中的"字体"下拉按钮 宋体 ▾ ,在下拉列表中选择"黑体",如图1-21所示。单击"字号"下拉按钮 五号 ▾ ,在下拉列表中选择"小初",如图1-22所示。

图1-21　设置标题字体

图1-22　设置标题字号

单击"字体"组的"对话框启动器"按钮 ⌐，或选中文字并右击鼠标，在弹出的快捷菜单中选择"字体"命令进行设置。

　　步骤 3：设置标题颜色。保持标题文本的选中状态，单击"开始"→"字体"组中"字体颜色"下拉按钮 **A⁻**，在下拉列表中选择"红色"，如图 1-23 所示。

　　步骤 4：设置标题文本效果。保持标题文本的选中状态，单击"开始"→"字体"组中的"文本效果和版式"下拉按钮 **A ⁻**，在下拉列表中选择"阴影"→"外部"中的"右上斜偏移"，如图 1-24 所示。

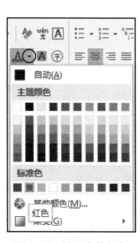

图 1-23　设置字体颜色

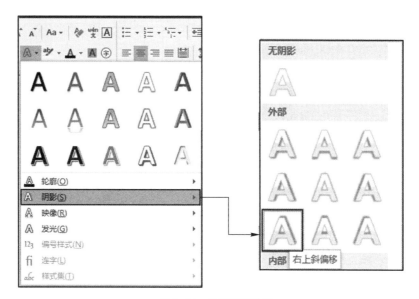

图 1-24　设置阴影效果

　　Word 2016 "开始"选项卡"字体"组中其他常用按钮的作用如图 1-25 所示。

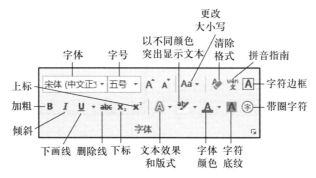

图 1-25　"字体"组中各按钮含义

常用按钮的含义如下：

● "加粗"按钮 **B** 或"Ctrl+B"组合键：将所选文本设置为加粗。

● "倾斜"按钮 **I** 或"Ctrl+I"组合键：将所选文本设置为倾斜。

● "下画线"下拉按钮 **U ⁻** 或"Ctrl+U"组合键：为所选文本添加下画线，单击其右侧的按钮，可在弹出的下拉列表中设置下画线线型及颜色。

● "删除线"按钮 **abc**、"字符边框"按钮 **Ⓐ**、"字符底纹"按钮 **A**、"上标"按钮 **x²**、"下标"按钮

$\mathbf{x_2}$：为所选文本设置删除线、边框和底纹，或者将所选文本设置为上标或下标效果。

- "以不同颜色突出显示文本"下拉按钮 ab▾：可在下拉列表中设置所选文本的背景颜色，突出显示文本。

- "清除格式"按钮 ♦：清除为所选文本设置的所有格式，将其恢复为系统默认格式。

- "字体颜色"下拉按钮 A▾：默认的字体颜色为黑色，可在下拉列表中为所选文本设置其他颜色。

- "文本效果和版式"下拉按钮 A▾：在下拉列表中为所选文本应用发光、阴影等外观效果。

步骤5：设置正文字体。选中"通知（编辑）"文档的正文内容，单击"开始"→"字体"组中的"对话框启动器"按钮 ⌐，打开"字体"对话框。在"中文字体"下拉列表中选择"华文中宋"，在"西文字体"下拉列表中选择"Times New Roman"，在"字形"下拉列表中选择"常规"，在"字号"下拉列表中选择"18"，单击"确定"按钮，如图1-26所示。

步骤6：设置结尾两行文本字间距。选中第9~10行文本，打开"字体"对话框，切换到"高级"选项卡，在"间距"下拉列表中选择"加宽"，"磅值"设为"2.5磅"，单击"确定"按钮，如图1-27所示。

图1-26　"字体"对话框

图1-27　设置字符间距

任务1.2.2　设置段落格式

为了使文档层次分明、整体美观，可以设置段落的格式。本节以"通知（编辑）"文档为例，学习设置段落对齐、缩进、间距及行距等操作方法。

步骤1：设置标题段落居中。继续在打开的"通知（编辑）"文档中操作，选中要设置对齐的标题段落或将插入符定位到标题段落中，单击"段落"组中的"居中"按钮 ≡，即可将选中的段落文本居中对齐，如图1-28所示。

在Word 2016的"段落"组中提供了5个段落对齐按钮，作用如下。

- "左对齐"按钮 ≡：段落文本靠页面左侧对齐。

- "居中"按钮 ≡：段落文本居中对齐。

图 1-28 设置段落文本居中

- "右对齐"按钮 ≣：段落文本靠右对齐。
- "两端对齐"按钮 ≣：段落文本对齐到页面左右两端，并根据需要增加或缩小字间距，不满一行的文本靠左对齐。
- "分散对齐"按钮 ≣：段落文本左右两端对齐。不满一行的文本会均匀分布在左右文本边界之间。

步骤 2：设置末尾两个段落右对齐。选中第 9~10 行的两个段落，单击"段落"组中的"右对齐"按钮 ≣，如图 1-29 所示。

步骤 3：设置末尾两个段落的行距。保持第 9~10 行的选中状态，单击"段落"组中的"行和段落间距"下拉按钮 ‡≣ ▼，在下拉列表中选择"3.0"，如图 1-30 所示。

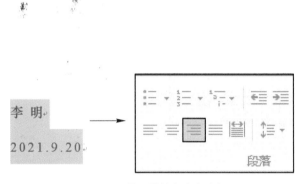

图 1-29 设置段落文本右对齐

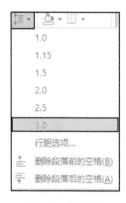

图 1-30 设置行距

步骤 4：设置正文段落的缩进方式。选中"通知(编辑)"正文内容，单击"开始"→"段落"组的"对话框启动器"按钮 ▣，打开"段落"对话框。在"缩进"设置区中，在"特殊格式"下拉列表中选择"首行缩进"，"缩进值"设为"2 字符"，如图 1-31 所示。

在 Word 2016 中，段落缩进一般包括 4 种方式，含义如下。

- 左缩进：整个段落中所有行的左边界向右缩进。
- 右缩进：整个段落中所有行的右边界向左缩进。
- 首行缩进：段落的首行文字相对于其他行向内缩进。一般情况下，段落的第一行要比其他行缩进两个字符。
- 悬挂缩进：段落中除首行外的所有行向内缩进。

步骤 5：设置正文段落行间距。在"间距"设置区中，将"段前"和"段后"值分别设置为"0.5 行"；在"行距"下拉列表框中选择"1.5 倍行距"，如图 1-31 所示。在"段落"对话框中设置好参数后，单击"确定"按钮。

Word 2016 提供了其他设置行间距的方式，含义如下。

- 单倍行距：Word 默认的行距方式，也是最常用的方式。在该方式下，当文本的字体或字号发生变化时，Word 会自动调整行距。
- 多倍行距：在该方式下，行距将在单倍行距的基础上增加指定的倍数。
- 固定值：选择该方式后，可在其后的编辑框中输入固定的行距值。
- 最小值：选择该方式后，可指定行距的最小值。

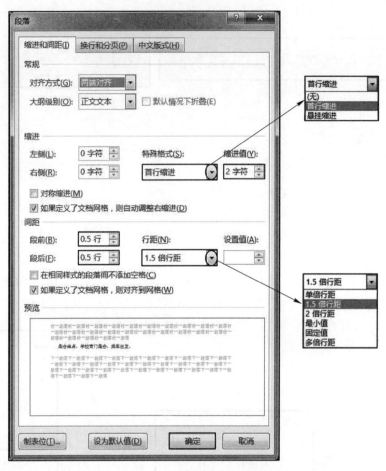

图 1-31　设置段落格式

📖 提示:
设定段落
格式

　　可以利用"布局"选项卡"段落"组中的相应选项精确设置段落的左缩进、右缩进、段前间距和段后间距,如图 1-32 所示。

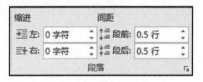

图 1-32　"布局"选项卡的"段落"组

　　步骤 6:取消第 1 行文本的首行缩进。删除第 1 行左边的空格,使该行文字左对齐。

📗 技巧:

　　在编辑文档时,如果文档中有多处内容要使用同样的格式,可以使用"开始"选项卡"剪贴板"组中的"格式刷"按钮 🖌 来复制格式,以提高工作效率。单击"格式刷"按钮 🖌,可实现光标拖动单个文本或段落的格式粘贴;双击"格式刷"按钮 🖌,可实现鼠标拖动多个文本或段落的格式粘贴;按"Esc"键或再次单击"格式刷"按钮 🖌,可结束格式复制操作。

任务 1.2.3　设置项目符号和编号

　　项目符号用于表示内容的并列关系,编号则用于表示内容的顺序关系。合理地应用项目符号和编号,可以使文档内容的呈现更具条理性。本节以"通知(编辑)"文档为例,学习设置项目编号的操作方法。

　　步骤 1：选择文本。继续在"通知（编辑）"文档中操作，选中第 3 段和第 4 段文本，如图 1-33 所示。

　　步骤 2：设置项目编号。单击"开始"→"段落"组中的"编号"下拉按钮 ≣ ▼，在下拉列表中选择"编号对齐方式：左对齐"，如图 1-34 所示。

活动时间：定于 2021 年 10 月 1 日（周五）上午
8:20 至下午 3:20。

集合地点：学校南门集合，乘车出发。

　　图 1-33　选中要添加编号的段落文本

　　图 1-34　选择编号样式

　　要取消为段落设置的项目符号或编号，可选中这些段落，打开项目符号或编号下拉列表，从中选择"无"。

◀ 💡 提示：
取消项目
符号或编
号

任务 1.2.4　设置文档页面

　　新建文档时，Word 对文档的纸张大小、纸张方向、页边距及其他选项进行了默认设置，可以根据需要对这些设置进行更改调整。本节以"通知（编辑）"文档为例，学习设置纸张大小、方向、页边距等操作方法。

　　步骤 1：设置纸张大小。继续在打开的"通知（编辑）"文档中进行操作，单击"布局"→"页面设置"组中的"纸张大小"下拉按钮 ▯，在下拉列表中选择所需的纸型，此处保持默认的 A4 纸，如图 1-35 所示。若列表中没有所需选项，可选择"其他纸张大小"。

　　步骤 2：设置纸张方向。Word 默认使用的是"纵向"，要改变纸张方向，可单击"布局"→"页面设置"组中的"纸张方向"下拉按钮 ▯，在下拉列表中进行选择，如图 1-36 所示。

　　步骤 3：设置页边距。单击"布局"→"页面设置"组中的"页边距"下拉按钮 ▯，在下拉列表中选择系统内置的页面边距，如图 1-37 所示。若列表中没有所需选项，可选择"自定义边距"，打开"页面设置"对话框，单击"页边距"选项卡，将"上""下"和"左""右"分别设置为"2 厘米"和"2.5 厘米"，如图 1-38 所示，再单击"确定"按钮关闭对话框。

　　步骤 4：另存文档。选择"文件"→"另存为"命令，将文档重命名为"通知（美化）.docx"，保存在"素材与实例\第 1 章"文件夹中。美化后的结果如图 1-39 所示。

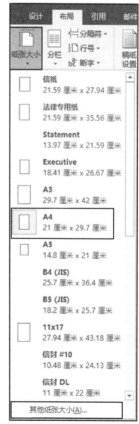

　　图 1-35　"纸张大小"列表

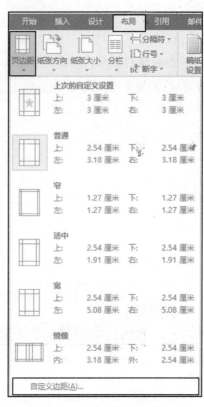

图 1-36 "纸张方向"列表

图 1-37 "页边距"列表

图 1-38 自定义页边距

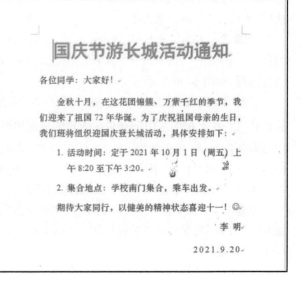

图 1-39 "通知(美化)"文档效果

【实训项目】美化"倡议书"文档

情境描述 ▶

李明已经创建了"倡议书（编辑）"文档，为了增强可读性，他还要对该文档进行格式处理。

项目要求 ▶

掌握文字美化技巧，增添文档的美观程度。

实训内容 ▶

请完成如下任务：

1) 打开"倡议书（编辑）"文档。

2) 设置"字符格式"。

① 标题字体为"楷体"，字号为"二号"，加粗，设置文本效果为"填充 – 红色，着色 2，轮廓 – 着色 2"。

② 正文中文字体为"楷体"，西文字体为"Times New Roman"，字号为"小三"。

3) 设置"段落格式"。

① 标题"居中"，段前和段后间距为"1 行"，行距为"单倍行距"。

② 正文缩进"2 字符"，行距为"多倍行距"，设置值为"2.5 磅"。

③ 后 3 行段落"右对齐"。

4) 设置文档页面。

自定义页边距值，将"上""下"和"左""右"边距定义"3 厘米"。

5) 将文档重命名为"倡议书（美化）.docx"，保存在"素材与实例 \ 第 1 章"文件夹中。

美化后的结果如图 1-40 所示。

拓展阅读
1-2-1

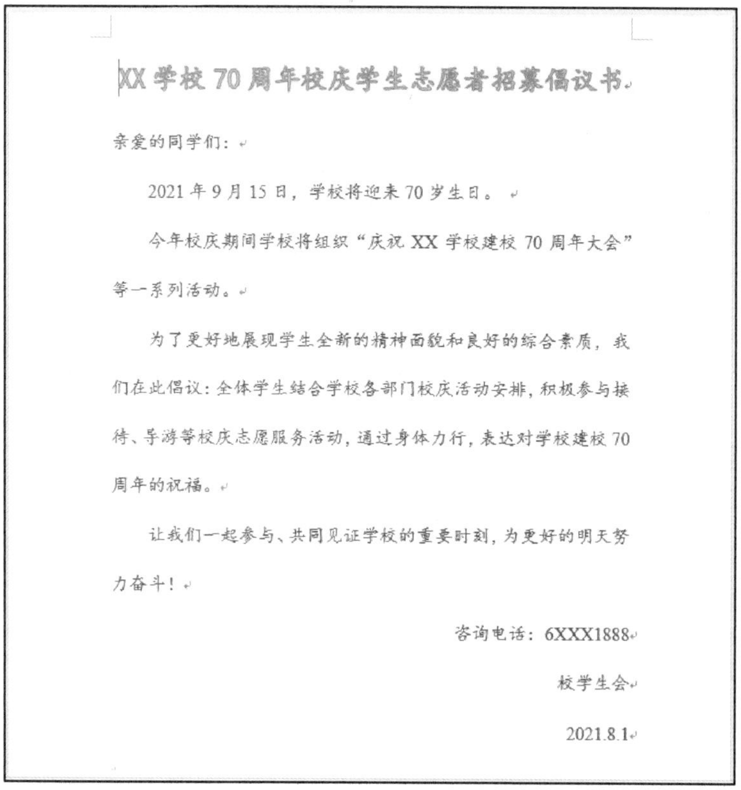

XX 学校 70 周年校庆学生志愿者招募倡议书

亲爱的同学们：

2021 年 9 月 15 日，学校将迎来 70 岁生日。

今年校庆期间学校将组织"庆祝 XX 学校建校 70 周年大会"等一系列活动。

为了更好地展现学生全新的精神面貌和良好的综合素质，我们在此倡议：全体学生结合学校各部门校庆活动安排，积极参与接待、导游等校庆志愿服务活动，通过身体力行，表达对学校建校 70 周年的祝福。

让我们一起参与、共同见证学校的重要时刻，为更好的明天努力奋斗！

咨询电话：6XXX1888

校学生会

2021.8.1

图 1-40　"倡议书（美化）"文档效果

1.3　创建、编辑和美化表格　▶▶▶

【设定项目】创建"学生成绩表"

情境描述 ▶

期末学校考试结束,李明同学要帮助老师制作"学生成绩表",统计学生的各科成绩,并计算各科成绩的平均分。

项目要求 ▶

1) 创建"学生成绩表"。

① 插入一个 5 行 7 列的表格。

② 修改表格结构,合并指定单元格。

③ 录入表格文字,如图 1-41 所示。

案例素材

班级	姓名	数学	英语	信息技术	体育	平均分
A	张力	73	76	84	85	
	李明	85	88	92	84	
B	王英	75	90	86	86	
	刘伟	80	95	76	88	

图 1-41　"学生成绩表"文字内容

④ 设置表格文字居中对齐,根据窗口自动调整表格。

2) 修饰表格。

① 应用内置表样式修饰表格。

② 设置表格边框和底纹来美化表格。表格外边线为实线,内部边线为虚线,第一行底色为蓝色。

3) 计算"学生成绩表"的平均成绩。

① 使用公式计算每个学生的平均分,按照平均分降序排序。

② 补充标题"学生成绩表",将文档重命名为"学生成绩表(排序).docx",保存在"素材与实例\第 1 章"目录中。

微课 1-3

项目分解 ▶

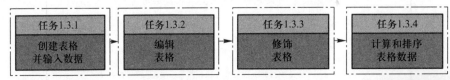

任务1.3.1　创建表格并输入数据 → 任务1.3.2　编辑表格 → 任务1.3.3　修饰表格 → 任务1.3.4　计算和排序表格数据

任务 1.3.1　创建表格并输入数据

表格是文档中常见的信息呈现元素,使用表格可以将复杂的信息简单明了地进行分类表达。本节以"学生成绩表"文档为例,学习创建表格、输入表格数据等的操作方法。

步骤 1:创建空表格。首先创建一个"学生成绩表"的空白文档,将插入符定位到要插入表格的位置,单击"插入"→"表格"组中的"表格"下拉按钮 ⊞,在下拉列表中选择"插入表格",如图 1-42 所示。在打开的"插入表格"对话框中,"列数"设为"7","行数"设为"5",如图 1-43 所示。单击"确定"按钮,即可按要求创建一个 5 行 7 列的表格,如图 1-44 所示。

步骤 2:输入文字。在表格中的相应单元格中单击鼠标左键,按照要求输入内容,如图 1-45 所示。也可以使用左、右方向键在单元格中移动插入符,确定插入位置后再输入文字内容。

图 1-42　"表格"列表

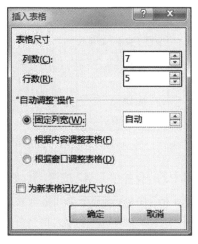

图 1-43　"插入表格"对话框

图 1-44　创建的表格

班级	姓名	数学	英语	信息技术	体育	平均分
A	张力	73	76	84	85	
	李明	85	88	92	84	
B	王英	75	90	86	86	
	刘伟	80	95	76	88	

图 1-45　在表格中输入文字内容

任务 1.3.2　编辑表格

编辑表格包括对表格结构和表格内容进行修改。本节以"学生成绩表"文档为例,学习选择表格对象、修改表格结构、调整表格行宽与列宽、表格文字对齐等操作方法。

步骤 1:选择单元格。继续在"学生成绩表"文档中操作,将鼠标移置表格第 2 行第 1 列单元格的左侧,按住鼠标左键并拖动至第 3 行第 1 列单元格,选中要进行合并的两个单元格,如图 1-46 所示。

对表格进行处理,首先要选择操作对象,即单元格、行、列和表格,操作方法如下。

- 选中单个单元格:将鼠标移到要选中单元格的左侧,当指针变成 ➔ 形状时,单击鼠标左键。
- 选择多个相邻的单元格:首先选中第一个单元格,按住鼠标左键并拖动至最后一个单元格;也可以将鼠标移至要选择的最后一个单元格,按住"Shift"键的同时单击鼠标左键。
- 选中多个不相邻单元格:按住"Ctrl"键的同时,依次选中各单元格。
- 选中行:将鼠标移到某行左侧,当指针变成 ⟋ 形状时,单击鼠标可以选定该行,向上或向下拖动鼠标可选定多行。
- 选中列:将鼠标移到某列上侧,当指针变 ↓ 形状时,单击鼠标可以选定该列,向左或向右拖动鼠标可选定多列。
- 选中整个表格:将鼠标移到表格左上角的控制柄 ✛ 上,单击鼠标左键。

> 将插入符定位在某个单元格中,然后按住"Shift+↑""Shift+↓""Shift+←""Shift+→"键,也可以选择多个相邻的单元格。

📁 技巧:

> 将插入符定位在某单元格中,单击"表格工具　布局"→"表"组中的"选择"下拉按钮 ⮐,在下拉列表中选择相应选项,可选取插入符所在的单元格、行、列和整个表格,如图 1-47 所示。

📄 提示:
"选择"
列表

班级	姓名
A	张力
	李明
B	王英
	刘伟

图1-46　选中要合并的单元格

图1-47　"选择"列表

步骤2：合并单元格。单击"表格工具　布局"→"合并"组中的"合并单元格"按钮▦，如图1-48所示；或在选定区域中右击鼠标，在弹出的快捷菜单中选择"合并单元格"命令，则两个单元格合并成一个单元格，内容为A，如图1-49所示。用相同的方法将第4行第1列和第5行第1列的两个单元格合并，内容为B。

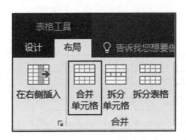

图1-48　单击"合并单元格"按钮

班级	姓名
A	张力
	李明
B	王英
	刘伟

图1-49　合并单元格

修改表格结构还有其他操作。

- 拆分单元格：选定要进行拆分的两个或多个单元格，单击"表格工具　布局"→"合并"组中的"拆分单元格"按钮▤，打开"拆分单元格"对话框，在文本框中输入或选择适当的数值，单击"确定"按钮。
- 插入单元格、行、列：选定要插入的单元格、行或列的位置，单击"表格工具　布局"→"行和列"组的"对话框启动器"按钮⤡，打开"插入单元格"对话框，选择合适的选项后单击"确定"按钮。插入行和列的方法也可通过单击"表格工具　布局"→"行和列"组的相应按钮完成。
- 删除单元格、列、行、表格：选定要删除的单元格、行或列的位置，单击"表格工具　布局"→"行和列"组中的"删除"下拉按钮▦，在下拉列表中选择相应选项。

步骤3：调整行高与列宽。要调整列宽或行高，可将鼠标移动到要调整列宽的列线上或行高的行边线上，当指针变为 ↔ 形状或 ↕ 形状时，按住鼠标左键向左、右方向拖动或向上、下方向拖动，在合适的位置释放鼠标左键即可。

提示：
平均分布
行与列

> 在选中多行或多列后，单击"单元格大小"组中的"分布行"按钮⊞或"分布列"按钮⊞，可将所选的行或列设置为相同的高度或宽度。

步骤4：调整文字对齐方式。选中所有单元格的文字，单击"表格工具　布局"→"对齐方式"组中的"水平居中"按钮▤，如图1-50所示，编辑后的文档如图1-51所示。

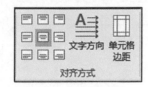

图1-50　表格文字对齐方式

班级	姓名	数学	英语	信息技术	体育	平均分
A	张力	73	76	84	85	
	李明	85	88	92	84	
B	王英	75	90	86	86	
	刘伟	80	95	76	88	

图1-51　编辑结果

任务 1.3.3 修饰表格

表格创建和编辑完成后,还可以设置单元格或整个表格的边框和底纹,进一步对表格进行美化操作。本节以"学生成绩表"文档为例,学习应用内置表样式、设置表格边框及底纹等操作方法。

步骤 1:应用内置表样式。继续在"学生成绩表"文档中操作,将插入符定位到表格中任意位置,单击"表格工具 设计"→"表格样式"组中的"其他"按钮 ,在样式列表中选择"网格表 5 深色 – 着色 1"样式,如图 1–52 所示,系统自动为表格添加边框和底纹,效果如图 1–53 所示。

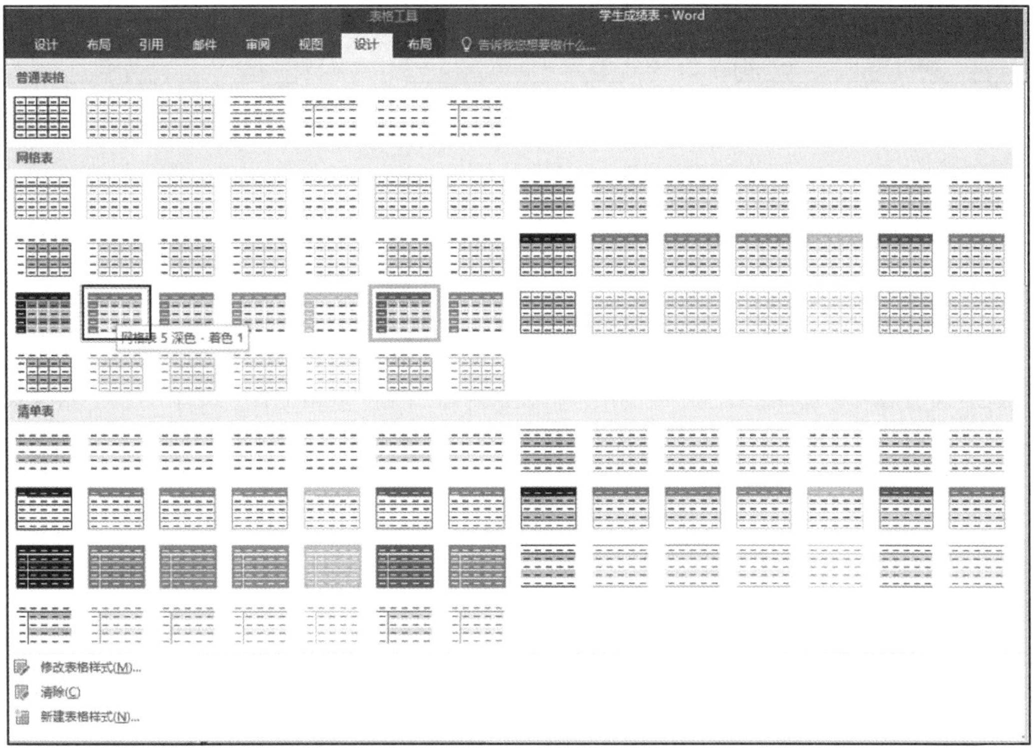

图 1–52 为表格设置内置样式

班级	姓名	数学	英语	信息技术	体育	平均分
A	张力	73	76	84	85	
	李明	85	88	92	84	
B	王英	75	90	86	86	
	刘伟	80	95	76	88	

图 1–53 应用内置样式后的效果

步骤 2:取消前面设置的样式。按"Ctrl+Z"组合键取消前面为表格应用的样式。将鼠标移到表格左上角的控制柄 上,单击选中整个表格。

步骤 3:设置表格外边框。分别单击"表格工具 设计"→"边框"组中的"笔样式"下拉按钮 、"笔划粗细"下拉按钮 0.5 磅 和"笔颜色"下拉按钮 笔颜色 ,在相应的下拉列表中选择边框的样式、粗细和颜色,如图 1–54 所示。单击"边框"组中的"边框"下拉按钮 ,在下拉列表中选择"外侧框线",如图 1–55 所示。

步骤 4:设置表格内边框。保持表格的选中状态,在"笔样式"和"笔划粗细"下拉列表中重新选择边框样式和粗细,如图 1–56 所示。在"边框"下拉列表中选择"内部框线",为所选单元格区域添加内边框。

图 1-54　设置外边框样式　　　图 1-55　选择"外侧框线"选项

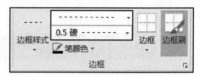

图 1-56　设置内边框样式

📖 提示：
取消所选
单元格区
域的框线

　　如果要取消所选单元格区域的框线，可单击"表格工具　设计"→"边框"组中的"边框"下拉按钮，在下拉列表中选择"无框线"。此外，单击"边框"组的"对话框启动器"按钮，在"边框和底纹"对话框中也可以进行设置。

　　步骤 5：设置底纹。选择要添加底纹的第一行表格内容，单击"表格工具　设计"→"表格样式"组中的"底纹"下拉按钮，在下拉列表中选择"蓝色，个性色 1，淡色 40%"，如图 1-57 所示，效果如图 1-58 所示。

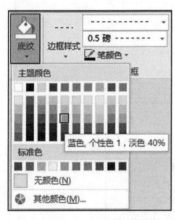

图 1-57　设置底纹颜色

班级	姓名	数学	英语	信息技术	体育	平均分
A	张力	73	76	84	85	
	李明	85	88	92	84	
B	王英	75	90	86	86	
	刘伟	80	95	76	88	

图 1-58　设置样式效果

📖 提示：
利用"表格
属性"对话
框设置

　　单击"表格工具　布局"→"表"组中的"属性"按钮，打开"表格属性"对话框，可设置表格的边框和底纹、对齐方式、文字环绕方式等。

任务 1.3.4　计算和排序表格数据

　　处理文档时，有时需要对表格中的数据进行简单运算处理。为了快速查找数据，经常要按照某种规则对表格数据重新排列。本节以"学生成绩表"为例，学习表格中数据的简单计算和排序的操作方法。

　　步骤 1：光标定位。继续在"学生成绩表"文档中操作，将插入符定位到要放置计算结果的 G2 单元格中，如图 1-59 所示。

班级	姓名	数学	英语	信息技术	体育	平均分
A	张力	73	76	84	85	
	李明	85	88	92	84	
B	王英	75	90	86	86	
	刘伟	80	95	76	88	

图 1-59　单元格名称示意图

Word 2016 中用英文字母"A,B,C,…"从左至右表示列,用自然数"1,2,3,…"自上而下表示行,每一个单元格的名字由它所在行和列的编号组合而成。

- A1:表示位于第 1 列、第 1 行的单元格。
- A1:B3:表示由 A1、A2、A3、B1、B2、B3 共 6 个单元格组成的矩形区域。
- A1,B3:表示 A1 和 B3 两个单元格。
- 1:1:表示整个第 1 行。
- E:E:表示整个第 5 列。

步骤 2:计算平均分。单击"表格工具　布局"→"数据"组中的"公式"按钮 fx,打开"公式"对话框,在"公式"编辑框中输入"=AVERAGE(C2:F2)",表示对 C2 至 F2 单元格的数据求平均值,如图 1-60 所示,单击"确定"按钮即可得出计算结果。以同样的方法,可计算出第 3~5 行数据的平均值,如图 1-61 所示。

图 1-60　输入求平均分的公式

班级	姓名	数学	英语	信息技术	体育	平均分
A	张力	73	76	84	85	79.5
	李明	85	88	92	84	87.25
B	王英	75	90	86	86	84.25
	刘伟	80	95	76	88	84.75

图 1-61　计算平均分

输入公式的格式"= 函数名称(引用范围)"中,函数名称可以从"粘贴函数"下拉列表中选择,参数范围包括 ABOVE(光标上方数据)、LEFT(光标左方数据)、BELOW(光标下方数据)、RIGFT(光标右方数据)。常用的公式如下。

- "=SUM(ABOVE)":计算插入符上方所有单元格数值的和。
- "=AVERAGE(LEFT)":计算插入符左侧所有单元格数值的平均值。
- "=SUM(A1:A4)":计算 A1+A2+A3+A4 单元格值的和。
- "=A1*A4+B5":计算 A1 乘 A4 单元格,再加 B5 单元格的值。

步骤 3:删除合并单元格。因"学生成绩表"有合并的单元格,不能直接排序。选中第 1 列表格内容,单击"表格工具　布局"→"行和列"组中的"删除"下拉按钮 ,在下拉列表中选择"删除列",删除第 1 列内容,如图 1-62 所示。

姓名	数学	英语	信息技术	体育	平均分
张力	73	76	84	85	79.5
李明	85	88	92	84	87.25
王英	75	90	86	86	84.25
刘伟	80	95	76	88	84.75

图 1-62　删除第 1 列表格内容

删除合并单元格之前,表格样式应为"网格型"。具体操作为:选中表格,单击"表格工具　设计"→"表格样式"组中的"其他"按钮 ,选中"普通表格"中的"网格型"。

提示:删除合并单元格注意要点

步骤4：排序平均分。将插入符定位到表格任意单元格中，单击"表格工具　布局"→"数据"组中的"排序"按钮，如图1-63所示。打开"排序"对话框，在"主要关键字"下拉列表中选择"平均分"，选中右侧"降序"单选按钮，如图1-64所示。单击"确定"按钮，则"平均分"成绩由大到小排列。

图1-63　单击"排序"按钮

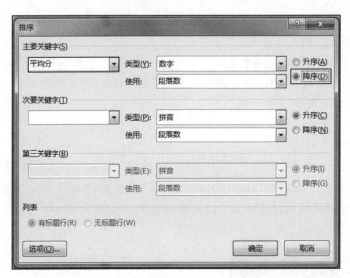

图1-64　主要关键字选择"平均分"

📝 提示：
排序注意
要点

　　要进行排序的表格中不能含有合并后的单元格，否则无法进行排序。在"排序"对话框中，如果选中"有标题行"单选按钮，则排序时不把标题行算在排序范围内，否则对标题行也进行排序。

步骤5：补充标题，设置正文字符格式。将插入符定位在第1行，输入"学生成绩表"，字体为"仿宋"，字号为"三号"，加粗。将标题和表格设置"居中"。选中表格所有文字，字号设为"小四"，中文字体设为"仿宋"，西文字体设为"Times New Roman"。

步骤6：另存文档。选择"文件"→"另存为"命令，将文档重命名为"学生成绩表(排序).docx"，保存在"素材与实例\第1章"文件夹中。排序后的结果如图1-65所示。

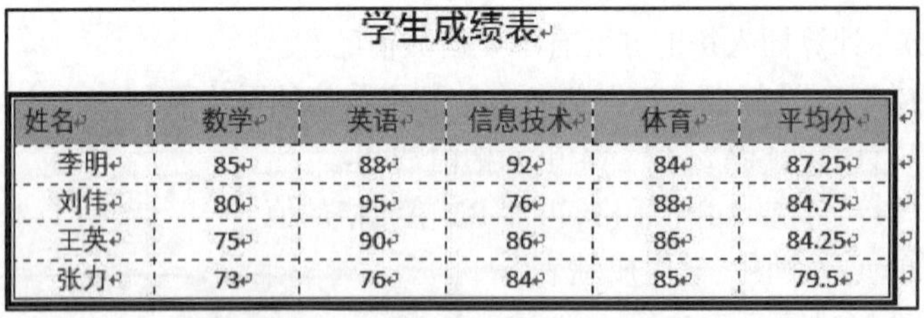

学生成绩表

姓名	数学	英语	信息技术	体育	平均分
李明	85	88	92	84	87.25
刘伟	80	95	76	88	84.75
王英	75	90	86	86	84.25
张力	73	76	84	85	79.5

图1-65　"学生成绩表(排序)"文档结果

💡 【实训项目】制作"个人时间管理表"

情境描述 ▶

　　为了有效利用时间以提高学习效率，李明制作了个人时间管理表，记录一周的日程事项，计算每个事项的累加时间和百分比。

项目要求 ▶

掌握表格的创建、编辑与美化技巧。

实训内容 ▶

请围绕制作"个人时间管理表"完成以下任务：

1）创建"个人时间管理表"文档。

① 插入 8 行 10 列的表格。

② 录入表格文字，如图 1-66 所示。

个人时间管理表（单位：小时）									
日程事项	周一	周二	周三	周四	周五	周六	周日	合计	百分比
上课/实验	6	4	7	6	4	0	0		
课外阅读	2	0	4	1	4	4	0		
运动	1	3	1	1	0	1	2		
休闲娱乐	2	3	1	2	1	4	4		
睡眠	8	7	8	8	8	9	10		
其他	5	7	3	6	7	6	8		
合计									

图 1-66　"个人时间管理表"内容

2）使用公式计算数据。

① 计算第 8 行的合计数据。

② 计算第 9 列和第 10 列各日程事项合计数据及所占百分比。

3）美化表格。

① 设置表格所有单元格的行高为 0.6 厘米。

② 表格所有单元格的中文字体设为"宋体"，西文字体设为"Times New Roman"，字号设为"五号"，"居中"对齐。

③ 将第 1 行和第 1 列的文字加粗，底色设为浅蓝色。

④ 外边框设置浅蓝线双线，内边框设置浅蓝线单线。

⑤ 设置标题字体为"宋体"，字号为"三号"，加粗。

4）将文档重命名为"个人时间管理表（合计）.docx"，保存在"素材与实例 \ 第 1 章"文件夹中。

制作完成后的"个人时间管理表（合计）"显示效果如图 1-67 所示。

 案例素材

个人时间管理表（单位：小时）									
日程事项	周一	周二	周三	周四	周五	周六	周日	合计	百分比
上课/实验	6	4	7	6	4	0	0	27	16%
课外阅读	2	0	4	1	4	4	0	15	9%
运动	1	3	1	1	0	1	2	9	5%
休闲娱乐	2	3	1	2	1	4	4	17	10%
睡眠	8	7	8	8	8	9	10	58	35%
其他	5	7	3	6	7	6	8	42	25%
合计	24	24	24	24	24	24	24	168	100%

图 1-67　"个人时间管理表（合计）"文档显示效果

拓展阅读
1-3-1

1.4　使用图片和图形 >>>

【设定项目】在"产品介绍"文档中插入图片

情境描述 ▶

李明对新上市的华为 P40 这款手机很感兴趣。为了提高自己的图文编排能力，他尝试着创建了"产品介绍"文档，介绍华为 P40 Pro 手机超感知影像功能的相关内容，同时挑选了 4 张精美的图片，此外，还需要在文档中插入图形和艺术字，进行美化处理。

案例素材

微课 1-4

项目要求 ▸

1）插入图片并美化。

① 将 TU1~TU4 这 4 张图片设置为 "四周型" 后适当缩小，并移至相应各段说明文字的左侧和右侧。

② TU1 的图片样式选择 "棱台左透视，白色"；TU2 的图片样式选择 "橙色" 边框，"粗细" 选择 "6 磅"；TU3 的图片调整选择 "亮度：+40% 对比度：+20%"；TU4 的图片样式选择 "柔化边缘椭圆"。

2）插入图形并美化。

① 插入 "笑脸" 形状，绘制文本框，设置大小、填充颜色和图形轮廓。

② 将第 5 段文字插入到所选的文本框中。将文本框形状改为 "横卷型"，将形状样式设置为 "细微效果 – 蓝色，强调颜色 1"。

3）插入艺术字并美化。

① 将最后一行文本 "华为手机，您的理想选择！" 设置为艺术字，字体设为 "华文隶书"，字号设为 "一号"。

② 艺术字样式为 "填充 – 白色，轮廓 – 着色 2，清晰阴影 – 着色 2"，文本效果为 "转换" → "朝鲜鼓"。

4）将文档重命名为 "产品介绍（插图）.docx"，以 PDF 格式保存在 "素材与实例 \ 第 1 章" 文件夹中。

项目分解 ▸

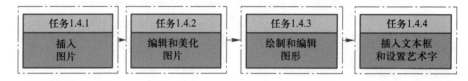

任务 1.4.1 插入图片

在文档中插入漂亮的图片，可以增强文档的视觉效果，使文档呈现的内容更加形象、生动。本节以 "产品介绍" 文档为例，学习插入图片的操作方法。

步骤 1：打开文档。选择 "文件" → "打开" 命令，打开 "素材与实例 \ 第 1 章 \ 产品介绍 .docx" 文档。

步骤 2：插入图片。将插入符定位到文档末尾，单击 "插入" → "插图" 组中的 "图片" 按钮 ，如图 1–68 所示。打开 "插入图片" 对话框，按住 "Ctrl" 键的同时选中 "素材与实例 \ 第 1 章" 中的 4 张图片，如图 1–69 所示。单击 "插入" 按钮，即可将所选图片插入到文档中。

图 1–68　单击 "图片" 按钮

图 1–69　插入选择的图片

步骤 3：移动图片。依次选中每幅图片并适度缩小，按住鼠标左键拖动至相应文字介绍的下面，如图 1-70 所示。默认情况下插入到文档中的图片与文字的环绕方式为"嵌入型"，插入图片的位置比较稳定。

图 1-70　插入图片至指定位置

任务 1.4.2　编辑和美化图片

插入图片后可以进一步对图片进行编辑和美化操作。本节以"产品介绍"文档为例，学习图片的编辑、美化的操作方法。

步骤 1：设置 TU1 图片的环绕方式。继续在"产品介绍"文档中操作，选择插入文档中的 TU1 图片，单击"图片工具　格式"→"排列"组中的"环绕文字"下拉按钮，在下拉列表中选择"四周型"，如图 1-71 所示。

步骤 2：设置 TU1 图片高度。在"图片工具　格式"→"大小"组中的"高度"编辑框中，调整图片的高度为"4.5 厘米"，如图 1-72 所示。

图 1-71　选择环绕方式

图 1-72　调整图片高度

提示：
缩放图片
或旋转图
片

将鼠标移到图片四周的控制点上，当指针变成双向箭头形状时，按住鼠标左键拖动，可缩放图片。若将鼠标移到图片的绿色控制点上，当指针变成 形状时，按住鼠标左键拖动可旋转图片。

步骤 3 ：定位 TU1 图片位置。将鼠标移至图片上，当指针变为 ✛ 形状时，按住鼠标左键并拖动，将图片移到第 2 段文字的右侧。

步骤 4 ：设置 TU1 图片样式。单击"图片工具　格式"→"图片样式"组中的"其他"按钮 ▼ ，在下拉列表中选择"棱台左透视，白色"样式，如图 1–73 所示，显示效果如图 1–74 所示。

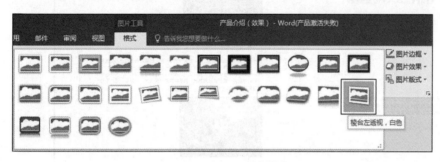

图 1–73　设置 TU1 图片样式

图 1–74　TU1 图片显示效果

步骤 5 ：定位 TU2 图片位置。用同样的方法，将 TU2 图片设置为"四周型"，移至第 3 段文字的左侧。

步骤 6 ：设置 TU2 图片的边框、颜色。保持图的选中状态，单击"图片工具　格式"→"图片样式"组中的"图片边框"下拉按钮 ，在下拉列表中选择"橙色"，如图 1–75 所示。再次单击"图片边框"下拉按钮 ，在下拉列表中选择"粗细"→"6 磅"，如图 1–76 所示，显示效果如图 1–77 所示。

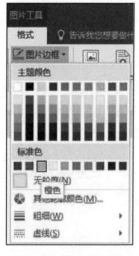

图 1–75　设置 TU2 图片
边框颜色

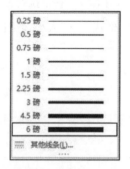

图 1–76　设置 TU2 图片
边框粗细

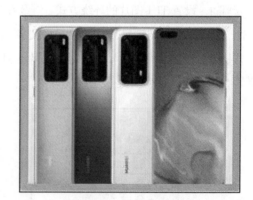

图 1–77　TU2 图片显示效果

步骤 7 ：定位 TU3 图片位置。将 TU3 图片设置为"四周型"，移至第 4 段文字的右侧。

步骤 8 ：设置 TU3 图片的对比度。单击"图片工具　格式"→"调整"组中的"更正"下拉按钮 ☀ ，在下拉列表中选择"亮度：0%（正常）对比度：+20%"，将图片的对比度提升，如图 1–78 所示，显示效果如图 1–79 所示。

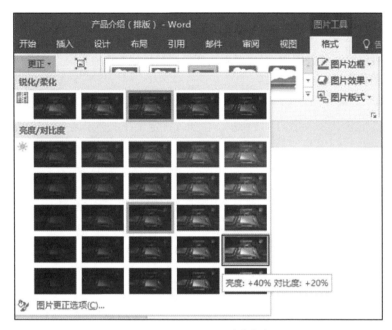

图 1-78 设置 TU3 图片的亮度

图 1-79 TU3 图片显示效果

步骤 9：定位 TU4 图片位置。将 TU4 图片设置为 "四周型"，移至第 5 段文字的左侧。

步骤 10：设置 TU4 图片样式。单击 "图片工具　格式" → "图片样式" 组中的 "其他" 按钮 ▾，在下拉列表中选择 "柔化边缘椭圆"，如图 1-80 所示，显示效果如图 1-81 所示。

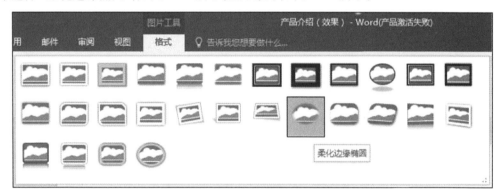

图 1-80 设置 TU4 图片样式

图 1-81 TU4 图片显示效果

如果要修改对图片的设置，选中图片后，单击 "图片工具　格式" → "调整" 组中的 "重设图片" 下拉按钮，在下拉列表中选择 "重设图片"，可将图片恢复为插入时的状态。如果要删除文档的图片，可先选中图片，再按 "Backspace" 键或 "Delete" 键。

提示：
修改或删除图片

任务 1.4.3　绘制和编辑图形

除了可以在文档中插入图片外，还可以绘制各种图形，以更好表达文档所要传递的内容信息。本节以"产品介绍"文档为例，学习插入、编辑、美化图形的操作方法。

步骤 1：插入"笑脸"图形。继续在"产品介绍"文档中操作，单击"插入"→"插图"组中的"形状"下拉按钮 ⬙，在下拉列表中选择"笑脸"形状 ☺，如图 1-82 所示。将插入符定位在文档末尾，按住鼠标左键拖动，释放鼠标后即可绘制出相应的图形，如图 1-83 所示。

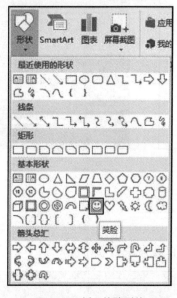

图 1-82　插入笑脸形状

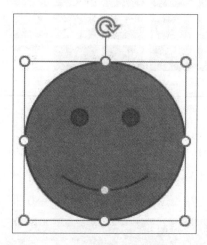

图 1-83　绘制"笑脸"图形

提示：
绘制规则
图形

　　绘制图形时，按住"Shift"键并拖动鼠标可绘制规则图形。例如，绘制矩形时，按住"Shift"键拖动鼠标，可绘制正方形；绘制椭圆时，按住"Shift"键拖动鼠标，可绘制正圆。

步骤 2：设置"笑脸"图形的大小。保持"笑脸"图形的选中状态，将"绘图工具 格式"→"大小"组中的高度"和"宽度"值均设为"2 厘米"，如图 1-84 所示。

步骤 3：设置"笑脸"图形的填充颜色。保持图形的选中状态，单击"图片工具 格式"→"形状样式"组的"形状填充"下拉按钮 ⬥，在下拉列表中选择"渐变"→"线性向左"，如图 1-85 所示。

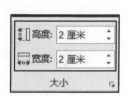

图 1-84　调整"笑脸"图形大小

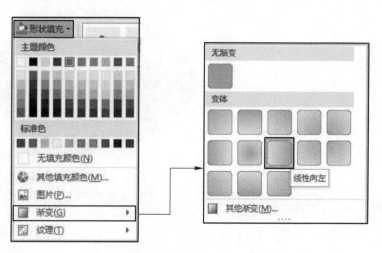

图 1-85　设置"笑脸"图形的渐变填充样式

步骤 4 : 设置 "笑脸" 图形的轮廓。单击 "形状轮廓" 下拉按钮 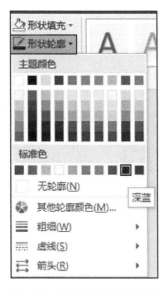，在下拉列表中选择 "深蓝"；如图 1-86 所示。单击 "形状效果" 下拉按钮 ，在下拉列表中选择 "棱台" → "硬边缘"，如图 1-87 所示，显示效果如图 1-88 所示。

图 1-86　设置 "笑脸" 形状轮廓

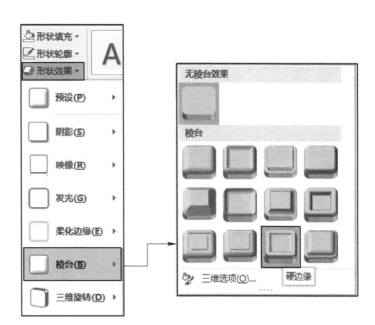

图 1-87　设置 "笑脸" 形状效果

图 1-88　"笑脸" 图形显示效果

任务 1.4.4　插入文本框和设置艺术字

在文档中可以插入文本框和艺术字,设计出较为特殊的文档版式,使文档内容更加丰富多彩。本节以 "产品介绍" 文档为例,学习绘制、美化文本框和设置艺术字的操作方法。

步骤 1 : 绘制文本框。继续在 "产品介绍" 文档中操作,单击 "插入" → "插图" 组中的 "形状" 下拉按钮 ,在下拉列表中,选择 "基本形状" 组中的 "文本框",如图 1-89 所示。将插入符定位在 "笑脸" 图形的右侧,按住鼠标左键拖动。绘制好文本框后,可在闪烁光标的位置处输入文字,再设置文字格式。为了操作方便,这里可从 "产品介绍" 文档中复制相关文字,如图 1-90 所示。

图1-89 插入文本框　　　　　　　　　　图1-90 "笑脸"图形和文本框的显示效果

提示:
插入竖排
文本框和
内置文本
框

　　如果要插入竖排文本框,可单击"插入"→"插图"组中的"形状"下拉按钮 ,在下拉列表中,选择"基本形状"组中的"竖排文本框"。如果要插入系统内置的文本框,可单击"插入"→"文本"组中的"文本框"下拉按钮 ,在下拉列表中选择"内置"中的某种文本框样式,如"简单文本框",即可在文档中插入所选文本框,如图1-91所示。

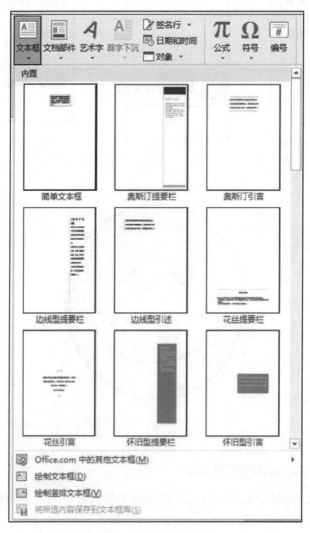

图1-91 插入系统内置文本框

　　步骤2:改变文本框形状。选中文本框,单击"绘图工具　格式"→"插入形状"组中的"编辑形状"下拉按钮 ,在下拉列表中选择"更改形状"→"星与旗帜"中的"横卷形"形状 ,如图1-92所示。

　　步骤3:设置文本框样式。保持文本框的选中状态,单击"绘图工具　格式"→"形状样式"组中的"其他"按钮 ,在"主题样式"列表中,选择"细微效果 – 蓝色,强调颜色1",如图1-93所示,修改文本框的显示效果如图 1-94 所示。最后选中文本框,单击鼠标右键,在弹出的快捷菜单中选择"轮廓"→"无轮廓"命令,删除文本框的边框。

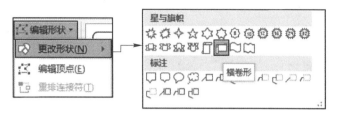

图 1-92　将文本框改为"横卷型"

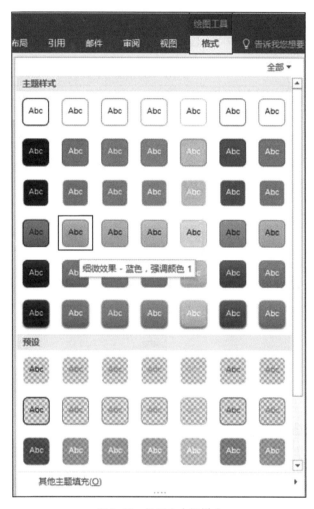

图 1-93　设置文本框样式

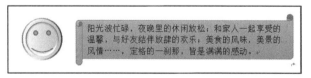

图 1-94　笑脸和横卷型文本框的显示效果

步骤 4:设置艺术字样式。确定插入位置,单击"插入"→"文本"组中的"艺术字"下拉按钮,在下拉列表中选择"填充 – 白色,轮廓 – 着色 2,清晰阴影 – 着色 2",如图 1-95 所示。

步骤 5：输入艺术字文本并设置字体格式。当插入符位置出现一个艺术字文本框占位符并提示"请在此放置您的文字"时，直接输入或复制文本"华为手机，您的理想选择！"。选中文本，切换到"开始"选项卡，字体设为"华文隶书"，字号设为"一号"，显示效果如图 1-96 所示。

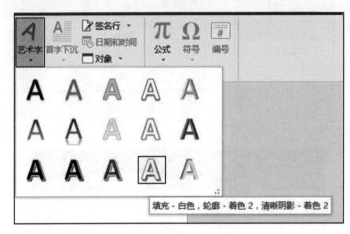

图 1-95　选择艺术字样式

图 1-96　艺术字的字体格式效果

步骤 6：设置艺术字文本效果。单击"绘图工具　格式"→"艺术字样式"组中的"文本效果"下拉按钮 **A**，在下拉列表中选择"转换"→"弯曲"中的"朝鲜鼓"，如图 1-97 所示，显示效果如图 1-98 所示。

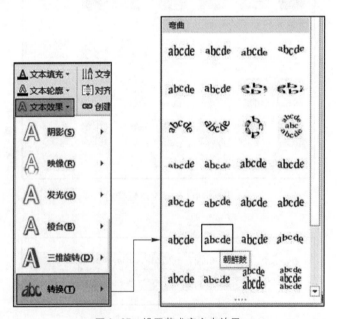

图 1-97　设置艺术字文本效果

步骤 7：调整艺术字的大小和位置。选中艺术字，按住鼠标左键并拖动，调整其大小，设置居中对齐，移到文档末尾的适当位置。

图 1-98　艺术字的文本效果

提示：
更改艺术
字文本框
的形状

　　单击"绘图工具　格式"→"插入形状"组中的"编辑形状"下拉按钮 ⌇，可通过下拉列表中的选项更改艺术字文本框的形状。

　　步骤 8：另存文档。选择"文件"→"另存为"命令，将文档重命名为"产品介绍（插图）"，保存类型为"PDF"格式，保存在"素材与实例\第 1 章"文件夹中。排版后的最终效果如图 1-99 所示。

图 1-99　"产品介绍（插图）"文档效果

【实训项目】制作"开业庆典"文档

情境描述 ▶

　　李明和几个同学计划合伙开一家蛋糕店，体验创业过程，需要制作"开业庆典"宣传单。李明撰写了"开业庆典"的文字内容，挑选了两张蛋糕样品图片。

项目要求 ▶

　　掌握图片、图形、文本框、艺术字的编辑技巧。

案例素材

实训内容 ▶

请围绕"开业庆典"完成以下任务:

1)打开"素材与实例\第1章"目录中的"开业庆典.docx"文档。

2)美化艺术字。

① 设置"开业庆典"艺术字样式。字体为"华文行楷",字号为"72",加粗,样式为"填充－白色,轮廓－着色2,清晰阴影－着色2",文本填充颜色为"红色",轮廓颜色为"黄色",轮廓粗细为"3磅","文本效果"为"桥形"。

② 设置"美味蛋糕店将于"艺术字样式。字体为"华文隶书",字号为"36",样式为"填充－蓝色,着色1,阴影",文本效果为"左领章"。

③ 设置"六月一日"艺术字样式。字体为"华文隶书",字号为"36",样式为"填充－水绿色,着色1,轮廓－背景1,清晰阴影－着色1",文本效果为"倒三角"。

3)插入图形并美化。

① 插入"爆炸形1"形状,在其中添加文本"营业啦"。

② 将图形的填充颜色和线条颜色设为"黄色"。

③ 设置字体为"华文行楷",字号为"一号",艺术字样式为"填充－蓝色,着色1,阴影"。

④ 设置文本填充颜色为"红色",文本效果为"倒V形"。

4)插入文本框,设置文字格式。

① 绘制一个横排文本框,在其中复制素材中的文本内容。

② 文字的中文字体为"楷体",西文字体为"Times New Roman",字号为"小二",加粗,字体颜色为"紫色"。

③ 将文本框中前4行文字设置为"左对齐",最后两行文本设置为"右对齐",设置文本框的填充颜色和轮廓为"无"。

5)插入图片并美化。

① 将"块状蛋糕"和"草莓蛋糕"图片插入到文档中,将文字环绕方式设置为"衬于文字下方"。

② 将"块状蛋糕"图片缩小后,套用"柔化边缘椭圆"样式,移到"六月一日"处。

③ 将"草莓蛋糕"图片缩小后,套用"柔化边缘矩形"样式,移到页面左下角位置。

拓展阅读
1-4-1

6)设置文档的底色。

① 利用"矩形"工具绘制一个与页面大小相等的矩形,设置填充颜色为"橙色,个性色6,淡色80%"。

② 将矩形衬于文字和图片的下方。

③ 调整相关图形对象的位置和大小,进行版面的布局。

7)将最终文档另存为"开业庆典(美化).docx",保存在"素材与实例\第1章"文件夹中。

排版后的文档效果如图1-100所示。

图1-100 "开业庆典(美化)"文档效果

1.5 应用高级排版技术 ▶▶▶

【设定项目】"毕业论文"文档排版

情境描述 ▶

学生在完成学业之前,都要撰写毕业论文并进行排版,这是一个必不可少的环节。为了提高长文档的排版能力,李明从网上下载了1篇"毕业论文"文字稿,准备进行排版练习。

案例素材

项目要求 ▶

1)对"毕业论文"文档内容进行排版设计,并提取论文目录。

① 将一级标题"第一章""第二章"……"参考文献"应用"标题1"样式,将二级标题"1.1""1.2"……

应用"标题 2"样式,将三级标题"1.1.1""1.1.2"……应用"标题 3"样式。

②　设置奇数页页眉内容为论文标题,偶数页页眉内容为章标题。

③　在页面底端生成页码,居中显示。

④　将文档设置为"导航窗格"显示格式,显示目录和论文内容。

⑤　自动生成"毕业论文"目录。

2) 将毕业论文的编排结果简化一个实用模板,以"毕业论文(模版)"命名,保存类型为"Word 模板",扩展名为"dotx",保存在"素材与实例\第 1 章"文件夹中。

3) 打开"毕业论文"文档,将论文设置"保密"水印。

4) 可为论文设置密码,重命名为"毕业论文(排版).docx",保存在"素材与实例\第 1 章"文件夹中。

5) 浏览"毕业论文"文档,打印最终文档。

项目分解 ▶

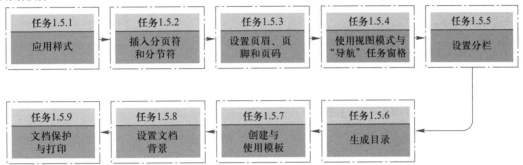

微课 1–5

任务 1.5.1　应用样式

样式是一组已经命名的字符格式和段落格式。使用样式可以方便、快捷地编排具有统一格式的字符和段落,减少重复操作,并有利于保持文档格式的一致性。本节以"毕业论文"文档为例,学习使用样式等操作方法。

步骤 1:应用"标题 1"样式。打开"素材与实例\第 1 章\毕业论文 .docx"文档,将插入符定位到"第一章　绪论"段落中,选择"样式"组中的"标题 1",如图 1–101 所示。按照同样的方法,分别将"摘要"、第二章到第五章的标题以及"参考文献"应用"标题 1"样式。

图 1–101　应用"标题 1"样式

步骤 2:应用"标题 2"样式。对文档中带有二级标题编号"1.1""1.2"……的标题应用"标题 2"样式,如图 1–102 所示。

图 1–102　应用"标题 2"样式

步骤 3:应用"标题 3"样式。对文档中带有三级标题编号"2.1.1""2.1.2"……的标题应用"标题 3"样式,如图 1–103 所示。

图 1–103　应用"标题 3"样式

关于样式的操作还包括以下几种。

- 创建样式：将插入符定位到要应用该样式的任一段落中，单击"开始"→"样式"组的"对话框启动器"按钮 ▣，在下拉列表中单击"新建样式"按钮 ▲，打开"根据格式设置创建新样式"对话框，在其中设置新建样式的名称、样式类型、格式等内容，单击"确定"按钮。

- 修改样式：单击"开始"→"样式"组的"对话框启动器"按钮 ▣，在下拉列表中选择需要修改的样式名称，单击右侧的下拉箭头按钮 ▼，在下拉列表中选择"修改"，在打开的"修改样式"对话框中设置好所需的样式，单击"确定"按钮。

- 删除样式：单击"开始"→"样式"组的"对话框启动器"按钮 ▣，在下拉列表中选择需要删除的样式名称，单击右侧的下拉箭头按钮 ▼，在下拉列表中选择"删除"，弹出是否要删除该样式的提示框，单击"是"按钮。

📎 提示：
删除样式

用户可删除自定义样式，但不能删除内置样式。

任务 1.5.2　插入分页符和分节符

在 Word 中设置分页和分节，可以将相应内容安排在不同页面位置并进行分页显示，使文档的编辑排版更加灵活。本节以"毕业论文"文档为例，学习插入分页符、分节符的操作方法。

步骤 1：将"摘要"内容换页。继续在"毕业论文"文档中进行操作，将插入符定位在要分页的位置，即"2021 年 4 月 20 日"的末尾，按"Ctrl+Enter"组合键或单击"布局"→"页面设置"组中的"分隔符"下拉按钮 ╞，在下拉列表中选择"分页符"，如图 1-104 所示。插入符后的内容将显示在下一页中，在分页处显示一个虚线的分页符标记，如图 1-105 所示。

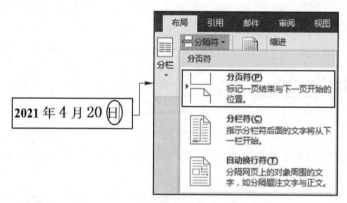

图 1-104　在插入符位置后选择分页符

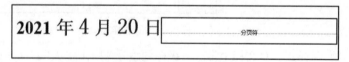

图 1-105　插入分页符效果

步骤 2：将每章文本进行分节。将插入符定位"第一章"标题的左侧，单击"布局"→"页面设置"组中的"分隔符"下拉按钮 ╞，在下拉列表中选择"下一页"，如图 1-106 所示，显示效果如图 1-107 所示。用同样的方法在第二章和第三章标题前进行分节。

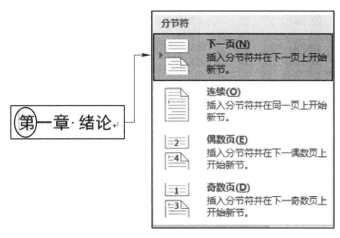

图 1–106　在插入符位置后选择分节符

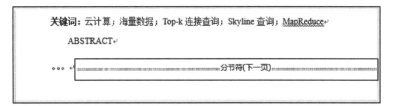

图 1–107　插入分节符效果

如果没看到分页符标记,可单击"开始"→"段落"组中的"显示/隐藏编辑标记"按钮 ↵ ,显示此标记。

📁 技巧:
显示标记

分节符包括以下几种类型。

- 下一页:新节从插入该分节符的下一页开始。
- 连续:新节与其前面一节同处于当前页中。
- 偶数页:新节从下一偶数页开始。
- 奇数页:新节从下一奇数页开始。

分页符:在插入分页符的后面重新开始新的页面。
分节符:将整篇文档拆分为不同节,各节可以设置不同的页眉、页码、页面版式等。

📖 提示:
分页符与
分节符的
区别

任务 1.5.3　设置页眉、页脚和页码

页眉和页脚分别位于文档页面的顶部和底部的页边距中,可以便于读者迅速获取文档主题、页码等相关信息。本节以"毕业论文"文档为例,学习设置页眉、页脚和页码的操作方法。

步骤 1:进入页眉编辑状态。因为封面和摘要页不需要设置页眉,所以从第一章开始设置页眉。将插入符定位在第一章的左侧,单击"插入"→"页眉和页脚"组中的"页眉"下拉按钮 ⬚ ,在下拉列表中选择"空白",如图 1–108 所示。在第一章的页眉区出现了[在此键入]字样,如图 1–109 所示。

步骤 2:设置奇偶页页眉不同。在页眉和页脚编辑状态下,选中"页眉和页脚工具　设计"→"选项"组中的"奇偶页不同"复选框,如图 1–110 所示。

步骤 3:取消"页眉 – 第 2 节"与前一节的链接。单击"导航"组中的"链接到前一条页眉"按钮 ⬚ ,取消它与上一节页眉的链接,此时页眉右下角的"与上一节相同"字样消失,如图 1–111 所示。

图 1-108　单击"页眉"按钮

图 1-109　第一章的页眉区

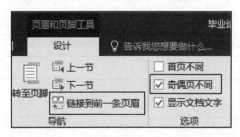

图 1-110　设置奇偶页页眉不同

图 1-111　"与上一节相同"字样消失

提示:"链接到前一条页眉"功能

　　使用此功能,可链接到前一节继续使用相同的页眉或页脚。关闭此功能,可为当前节创建不同的页眉或页脚。

　　步骤 4:输入"奇数页页眉 – 第 2 节"内容。在"奇数页页眉 – 第 2 节"页眉处输入章标题"第一章 绪论",字体为"宋体",字号为"五号",右对齐,如图 1-112 所示。

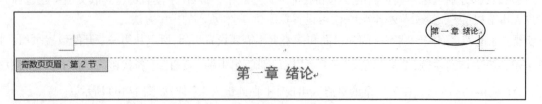

图 1-112　输入"奇数页页眉 – 第 2 节"文字

　　步骤 5:输入"偶数页页眉 – 第 2 节"内容。单击"下一节"按钮,再单击"导航"组中的"链接到前一条页眉"按钮,取消它与上一节页眉的链接,此时页眉右下角的"与上一节相同"字样消失。在"偶数页页眉 – 第 2 节"页眉处输入论文标题"云环境下海量数据查询算法的研究",字体为"宋体",字号为"五号",左对齐,如图 1-113 所示。

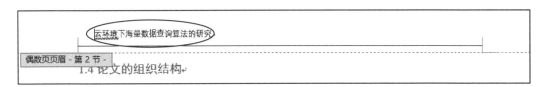

图 1-113　输入"偶数页页眉 - 第 2 节"文字

步骤 6 : 输入"奇数页页眉 - 第 3 节"内容。单击"下一节"按钮 ，按照同样方法，设置第二章的页眉。注意设置奇数页的页眉时，先单击"导航"组中的"链接到前一条页眉"按钮 ，取消它与上一节页眉的链接，在页眉右下角的"与上一节相同"字样消失后再输入章标题。

步骤 7 : 删除封面和摘要页的页眉。切换到封面的页眉区，双击页眉处进入编辑状态，单击"页眉和页脚工具　设计"→"页眉和页脚"组中的"页眉"下拉按钮 ，在下拉列表中选择"删除页眉"。

步骤 8 : 退出页眉和页脚编辑状态。单击"页眉和页脚工具　设计"→"关闭"组中的"关闭页眉和页脚"按钮 。

> 　　页眉、页脚与文档正文处于不同的层次上，因此进入页眉和页脚编辑状态时，不能编辑文档正文；同样在编辑文档正文时，也不能编辑页眉和页脚。

 提示：
编辑页眉、
页脚与文
档正文

步骤 9 : 切换到"奇数页页脚 - 第 2 节"的页脚区。双击"第一章"的页眉文本，进入编辑状态，单击"页眉和页脚工具　设计"→"导航"组中的"转至页脚"按钮 ，将插入点移至页脚区，如图 1-114 所示。

图 1-114　定位"奇数页页脚 - 第 2 节"页脚区

步骤 10 : 设置奇偶页页脚相同。取消勾选"奇偶页不同"复选框，单击"导航"组中的"链接到前一条页眉"按钮 ，取消它与上一节的链接。

步骤 11 : 设置页码样式。单击"页眉和页脚"组中的"页码"下拉按钮 ，在下拉列表中选择"页面底端"→"简单"中的"普通数字 2"，如图 1-115 所示，最后退出页眉和页脚编辑状态。

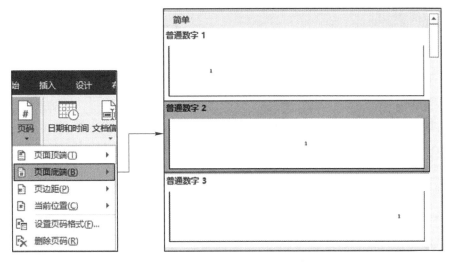

图 1-115　选择系统内置的页脚样式

任务 1.5.4　使用视图模式与"导航"任务窗格

视图是文档窗口的显示方式,打开文档后,可以使用不同的视图模式显示文档内容,还可以通过"导航"任务窗格查看文档结构。本节以"毕业论文"文档为例,学习切换不同视图、使用"导航"任务窗格的操作方法。

步骤 1:切换视图。继续在"毕业论文"文档中操作,切换到"视图"选项卡,单击"视图"组中不同的视图模式按钮,可以启动相应的视图模式,如图 1–116 所示。

- 页面视图:Word 默认的视图模式,将文档以页面的形式显示。
- 阅读视图:以图书的分栏样式显示文档,便于浏览内容较多的文档。
- Web 版式视图:产生的正文能够自动换行以适应窗口大小,注意不是以实际打印的页面形式显示。
- 大纲视图:文档的标题能够分级显示,使得文档的层次分明,易于理解和编辑处理。
- 草稿:一种简化的页面视图模式,不显示页边距、页眉、页脚、背景及图形对象。

步骤 2:使用"导航"任务窗格。将插入符定位到文档的开始位置,切换到"视图"选项卡,选中"显示"组中的"导航窗格"复选框,如图 1–117 所示。打开"导航"任务窗格,可以查看文档的结构,如图 1–118 所示。

图 1–116　"视图"组

图 1–117　选中"导航窗格"复选框

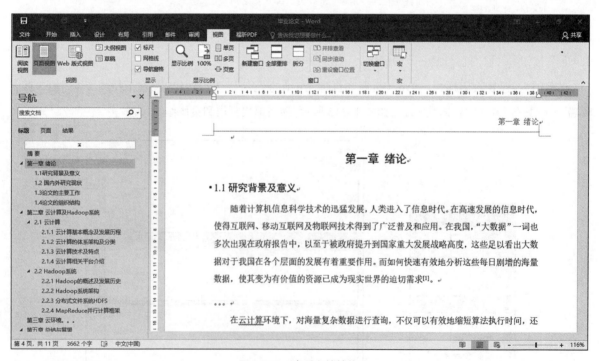

图 1–118　查看文档结构

任务 1.5.5　设置分栏

默认创建的文档只有一栏,为使其更加美观和便于阅读,可对文档进行多栏排版。本节介绍分栏的操作方法,为完成本节后面的实训项目奠定基础。

步骤 1:选择要分栏的正文部分,单击"布局"→"页面设置"组中的"分栏"下拉按钮 ▦,在下拉列表中选择"更多分栏",如图 1-119 所示,打开"分栏"对话框。

步骤 2:在"预设"区中选择"两栏",选中"栏宽相等"复选框,将所选文本分成等宽的两栏,单击"确定"按钮,如图 1-120 所示。

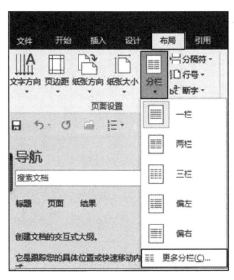

图 1-119　选择"更多分栏"

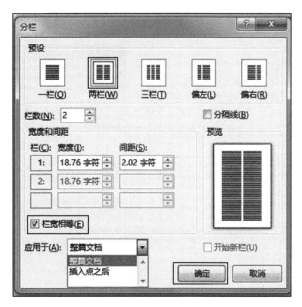

图 1-120　选择"两栏"

"分栏"对话框中各选项的含义如下。

- 一栏:可以将已经分为多栏的文本恢复成单栏版式。
- 两栏或三栏:可将所选文本分成等宽的两栏或三栏。
- 偏左或偏右:可以将所选文本分成左窄右宽或左宽右窄的两个不等宽栏。
- "分隔线"复选框:选中该复选框,可在栏与栏之间设置分隔线,使各栏之间的界限更明显。
- "宽度"和"间距"编辑框:可设置每一栏的栏宽及栏间距。
- "栏宽相等"复选框:选中该复选框,可将所有的栏设置为等宽栏。

"应用于"下拉列表中各选项的含义如下。

- 本节:将本节设成多栏版式。
- 插入点之后:将插入符之后的文本设为多栏版式。
- 整篇文档:对文档全部内容应用分栏设置。

任务 1.5.6　生成目录

目录通常是长文档不可缺少的部分,可以帮助读者快速了解文档的主要内容。本节以"毕业论文"文档为例,学习自动生成目录的操作方法。

步骤 1:定位插入目录的位置。继续在"毕业论文"文档中进行操作,将插入符定位在摘要页末尾,单击"布局"→"页面设置"组中的"分隔符"下拉按钮 ╞┥,在下拉列表中选择"下一页",将插入符定位在下页第 1 行的开头,即要放置目录的位置。

步骤 2:生成目录。单击"引用"→"目录"组中的"目录"下拉按钮 ▤,在下拉列表中选择"自动目录 1"，如图 1-121 所示。Word 将搜索整个文档中三级及以上的标题，以及标题所在的页码，并把它们编制成为目录，如图 1-122 所示，再保存文档。

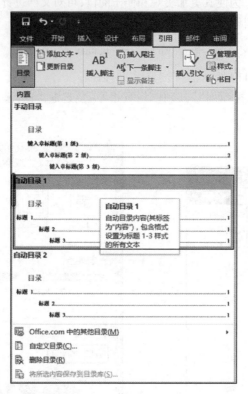

图 1-121　选择目录样式

图 1-122　生成的目录

如果选择"目录"列表底部的"删除目录",或者选中目录后按"Delete"键,可删除在文档中插入的目录。如果文档的页码或标题发生了变化,就要更新目录,使它与文档的内容保持一致。

提示:
删除目录
与更新目
录

任务 1.5.7　创建与使用模板

模板是一种文档类型,可以帮助读者快速生成特定样式的 Word 文档。本节以"毕业论文"文档为例,学习创建、使用模板的操作方法。

步骤 1:简化毕业论文。保存论文封面、摘要、关键词、一级至三级标题、正文、参考文献的样式,简化结果如图 1-123 所示。

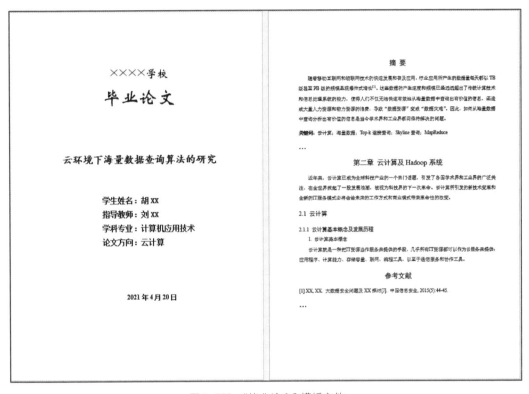

图 1-123　"毕业论文"模板文件

步骤 2:另存模板文件。选择"文件"→"另存为"命令,将文档重命名为"毕业论文(模板)",保存类型为"Word 模板",扩展名为"dotx",保存在"素材与实例 \ 第 1 章"文件夹中。

如果需要使用模板创建文档,可选择"文件"→"新建"命令,在弹出的对话框中选择需要的模板,如图 1-124 所示。在其中加入模板所需要的信息,然后保存即可。

提示:
使用模板

任务 1.5.8　设置文档背景

为文档设置背景,可以增强文本的视觉效果。本节以"毕业论文"文档为例,学习为文档设置水印等操作方法。

步骤 1:查看系统内置水印列表。选择"文件"→"打开"命令,打开"毕业论文"文档,单击"设计"→"页面背景"组中的"水印"下拉按钮,在下拉列表中可选择系统内置的水印选项,如图 1-125 所示。

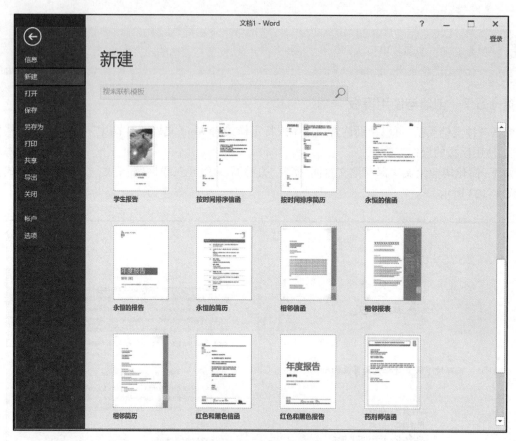

图 1-124 利用文档模板创建需要的模板

图 1-125 "水印"列表

步骤 2：选择自定义水印文字。在水印列表中选择"自定义水印"，打开"水印"对话框，选中"文字水印"单选按钮，在"文字"编辑框中选择"保密"，可在其下方设置文字的各项属性，如字体、字号、颜色和版式等，如图 1-126 所示。单击"应用"按钮，可看到文档中添加的图片水印，如图 1-127 所示。

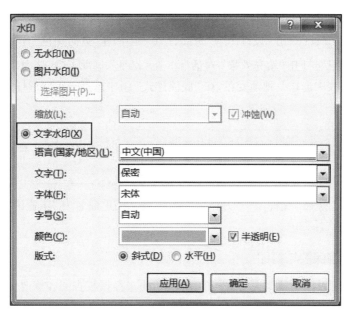

图 1-126　选择文字水印"保密"

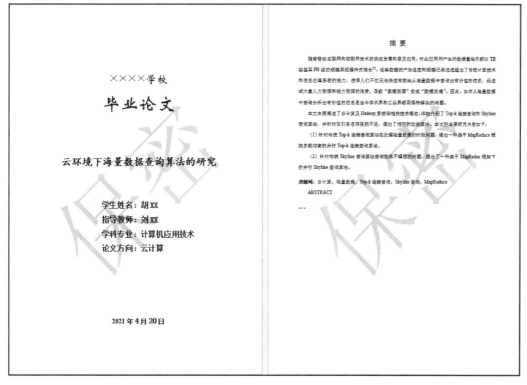

图 1-127　设置"毕业论文"水印

要删除添加的水印效果，单击"设计"→"页面背景"组中的"水印"下拉按钮，在下拉列表中选择"删除水印"。

 提示：
删除水印

设置文档的背景,除了水印外,还包括以下几种。

- 使用纯色背景:单击"设计"→"页面背景"组中的"页面颜色"下拉按钮 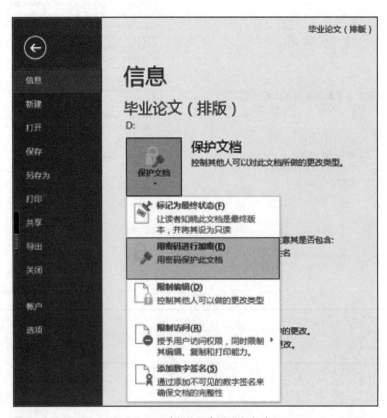,在下拉列表的"主题颜色"组中选择一种背景颜色,如果列表中没有所需的颜色,可选择"其他颜色",打开"颜色"对话框,在"标准"选项卡中选择颜色,或切换到"自定义"选项卡中自定义颜色。

- 使用渐变色填充背景:单击"设计"→"页面背景"组中的"页面颜色"下拉按钮,在下拉列表中选择"填充效果",打开"填充效果"对话框。在"渐变"选项卡中,选中"预设"单选按钮,在"预设颜色"下拉列表中选择一种渐变色,在"底纹样式"组中选择一种变形样式,完成设置后单击"确定"按钮。

提示:
删除背景
颜色

> 要删除设置的背景颜色,单击"设计"→"页面背景"组中的"页面颜色"下拉按钮,在下拉列表中选择"无颜色"。

步骤3:另存文档。选择"文件"→"另存为"命令,将文档重命名为"毕业论文(排版).docx",保存在"素材与实例\第1章"文件夹中。

任务1.5.9　文档保护与打印

为文档设置密码,可以控制其他人对文档的访问,防止未经授权查阅和修改文档。编排好文档后,可以将文档打印出来。本节以"毕业论文"为例,学习保护文档、打印文档的操作方法。

步骤1:设置文档密码。选择"文件"→"打开"命令,打开"毕业论文(排版)"文档。选择"文件"→"信息"命令,显示"信息"窗口。单击"保护文档"下拉按钮,在下拉列表中选择"用密码进行加密",如图1-128所示。打开"加密文档"对话框,如果需要,可在"密码"编辑框中输入设置的密码,单击"确定"按钮后再次确认,完成文档的加密。

图1-128　选择"用密码进行加密"

提示：
设置密码

　　为文档设置密码后,如果忘记了该密码,文档将无法打开。注意输入密码时要区分大小写。如果要取消文档的加密状态,可打开"加密文档"对话框,清除密码编辑框中的内容,再单击"确定"按钮。

　　步骤 2：设置打印状态。选择"文件"→"打印"命令,显示"打印"窗口,如图 1-129 所示。

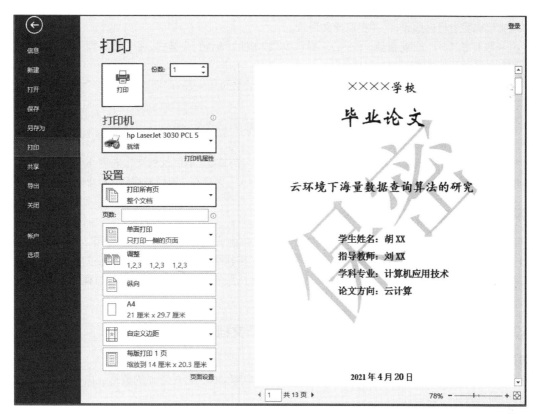

图 1-129　"打印"窗口

　　步骤 3：预览文档。对文档进行打印预览时,可通过右侧窗格查看预览内容。如果文档有多页,单击"上一页"按钮 ◀ 或"下一页"按钮 ▶,可查看上一页或下一页的预览效果。在这两个按钮之间的编辑框中输入页码数字并按"Enter"键,可快速查看相应页的预览效果。

　　步骤 4：调整预览窗口大小。通过单击"缩小"按钮 ━ 或"放大"按钮 ╋,或者拖动显示比例滑块,可缩小或放大预览效果的显示比例;单击"缩放到页面"按钮 ▣,将以当前页面显示比例进行预览。

　　步骤 5：设置打印参数。预览无误,可在"打印机"下拉列表中选择打印机名称,在"打印所有页"下拉列表中选择文档页面内容,在"份数"编辑框中输入打印份数。设置完毕,单击"打印"按钮 🖶,如图 1-129 所示。练习时建议取消"打印"操作。

提示：
打印部分
内容

　　如果要打印指定页,可直接在"设置"区的"页数"编辑框中输入,如输入"3-6"表示打印第 3 页至第 6 页的内容,输入"3,6,10"表示只打印第 3 页、第 6 页和第 10 页的内容。

【实训项目】"美丽的高岭塞罕坝"长文档排版

情境描述　▶

　　纪录片《美丽的高岭塞罕坝》讲述了塞罕坝林场三代人以坚韧不拔的斗志和永不言败的担当,创造了荒原变林海的人间奇迹,践行了绿水青山就是金山银山的理念。

李明看了相关报道,深受感动,便以塞罕坝的历史变迁为线索,通过查阅资料,撰写了"美丽的高岭塞罕坝"文档,现需要进行排版及美化操作。

项目要求 ▸

掌握长文档的高级排版技巧。

实训内容 ▸

请围绕"美丽的高岭塞罕坝"文档完成以下任务:

1) 对文档内容进行排版设计,并提取论文目录。

① 将一级标题"一、旧貌新颜"和"二、绿色发展"应用"标题1"样式,将二级标题"1.""2.".....应用"标题2"样式。

② 设置偶数页眉内容为文章标题"美丽的高岭塞罕坝",奇数页眉内容为"旧貌新颜"和"绿色发展"的子标题。

③ 在页面底端生成页码,靠右显示。

④ 设置分栏,将"(1)自然气候独特"至"优势旅游项目"分为两栏。

⑤ 为文档的底色设置浅绿色。

2) 将"美丽的高岭塞罕坝"文档设置为"导航窗格"显示方式,显示目录和文档内容。

3) 将最终文档重命名为"美丽的高岭塞罕坝(排版).docx",保存在"素材与实例\第1章"的文件夹中。

案例素材

拓展阅读
1-5-1

【探索实践】多人协同编辑文档

文档编辑工作量很大时,常需要多人协作,以便更加高效地完成任务。可以借助腾讯文档等多人实时协作平台,运用在线协同编辑的方式,通过在线新建文档、设置文档权限、分享文档给协作编辑的朋友、将编辑完成线上文档保存到本地等操作共同完成文档编辑;也可以采用多人线下协同编辑的方式,通过建立主控文档、拆分子文档、合并子文档、修订文档等操作协作完成文档编辑。

【设定项目】两人在线协同编辑"教师节贺卡"文档

情境描述 ▸

教师节快要到了,李明和王丽商量共同制作"教师节贺卡",以表达对老师的敬意。由于时间比较紧,他们决定在线协同编辑文档。

项目要求 ▸

1)(李明)创建线上文档,把该文件设置成两人同时线上协同编辑形式。

2)(李明、王丽)线上插入素材,共同编辑文档。

①(李明)在该文档中输入标题"教师节贺卡"。

②(王丽)在该文档中输入教师节祝福语的文字素材。

③(李明)在该文档中插入"鲜花"图片。

④(李明、王丽)共同编辑文档,如设置字体、安排布局等。

3)(李明)将排版后的文档以图片格式保存在"素材与实例\第1章"文件夹中。

案例素材

项目实现 ▸

这里使用腾讯文档多人实时协作平台,无须注册,可使用QQ或微信一键登录,也可跨平台使用。

微课 1-6

▶ 提示:
搜索腾讯文档官方网站链接

> 在百度首页搜索"腾讯文档",找到其官方网站链接后单击进入,如图1-130所示。

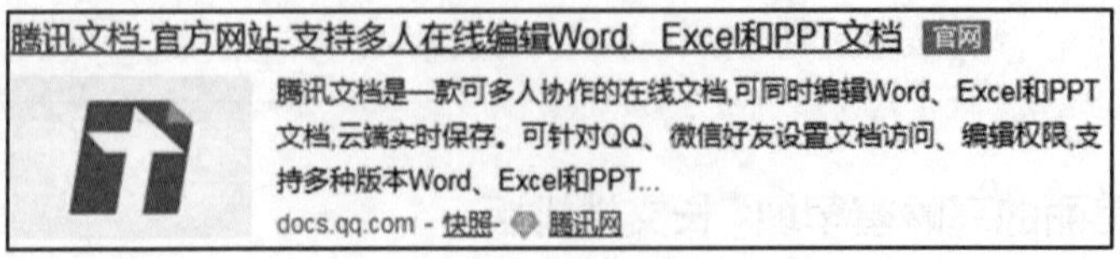

图1-130　腾讯文档官方网站链接

步骤1:(李明)进入腾讯文档。单击腾讯文档官方网站链接进入,即可看到其网络版界面(腾讯文档支持客户端以及手机 App,这里使用网络版进行操作)。单击"免费使用"按钮,通过扫描二维码,用微信登录腾讯文档。

步骤 2 :(李明)在线新建文档。新建文档有两种方式,一种是在线创建,另一种是导入本地文件,如图 1-131 所示。单击"新建"按钮➕,在打开的文档类型窗口中单击"在线文档"按钮▤,如图 1-132 所示。

图 1-131 单击"新建"按钮

图 1-132 在线合作的文档类型

多人在线编辑文档时,如果选用导入本地文件方式,在与他人共享重要文档前可以先选择"文件"→"信息"命令,单击"检查问题"下拉按钮③,在下拉列表中选择"检查文档",使用"文档检查器"可以查找并删除 Word 文档中的隐藏数据和个人信息。

📖 提示:
Word 检查文档

步骤 3 :(李明)设置文档权限。单击右上角"邀请他人一起协作"按钮👤+后,单击"仅我可查看"下拉按钮🔒,在"文档权限"下拉菜单中选择"所有人可编辑",如图 1-133 所示。

图 1-133 设置文档权限类型

步骤 4 :(李明)分享文档给王丽。单击右上角"分享"按钮 **分享**,在打开的"分享"窗口中,选择"所有人可编辑",在窗口下方可选择以何种方式分享给好友,在"分享至"选项组中单击"复制链接"按钮 $\mathcal{S}$,如图 1-134 所示。将复制的链接发送给王丽。

步骤 5 :(王丽)通过收到的分享链接,打开李明分享的文档。这时,文档储存在云端,两人编辑窗口的显示内容相同,如图 1-135 所示,可以同时在线编辑。

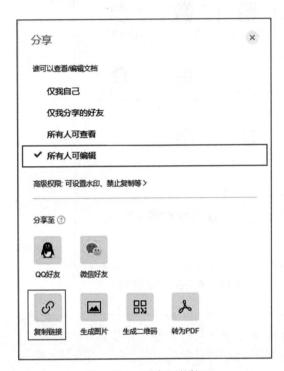

图 1-134 "分享"对话框

图 1-135 线上编辑窗口

步骤 6 :(李明、王丽)录入文字、插入图片,共同编辑。

(李明)在"请输入标题"处输入"教师节贺卡"。

(王丽)在"请输入正文"处输入撰写的祝福语。

(李明)在文档中插入鲜花图片。

两人协商安排布局并设置字体,共同完成线上编辑"教师节贺卡"文档的任务。

提示:
Word 联机文档

> 联机文档是指易于共享的、可以在多个设备上随时访问或操作的在线存储文档。

步骤 7 :(李明)将线上文档保存到本地。单击右上角的"文档操作"按钮 ☰ ,在下拉菜单中选择"导出为"→"生成图片",如图 1-136 所示,将线上"教师节贺卡"文档以图片的格式保存到"素材与实例\第 1 章"文件夹中。

线上编辑的"教师节贺卡"的显示效果如图 1-137 所示。

知识
小贴士:
多人实时协作平台

> 如今的办公 App 不再仅有文档编辑工具,为了能够更好地提升工作效率,许多办公 App 都推出了多人实时协作功能,实现办公一体化,方便用户打造个人专属的学习工作圈。目前国内常见的多人实时协作平台除腾讯文档之外,还有金山文档、石墨文档等。

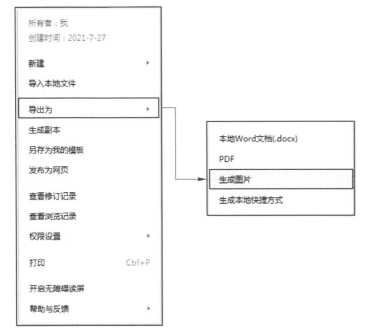

图 1-136　将文档导入到本地

图 1-137　"教师节贺卡"线上编辑效果

【实训项目】3 人线下协同编辑"黄山风景区"文档

情境描述 ▶

快要放暑假了,为了让同学们放松身心、开阔视野,班级自发组织游黄山的活动。李明、王丽和刘巧 3 名同学自愿担任导游,他们决定到景区后从不同角度给同学们做介绍。为此,他们上网查找并撰写资料,协同编辑"黄山风景区"解说词。具体分工如下:黄山风景区简介(李明); 一、地理环境(王丽); 二、主要景点(刘巧); 三、文化底蕴(王丽); 李明进行全文文档的修订、整理。

案例素材

项目要求 ▶

1)(李明)创建"黄山风景区"主控文档。

2)(李明、王丽、刘巧)准备好自己的子文档内容并复制到相应的链接中。

3)(李明)汇总子文档,对文档内容修订,重命名为"黄山风景区(汇总).docx",保存在"素材与实例\第 1 章"文件夹中。

文档效果如图 1-138 所示。

拓展阅读
1-6-1

图 1-138　"黄山风景区(汇总)"文档效果

≫≫ 本章小结

本章围绕同学们的日常学习生活实践,精心挑选了 12 个典型的文档处理项目案例,循序渐进、系统地介绍了文档创建、编辑、美化和高级排版的相关知识和技能技巧,并在设定项目的基础上,增配了相应的实训项目和探索项目进行巩固强化与拓展练习,便于同学们举一反三、触类旁通地进行迁移学习与应用。

≫≫ 课后习题

⊙ 习题答案

一、单选题

1. 在 Word 2016 文档输入过程中,为了防止文档编辑内容丢失,可以设置自动保存。自动保存的时间间隔最短为(　　)。

    A. 0.5 秒钟　　　　B. 10 秒钟　　　　　　C. 1 分钟　　　　　　　D. 10 分钟

2. Word 2016 文档模板的扩展名是(　　)。

    A. docx　　　　　B. dotx　　　　　　　C. txt　　　　　　　　D. htm

3. Word 表格的单元格中可以填写的信息(　　)。

    A. 只能是文字　　B. 只能是文字或符号　　C. 只能是图像　　　　D. 文字、符号、图像均可

4. 删除一个段落标记符后,前后两段将合并成一段,原段落格式的编排(　　)。

    A. 没有变化　　　　　　　　　　　　　B. 后一段将采用前一段格式

    C. 后一段格式未定　　　　　　　　　　D. 前一段将采用后一段格式

5. 如果使用了项目符号或编号,则其在(　　)时会自动出现。

    A. 每次按 "Enter" 键　　　　　　　　　B. 一行文字输入完毕

    C. 按 "Tab" 键　　　　　　　　　　　　D. 文字输入超过右边界

6. 在选定某个表格之后,如果要删除表格里面的内容,以下操作正确的是(　　)。

    A. 按 "Delete" 键　　　　　　　　　　B. 按 "Backspace" 键

    C. 按 "Esc" 键　　　　　　　　　　　　D. 按 "Space" 键

7. 在 Word 表格中,对当前单元格左边的所有单元格中的数值求和,应使用(　　)公式。

    A. =SUM(RIGHT)　　　　　　　　　　B. =SUM(BELOW)

    C. =SUM(LEFT)　　　　　　　　　　　D. =SUM(ABOVE)

8. 在 Word 2016 文档编辑中,要选中不连续的多处文本,应按(　　)键控制选取。

    A. Shift　　　　　B. Ctrl　　　　　　　C. Enter　　　　　　　D. Tab

9. 在 Word 2016 文档编辑中,要将插入符移动到文档的开头位置,应按(　　)快捷键。

    A. Shift +Home　B. Ctrl+Home　　　C. Home　　　　　　　D. Tab+Home

10. 使用(　　)可以进行快速格式复制操作。

    A. 编辑菜单　　　B. 段落命令　　　　　C. 格式刷　　　　　　　D. 格式菜单

11. 一般情况下,如果忘记了 Word 文件的打开权限密码,则(　　)。

    A. 可以以只读方式打开　　　　　　　　B. 可以以副本方式打开

    C. 可以通过 "属性" 对话框将密码取消　　D. 无法打开

12. 如果要设置精确的缩进量,应该使用(　　)方式。

    A. 标尺　　　　　B. 样式　　　　　　　C. 段落格式　　　　　　D. 页面设置

13. 当绘制椭圆形或矩形时,在拖动绘制形状的同时按(　　)键可以得到圆形或正方形。

    A. Ctrl　　　　　B. Shift　　　　　　　C. Alt　　　　　　　　D. Tab

14. 下列关于 Word 表格排序的描述中,正确的是(　　)。

    A. 只有字母可以作为排序依据　　　　　B. 只有数字可以作为排序依据

    C. 排序规则有升序和降序　　　　　　　D. 笔画和拼音不能作为排序依据

15. 下列关于页眉和页脚说法中,错误的是(　　)。

　　A. 页眉和页脚是可以打印在文档每页顶端和底部的描述性内容

　　B. 页眉和页脚的内容是专门设置的

　　C. 页眉和页脚可以是页码、日期、简单文字等

　　D. 页眉和页脚不能是图片

二、多选题

1. 以下属于 Word 2016 中提供的图形对象环绕方式的有（　　　　）。

　　A. 紧密型　　　　　　B. 四周型　　　　　　C. 中间型　　　　　　D. 嵌入型

2. Word 2016 文档的页面背景可以设置为（　　　）类型。

　　A. 填充效果　　　B. 水印　　　　　　C. 图片　　　　　　D. 单色

3. Word 2016 的状态栏中,可实时显示（　　　）信息。

　　A. 当前文档的字数　　　　　　　　B. 当前文档的段落数

　　C. 当前插入符所在的段落数　　　　D. 当前文档的页面数

三、填空题

1. 剪切、复制和粘贴的快捷键分别是_____、_____和_____。

2. Word 2016 中的缩进方式有_____、_____、_____和_____。

3. Word 2016 段落对齐按钮有_____、_____、_____、_____和_____。

4. 在 Word 2016 中,文本框的排版方式有_____和_____两种。

5. Word 2016 的文档视图模式有_____、_____、_____、_____和_____。

四、简答题

1. 常用的选择文本的方法有哪几种?

2. 要将某文档中的中文字体统一设为"楷体",西文字体统一设为"Time New Roman",该如何操作?

3. 如何去掉文本框的外边框?

4. Word 2016 文档中,图片与文字环绕方式有哪几种?

5. 在 Word 中如何提取目录? 如何从任意页设置页码?

五、操作题

1. 上网查询你喜欢的美景图片和文字资料,制作一篇版面美观的文档。

2. 上网查询最新的科技报道、环境保护宣传或自己感兴趣的内容,制作一篇图文并茂的简报。

第2章

电子表格处理

　　随着大数据时代的到来,数据的处理与应用已经渗透到各行各业。作为数据处理的主要应用工具——电子表格软件已广泛应用于财务、管理、统计、金融等各领域,使用其进行数据处理与分析也是当今社会中职场人的必备技能。利用电子表格软件,不仅可以完成计算、筛选、排序、分类汇总等基本的数据处理与统计,还可以应用公式、函数和透视表等工具,完成复杂数据的分析工作。此外,通过制作各类图表,可以以更为直观、形象的可视化方式呈现与分析数据,帮助人们探寻在原始数据中蕴含的深层信息。

　　本章以Excel 2016为例,介绍其基本操作、公式和函数的运用、筛选排序与分类汇总操作、数据图表分析工具的使用等知识与技能,帮助同学们掌握运用电子表格软件,进行数据分析和处理的技巧。

【学习目标】

1) 掌握工作簿、工作表、行、列和单元格的基本操作。

2) 掌握数据录入的技巧以及数据有效性、单元格格式设置等操作方法。

3) 掌握电子表格页面布局、打印的方法和技巧。

4) 掌握单元格引用、函数和公式使用、筛选、排序和分类汇总等操作方法。

5) 掌握常用图表、数据透视图和数据透视表的制作方法和技巧。

2.1　操作电子表格软件

 PPT-2

 【设定项目】创建"员工基本信息表"

情境描述 ▶

　　新兴公司刚刚成立1年多,现有员工60余人。人力资源部主管安排李明整理员工基本信息并制作员工基本信息表,以便开展相关工作。

项目要求 ▶

1) 创建一个新的空白工作簿,将工作表重命名为"输入"。

2) 在"输入"工作表中输入数据。

① 在相应单元格输入如图2-1所示数据。

② 为"性别"数据设置下拉选项"男/女",并完成性别列数据输入。

	A	B	C	D	E	F	G
1	新兴公司员工信息表						
2	工号	姓名	性别	职务	基本工资	身份证号	入职日期
3	20200103	王云	女	主管	11,000.00	220112198207063**2	2020/7/6
4	20200104	李鑫	男	主管	12,000.00	220120198903142**3	2020/7/8
5	20200105	刘研	女	职员	5,000.00	220112199703152**2	2020/7/20
6	20200106	林荫	女	职员	5,200.00	220120199404142**3	2020/7/21
7	20200107	刘超	男	职员	5,400.00	220130199610151**4	2020/7/25
8	20200108	孙雨	女	职员	5,600.00	220120199507112**3	2020/9/22
9	20200109	张力	男	主管	10,000.00	220112199211114**4	2020/12/1
10	20200114	王洲	男	职员	5,800.00	220130199312123**6	2020/12/26

图2-1　输入数据

③ 将第9行数据移至第3行。

3) 将工作簿重命名为 "员工基本信息表 .xlsx"，保存在 "素材与实例 \ 第 2 章" 文件夹中，然后关闭工作簿。

4) 打开工作簿，复制 "输入" 工作表，放在原 "输入" 工作表后，并重命名为 "美化"。

5) 设置 "美化" 工作表的样式和格式。

① 设定主题。

② 设置数据区域首行样式为 "着色 5"，为其余各行套用表格格式。

③ 设置中文字体为 "宋体"、西文字体为 "Times New Roman"，并设置字号、对齐方式及边框。

④ 调整行高和列宽。

6) 管理工作簿和工作表。

① 在 "美化" 工作表中查看数据时，保持前两行和第 1 列数据不动。

② 隐藏 "输入" 工作表。

③ 保护工作簿结构和工作表，仅允许在 "美化" 工作表中选定单元格和排序。

7) 设置页面布局并打印表格。

① 设置页边距为上下各 2 厘米、左右各 1 厘米、页眉页脚各 0.8 厘米，水平居中。

② 设置页码 "第 1 页，共 ? 页"。

③ 设置打印区域，并在每页均打印前两行。

8) 保存并关闭工作簿。

微课 2-1

项目分解 ▶

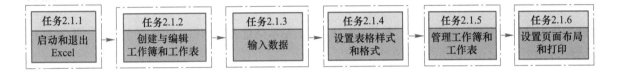

任务 2.1.1　启动和退出 Excel

启动和退出是使用 Excel 处理数据的前提条件。本节将学习启动和退出 Excel 2016 等操作方法。

步骤 1：启动 Excel。单击系统 "开始" 按钮，选择 "Excel 2016" 命令。

> 双击桌面上的快捷图标▣，即可启动 Excel 2016。
> 双击某个 Excel 文件，可启动 Excel 2016 程序并打开该文件。

◀ 提示：
启动
Excel

步骤 2：熟悉软件界面。启动 Excel 2016 并创建工作簿后，会显示软件界面，包括快速访问工具栏、标题栏、功能区、单元格名称框、编辑栏、工作表编辑区、行标、列标、滚动条、状态栏等组成元素，如图 2-2 所示。Excel 界面与 Word 类似，现仅就其区别部分进行介绍。

- 功能区：与 Word 中的功能区类似，但选项卡及其工具有明显差别。Excel 中新增 "公式" 及 "数据" 选项卡，其他选项卡中的工具也与 Word 有区别。
- 单元格名称框：位于功能区下方左侧区域，显示活动单元格名称。单元格名称又称为单元格地址。单元格名称用单元格的列号和行号表示，如 "A1" 表示 A 列第 1 行的单元格。
- 编辑栏：位于单元格名称框右侧，用于编辑活动单元格中的数据和公式。
- 工作表编辑区：用户进行数据输入、编辑和排版的区域。在此区域内，鼠标指针变为 "✛" 形状。编辑区中显示为绿色粗边框的单元格即为活动单元格，用于定位当前的编辑位置、输入数据等。位于编辑区左侧的数字为行标，即行号；上侧的字母为列标，即列号。编辑区左下角为工作表标签，单击 "新建工作表" 按钮⊕可在工作簿中插入一个新的工作表。

步骤 3：退出 Excel。选择 "文件" → "关闭" 命令或单击窗口右上角的 "关闭" 按钮☒。

任务 2.1.2　创建与编辑工作簿和工作表

创建工作簿和工作表是电子表格处理最基本的操作。在创建工作簿后，可以进行插入与删除工作表、

图 2-2　Excel 2016 界面

修改工作表结构和内容等编辑操作。本节以创建"员工基本信息表"工作簿为例,学习创建工作簿和工作表、修改工作簿和工作表结构等操作方法。

步骤 1:创建工作簿。启动 Excel 后,在"新建"窗口右侧选择"空白工作簿"。创建的空白工作簿中默认包含 1 个工作表"Sheet1"。

插入与删除工作表是常见的修改工作簿结构的方式,具体操作方法如下。

- 插入工作表:单击工作表标签后的新建工作表按钮⊕,在原工作表后新增一个工作表;或者右键单击工作表标签,在弹出的快捷菜单中选择"插入"命令,弹出"插入"对话框,选择"工作表"并单击"确定"按钮,如图 2-3 所示,此时在原工作表前插入新工作表;或者单击"开始"→"单元格"组中"插入"下拉按钮，在下拉列表中选择"插入工作表",也可在当前工作表前插入新工作表。

- 删除工作表:在拟删除的工作表界面,单击"开始"→"单元格"组中的"删除"下拉按钮，在下拉列表中选择"删除工作表";或者右键单击要删除的工作表标签,在弹出的快捷菜单中选择"删除"命令,弹出提示框,再次单击"删除"按钮即可。

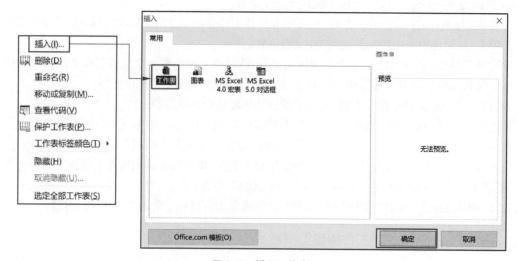

图 2-3　插入工作表

步骤 2：重命名工作表。双击工作表标签 "Sheet1"，如图 2-4 所示，输入 "输入" 并按 "Enter" 键；或者右键单击工作表标签 "Sheet1"，在弹出的快捷菜单中选择 "重命名" 命令，在工作表标签栏输入 "输入"；也可以在工作表 "Sheet1" 界面中，单击 "开始" → "单元格" 组中的 "格式" 下拉按钮，在下拉菜单中选择 "重命名工作表" 后，在工作表标签栏输入 "输入"。

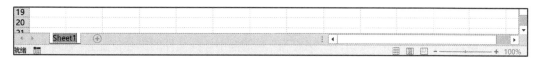

图 2-4　重命名工作表

步骤 3：选择单元格。单击 A1 单元格，按住鼠标左键拖动至 G1 单元格，选中要合并的单元格。

处理表格时，首先需要选定操作对象。Excel 中对于单元格、行、列的操作与 Word 中稍有差异，具体操作方法如下。

- 选中单个单元格：单击单元格，单元格呈选中状态；或者在单元格名称框中输入单元格名称，如 "A1"，并按 "Enter" 键。
- 选中多个连续单元格：单击要选择的第一个单元格，将鼠标指针移至要选择的最后一个单元格，按住 "Shift" 键的同时单击鼠标左键；或者按住鼠标左键拖动，选择多个连续单元格；或者在单元格名称框中输入表格区域名称，如 "A1:G1"，并按 "Enter" 键。
- 选中多个不连续单元格：按住 "Ctrl" 键的同时，依次单击要选取的单元格。
- 选中行：单击行号可以选定该行，按住鼠标左键向上或向下拖动可选定多行；或在单元格名称框输入 "起始行号:终止行号"，如要选择第 1 行，可在单元格名称框输入 "1:1"，并按 "Enter" 键。
- 选中列：单击列号可以选定该列，按住鼠标左键向左或向右拖动可选定多列；或者在单元格名称框输入 "起始列号:终止列号"，如要选择第 1~8 列，可在单元格名称框输入 "A:H" 并按 "Enter" 键。
- 选中数据区域：将鼠标移至数据区域内任意单元格，按 "Ctrl+A" 组合键，可选中整个数据区域；再次按 "Ctrl+A" 组合键，可选中整个工作表。

> 单击第一个要选中的单元格，按 "Ctrl+Shift+ →" 组合键，可选择自第一个单元格起该行连续有数据的单元格。如果要向不同方向选择连续单元格，按 "Ctrl+Shift" 及不同的方向键即可。

**技巧：
选择连续
单元格**

步骤 4：合并单元格。合并单元格有多种方法，其中最常用的是单击 "开始" → "对齐方式" 组中的 "合并后居中" 按钮，如图 2-5 所示。如需取消合并，再次单击 "开始" → "对齐方式" 组中的 "合并后居中" 按钮即可。

图 2-5　合并单元格

修改表格结构还有以下操作。

- 插入单元格、行或列：将鼠标移至要插入新单元格的位置，单击右键，在弹出的快捷菜单中选择 "插入" 命令。在弹出的 "插入" 对话框中提供了 "活动单元格右移" "活动单元格下移" "整行" 和

"整列"4个不同选项,选择相应选项可插入单个空单元格、行或列。或者在选中行或列后,单击右键,在弹出的快捷菜单中选择"插入"命令,可快速插入整行或整列。也可以选中单元格、行或列后,单击"开始"→"单元格"组中的"插入"下拉按钮▦,在下拉列表中选择相应选项。

- 删除单元格、行或列:选中单元格区域、行或列,单击"开始"→"单元格"组中的"删除"下拉按钮▦,在下拉列表中选择相应选项;或者单击右键,在弹出的快捷菜单中选择"删除"命令。

步骤 5:保存工作簿。单击"保存"按钮▦,或者选择"文件"→"保存"命令,或者按"Ctrl+S"组合键,打开"另存为"窗口。单击"浏览"按钮,在"另存为"对话框中选择文件的保存位置为"素材与实例 \ 第 2章"文件夹,在"文件名"编辑框中输入"员工基本信息表",单击"保存"按钮,如图 2-6 所示。

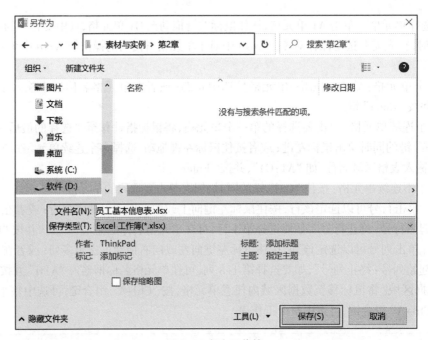

图 2-6　保存工作簿

任务 2.1.3　输入数据

在电子表格中输入数据后才能进行数据的分析和处理。对于数据序列、特殊数据可使用填充柄、自定义填充、快速填充等方法快速输入。本节以"员工基本信息表"工作簿的"输入"工作表为例,学习输入不同类型的数据、使用填充柄、自定义序列填充、快速填充等操作方法。

步骤 1:输入文字。继续在"员工基本信息表"中操作,单击单元格并输入如图2-7 所示的相应文字。也可在选中单元格后,单击编辑栏输入框中的任意位置,在光标闪烁处输入文字。

	A	B	C	D	E	F	G
1				新兴公司员工信息表			
2	工号	姓名	性别	职务	基本工资	身份证号	入职日期
3		王云		主管			
4		李鑫		主管			
5		刘研		职员			
6		林荫		职员			
7		刘超		职员			
8		孙雨		职员			
9		张力		主管			
10		王洲		职员			

图 2-7　输入文字内容

技巧:
输入数据

在多个不连续的单元格中输入相同数据,如图 2-7 中输入相应"职务"时,可执行如下操作:

1) 在 D3 单元格中输入"主管",再单击 D3 单元格,按"Ctrl+C"组合键。

2) 按住 Ctrl 键,依次单击 D4 和 D9 单元格。

3) 按 Ctrl+V 组合键,则在两个单元格中均复制了"主管",如图 2-8 所示。

也可按住 Ctrl 键,依次单击不连续的单元格后,输入文字"主管",再按"Ctrl+Enter"组合键。

如要删除单个单元格中的内容,可在选中该单元格后,按"Delete"键或 "Backspace"键。如要清除单元格区域中的所有内容,在选中该单元格区域后按 "Delete"键,如按"Backspace"键则仅可清除第一个单元格的内容。或者在选中单 个单元格或单元格区域后,单击右键,在弹出的快捷菜单中选择"清除内容"命令。

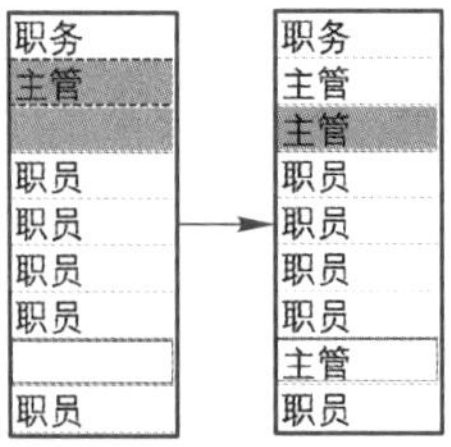

步骤 2:输入文本型数据。输入身份证号时,可选择下列任一种方法操作。

- 单击单元格 F3,先输入英文字符"'",再输入 18 位身份证号数字。

- 选中 F 列,单击右键,在弹出的快捷菜单中选择"设置单元格格式"命令; 或者单击"开始"→"数字"组中的"数字格式"按钮"⌐",在弹出的"设 置单元格格式"对话框中选择"数字"选项卡"分类"列表中的"文本"类型,单击"确定"按钮,如 图 2-9 所示,再在单元格中输入 18 位数字。

- 选中 F 列,单击"开始"→"数字"组中的"数字格式"框下拉按钮,在下拉列表中选择"文本",再 在单元格中输入 18 位数字,如图 2-10 所示。

图 2-8 在不连续单元格中输入相同数据

图 2-9 选择"文本"类型

图 2-10 选择数字格式

Excel 中默认数字字符为数值型数据,在字符长度超过 11 位时以科学记数法显示。当输入 15 位 以上数字字符时,自第 16 位起数字显示为"0"。例如,直接在单元格中输入 18 位身份证号时,显示为 "2.20112E+17",在编辑栏中显示的完整字符为"220112198207063000"。因此,对于超过 15 位的数字字符 需要转换为文本数据类型输入。文本型数值数据在单元格左上角显示一个绿色三角形"◥"。

步骤 3:设置数据有效性。选中 C 列,单击"数据"→"数据工具"组中的"数据验证"下拉按钮 ⊟✓, 在下拉列表中选择"数据验证"。在弹出的"数据验证"对话框中选择"设置"选项卡,在"允许"下拉列表框 中选择"序列",选中"提供下拉箭头"复选框,在"来源"文本框中输入"男,女",单击"确定"按钮。再单击 C 列中任一单元格,其右侧出现下拉箭头,如图 2-11 所示。需要注意的是,序列中","为半角字符,非中文 中的逗号。

步骤 4:清除数据验证。单击 C2 单元格,单击"数据"→"数据工具"组中的"数据验证"按钮 ⊟✓,在 弹出的如图 2-11 所示的"数据验证"对话框中单击"全部清除"按钮,再单击"确定"按钮。

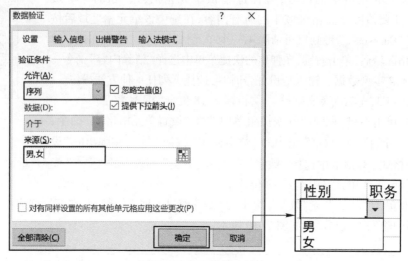

图 2-11   设置数据有效性

步骤 5：输入"性别"数据。单击 C3 单元格的下拉按钮▼，选择"女"，再依次完成后续单元格中性别数据的输入。也可在单元格中直接输入"男"或"女"。

步骤 6：输入数值型数据。单击 E3 单元格，输入"11000"。选择下列任一种方法为 E 列设置数字格式为"两位小数且使用千分位分隔符"：

- 选中 E 列，单击右键，在弹出的快捷菜单中选择"设置单元格格式"命令，在"设置数字格式"对话框的"数字"选项卡中，选择"分类"列表框下的"数值"类型，在"小数位数"框中输入"2"，并选中"使用千位分隔符"复选框，单击"确定"按钮，如图 2-12 所示。注意：为了便于案例展示，以下涉及工资类数据默认单位为"元"，表中不再单独标明单位。
- 选中 E 列，单击"开始"→"数字"组中的"数字格式"下拉按钮，选择"数字"，E3 单元格中数据变为"11000.00"，再单击"千位分隔样式"按钮 ，。

Excel 2016 的"开始"选项卡"数字"组中常用按钮的意义如图 2-13 所示。

图 2-12   数值型数据设置

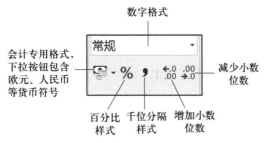

图 2-13　"数字"组中各按钮的意义

步骤 7：输入日期型数据。单击 G3 单元格,输入 "2020/7/6" 或 "2020-7-6";或者先为 G 列设置数据格式为 "日期" 型,再输入 "2020/7/6" 或 "2020-7-6"。依次完成 G4~G10 单元格日期数据的输入。注意输入日期数据时,年、月、日间需要以分隔符 "-" 或 "/" 相连,不可直接输入 "20200706"。

日期型数据有多种不同的表现形式,如 2020 年 4 月 1 日、二〇二〇年四月一日、20-Apr-1、星期四等不同类型,具体形式设置可在 "设置单元格格式" 对话框 "数字" 选项卡中进行。

使用 "Ctrl+;" 组合键可在单元格中输入当前日期;使用 "Ctrl+Shift+;" 组合键可输入当前时间。

📁 **技巧:** 输入当前日期和时间

步骤 8：填充序列。单击 A3 单元格,输入数字 "20200103"。单元格区域 A3:A9 中 "工号" 是步长为 1 的等差序列,可使用填充柄或自定义序列填充来输入其中的数据。

- 使用填充柄自动填充:首先,选中 A3 单元格,将鼠标移到该单元格边框的右下顶点,指针变为填充柄 "十",按住鼠标左键向下拖动至第 9 行后松开鼠标左键,此时单元格区域 A4:A9 全部复制单元格 A3 中的数据 "20200103",再单击 "自动填充选项" 按钮 🔳▾,在弹出的下拉列表中选择 "填充序列",即可完成数据填充,如图 2-14 所示。

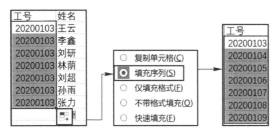

图 2-14　填充序列

- 自定义序列填充:选中单元格区域 A3:A9,单击 "开始" → "编辑" 组中 "填充" 下列按钮 ⬇,在下拉列表中选择 "序列",在弹出的 "序列" 对话框中单击 "列" 和 "等差序列" 单选按钮,在 "步长值" 文本框中输入 "1",单击 "确定" 按钮,如图 2-15 所示。

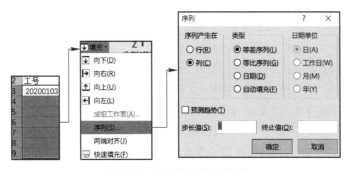

图 2-15　使用 "序列" 对话框

使用第 2 种方法,可对等差、等比和日期序列数据进行填充,在 "步长值" 文本框中输入步长值,可完成不同步长值的数据序列填充。"基本工资"列单元格区域 E5:E8 中的数据为步长 200 的等差序列,可按照此方法完成此部分数据的输入。按照图 2-1 所示完成其余数据输入。

> **提示:**
> **快速填充**
>
> Excel 2016 中还提供了快速填充工具,在感知到数据模式时可自动填充数据。如从身份证号中提取出生日期并填入 H 列,具体操作如下:
>
> 1)出生日期列单元格数字格式为"常规"或"数值"类型时,在单元格 H 中输入"19820706"。
>
> 2)选中单元格区域 H3:H10,单击"数据"→"数据工具"组中的"快速填充"按钮📇,或者使用"Ctrl+E"组合键,可快速填充;或者使用填充柄填充后,在"自动填充选项"中选择"快速填充"。

步骤 9:移动行。单击行号"9"选中第 9 行,按"Ctrl+X"组合键,该行边框显示为绿色虚线。再单击行号"3",单击右键,在弹出的快捷菜单中选择"插入剪切的单元格"命令,如图 2-16 所示。操作完成后的表格效果如图 2-17 所示。

步骤 10:保存并关闭工作簿。单击"保存"按钮🖬后,单击窗口右上侧的"关闭"按钮❌。

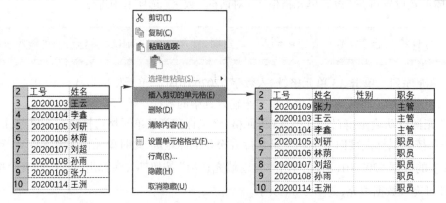

图 2-16   插入剪切的单元格

	A	B	C	D	E	F	G
1	新兴公司员工信息表						
2	工号	姓名	性别	职务	基本工资	身份证号	入职日期
3	20200109	张力	男	主管	10,000.00	220112199211	2020/12/1
4	20200103	王云	女	主管	11,000.00	220112198207	2020/7/6
5	20200104	李鑫	男	主管	12,000.00	220120198903	2020/7/8
6	20200105	刘研	女	职员	5,000.00	220112199703	2020/7/20
7	20200106	林荫	女	职员	5,200.00	220120199404	2020/7/21
8	20200107	刘超	男	职员	5,400.00	220130199610	2020/7/25
9	20200108	孙雨	女	职员	5,600.00	220120199507	2020/9/22
10	20200114	王洲	男	职员	5,800.00	220130199312	#######

图 2-17   表格效果图

任务 2.1.4   设置表格样式和格式

创建和编辑完工作表后,可以通过设置工作表的样式和格式来美化工作表。本节以在"员工基本信息表"工作簿中创建"美化"工作表为例,学习设定工作表主题、背景、样式,自动套用模式,以及设置行高和列宽、对齐、边框等常用格式的操作方法。

步骤 1:打开工作簿。启动 Excel 后,选择"文件"→"打开"命令,或者按"Ctrl+O"组合键,显示"打开"对话框。选择工作簿保存地址"素材与实例\第 2 章"文件夹,单击"员工基本信息表"工作簿,即可打开该工作簿。或者在"素材与实例\第 2 章"文件夹中双击"员工基本信息表"工作簿,也可打开工作簿。

步骤 2:复制"输入"工作表。右键单击工作表标签"输入",在弹出的快捷菜单中选择"移动或复制"命令。弹出"移动或复制工作表"对话框,单击"下列选定工作表之前"列表中的"移至最后",并选中"建立副本"复选框,单击"确定"按钮,即可插入复制的工作表"输入(2)",如图 2-18 所示。使用"移动或复制工作表"对话框,还可在工作簿内移动工作表顺序、将工作表移动或复制至其他工作簿中。

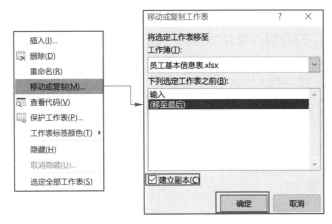

图 2-18　复制工作表

> **技巧：**
> **复制和移动工作表**
>
> 　　按住 "Ctrl" 键并拖动工作表标签，鼠标指针变为 形状，将复制的工作表位置定位在 "输入" 标签后方 ![输入]，松开鼠标和 "Ctrl" 键，即可在 "输入" 工作表后插入复制的工作表。如果拖动工作表标签时不按 "Ctrl" 键，鼠标指针将变为 形状，定位至指定位置，松开鼠标，则可以移动工作表。

步骤 3：重命名工作表。双击 "输入 (2)" 工作表标签，重命名为 "美化"。

> **提示：**
> **切换工作表**
>
> 　　一个工作簿中有多个工作表时，单击拟查看的工作表标签，可切换至该工作表。

步骤 4：设定主题。如果使用默认主题 "Office"，则不需进行操作。Excel 中内置了多种主题样式，如图 2-19 所示，可直接选择使用。主题包含颜色、字体和主题效果 3 个要素。设定主题字体、颜色和效果后，整个工作簿中文本、图表等对象的样式与格式都将发生改变。单击 "页面布局" → "主题" 组中的 "颜色" 按钮 ![]、"字体" 按钮 ![文] 或 "效果" 按钮 ![●]，在下拉列表中选择相应选项可进行主题设置。

> **提示：**
> **更改主题**
>
> 　　如果需要更换主题类型，单击 "页面布局" → "主题" 组中的 "主题" 下拉按钮 ![]，在下拉列表中选择主题类型，如图 2-19 所示。

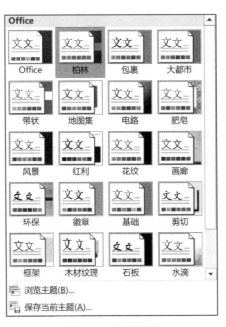

图 2-19　主题类型

步骤 5：设置单元格样式。在"美化"工作表中，选中单元格 A1，单击"开始"→"样式"组中的"单元格样式"下拉按钮![icon]，在下拉列表中选择"着色 5"，如图 2-20 所示。

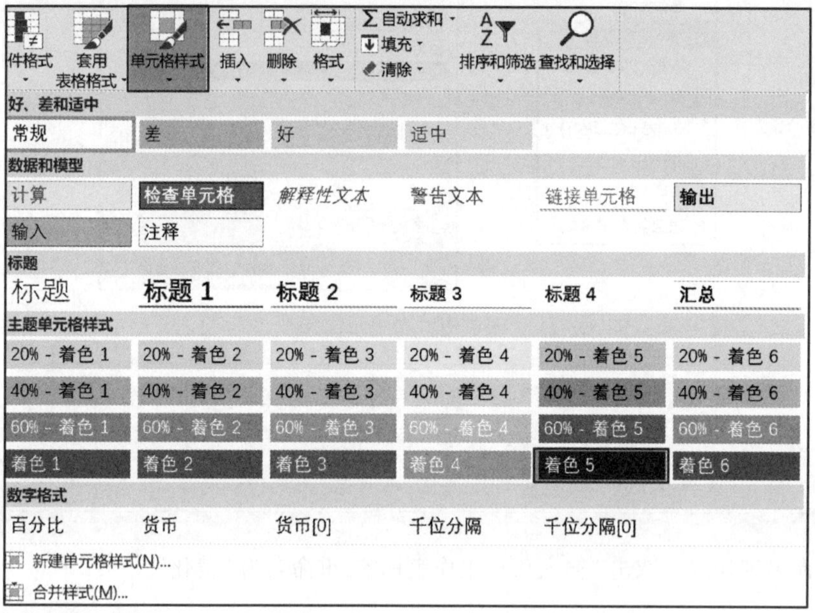

图 2-20　设置单元格样式

单元格样式包含单元格背景、填充效果、数字格式、对齐方式、字体格式、边框等。套用内置样式可快速设定单元格样式。此外，还可以通过"设置单元格格式"对话框分别进行设置。"设置单元格格式"对话框包含数字、对齐、字体、边框、填充和保护 6 个选项卡，分别对应单元格数字格式、对齐方式、字体格式、边框样式、填充背景和效果、保护单元格等操作。

步骤 6：设置表格样式。选中单元格区域 A2：G10，单击"开始"→"样式"组中的"套用表格格式"按钮![icon]，在下拉列表中选择"表样式浅色 20"。弹出"套用表格格式"对话框，选中"表包含标题"复选框，单击"确定"按钮，如图 2-21 所示。套用样式后，列标题单元格出现下拉按钮![icon]。取消该按钮的方法是：选中列标题单元格区域 A2：G2，单击"数据"→"排序和筛选"组中的"筛选"按钮![icon]，则单元格中的"![icon]"消失。

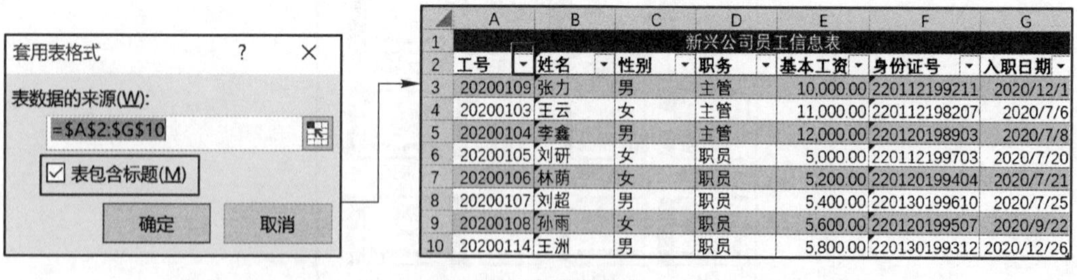

图 2-21　套用表格式

步骤 7：设置字体格式。单击任意空单元格，按"Ctrl+A"组合键，选中整个工作表。在"开始"→"字体"选项组中设置字体格式时，先设置字体为"宋体"，再设置为"Times New Roman"，可实现"中文宋体、西文 Times New Roman"的字体设置。设置字号为"10"。单击 A1 单元格，设置字体为"黑体"，字号为"12"。

步骤 8：设置单元格对齐方式。选中单元格区域 A2：G10，单击"开始"→"对齐方式"组中的"居中"按钮![icon]，单元格中数据居中对齐。套用样式的情况下，使用对齐设置后，单元格可能并未实现对齐设置的效果。如本设定项目中,列标题单元格中文本并未居中对齐,可依次双击各单元格,分别实现居中对齐。

水平对齐方式的设置可通过单击"开始"→"对齐方式"组中相应按钮实现。垂直对齐、表格内文本自动换行、合并单元格等对齐设置可利用"设置单元格格式"对话框中的"对齐"选项卡进行操作。

步骤 9 : 调整行高和列宽。选中第 1 行,单击"开始"→"单元格"组中的"格式"下拉按钮,在下拉列表中选择"行高",在弹出的"行高"对话框中输入"24",单击"确定",如图 2-22 所示。或者单击右键,在弹出的快捷菜单中选择"行高"后,在图 2-22 "行高"对话框输入行高值。同样地,选中第 2~10 行,设置行高为"20"。

"身份证号"列由于字符长度超过列宽,不能完全显示,需要调整列宽。列宽的设置与行高类似,选中列后选择"列宽"命令即可。也可以自动调整列宽,具体操作为:将鼠标移至列号 F 和 G 的交界处,指针变为"✛"形状,双击鼠标,则 F 列的宽度自动调整。也可在选中 F 列后,单击"开始"→"单元格"组中的"格式"下拉按钮,在下拉列表中选择"自动调整列宽"。

> 设置格式时,也可使用格式刷进行操作。选中单元格、行或列后,单击"开始"→"剪贴板"组中的"格式刷"按钮,指针变为 形状,单击所需修改格式的单元格、行或列,可快速修改格式。

提示:
格式刷的使用

步骤 10 : 设置边框。选中单元格区域 A2:G10,单击"开始"→"字体"组中的"边框"下拉按钮,选择"粗外侧框线",如图 2-23 所示。边框的设置包含边框线条样式、线条粗细和线条颜色等。也可使用"设置单元格格式"对话框中的"边框"选项卡进行设置。设置完成的"美化"工作表效果如图 2-24 所示。

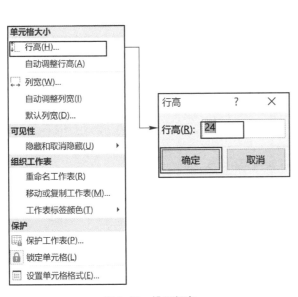

图 2-22　设置行高

图 2-23　设置边框

步骤 11 : 保存工作簿。单击"保存"按钮,保存工作簿。设置好格式和样式的工作簿可以保存为 Excel 模板文件(*.xltx),在后续制作表格时可直接套用模板,提高工作效率。

	A	B	C	D	E	F	G
1	新兴公司员工信息表						
2	工号	姓名	性别	职务	基本工资	身份证号	入职日期
3	20200109	张力	男	主管	10,000.00	220112199211114**4	2020/12/1
4	20200103	王云	女	主管	11,000.00	220112198207063**2	2020/7/6
5	20200104	李鑫	男	主管	12,000.00	220120198903142**3	2020/7/8
6	20200105	刘研	女	职员	5,000.00	220112199703152**2	2020/7/20
7	20200106	林荫	女	职员	5,200.00	220120199404142**3	2020/7/21
8	20200107	刘超	男	职员	5,400.00	220130199610151**4	2020/7/25
9	20200108	孙雨	女	职员	5,600.00	220120199507112**3	2020/9/22
10	20200114	王洲	男	职员	5,800.00	220130199312123**6	2020/12/26

图 2-24 "美化"工作表效果

任务 2.1.5 管理工作簿和工作表

管理工作簿和工作表是电子表格使用的一项必要工作。在数据量大的工作表中为便于对比分析,可通过冻结窗格、拆分窗口方便地查看表中数据;为避免多用户使用表格导致的修改混乱,可对工作簿与工作表设置隐藏和保护;多人共同使用时,可以共享工作簿。本节以"员工基本信息表"工作簿为例,学习管理工作簿和工作表的相关操作。

步骤 1:冻结窗格。继续在"员工基本信息表"工作簿的"美化"工作表中操作。选中 B3 单元格,单击"视图"→"窗口"组中的"冻结窗格"下拉按钮,在下拉列表中选择"冻结拆分窗格"。在第 2 行和第 3 行以及 A 列和 B 列间各出现一条灰色分隔线,此时前两行和 A 列被冻结,如图 2-25 所示。拖动水平滚动条和垂直滚动条时,被冻结的行和列不动。在冻结首行、首列单元格时,可选择如图 2-25 中的"冻结首行"或"冻结首列"选项。

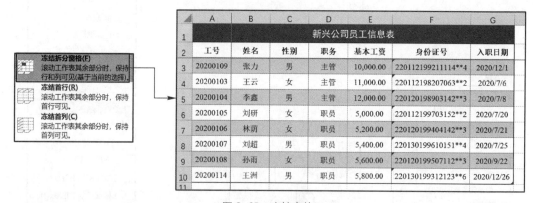

图 2-25 冻结窗格

提示:
取消冻结窗格

要取消冻结窗格,单击"视图"→"窗口"组中的"冻结窗格"下拉按钮,在下拉列表中选择"取消冻结窗格"即可。

此外,使用拆分功能也可实现上述效果。具体操作为:选中 B3 单元格,单击"视图"→"窗口"组中的"拆分"按钮,工作表将拆分成 4 个窗口,可利用滚动条滚动窗口查看数据,如图 2-26 所示。如保持第 1 列和前两行固定显示,则利用下方窗口的垂直滚动条操作即可。将鼠标移至窗口分隔线上,指针变为拆分指针"÷"形状,拖动窗口分隔线上下或左右移动,可调整拆分窗口大小。取消拆分时,单击"拆分"按钮或双击窗口分隔线任意位置即可。

步骤 2:隐藏工作表。右键单击"输入"工作表标签,在弹出的快捷菜单中选择"隐藏"命令;或者单

	A	B	C	D	E	F	G	H
1					新兴公司员工信息表			
2	工号	姓名	性别	职务	基本工资	身份证号	入职日期	
3	20200109	张力	男	主管	10,000.00	220112199211114**4	2020/12/1	
4	20200103	王云	女	主管	11,000.00	220112198207063**2	2020/7/6	
5	20200104	李鑫	男	主管	12,000.00	220120198903142**3	2020/7/8	
6	20200105	刘研	女	职员	5,000.00	220112199703152**2	2020/7/20	
7	20200106	林萌	女	职员	5,200.00	220120199404142**3	2020/7/21	
8	20200107	刘超	男	职员	5,400.00	220130199610151**4	2020/7/25	
9	20200108	孙雨	女	职员	5,600.00	220120199507112**3	2020/9/22	
10	20200114	王洲	男	职员	5,800.00	220130199312123**6	2020/12/26	
11								
12								
13								

图 2-26 拆分窗口

击"输入"工作表标签,切换至"输入"工作表,单击"开始"→"单元格"组中的"格式"下拉按钮 ,在下拉列表中选择"隐藏和取消隐藏"→"隐藏工作表",则"输入"工作表将不再显示。

> 若要将隐藏的工作表显示出来,可右键单击任意工作表标签,在弹出的快捷菜单中选择"取消隐藏"命令,弹出如图 2-27 所示对话框,选择工作表名称,单击"确定"按钮。

提示:
取消隐藏
工作表

工作簿也可以被隐藏,具体操作为:在工作簿中的任意工作表界面,单击"视图"→"窗口"组中的"隐藏"按钮 ,可隐藏整个工作簿。取消隐藏时,单击"视图"→"窗口"组中的"取消隐藏"按钮 ,在弹出的对话框中选择要取消隐藏的工作簿名称,单击"确定"按钮,该工作簿重新显示。

步骤 3:保护工作簿。单击"审阅"→"更改"组中的"保护工作簿"按钮 ,在图 2-28 所示的"保护结构和窗口"对话框中,选中"结构"复选框,单击"确定"按钮。如需要设置密码,可直接输入。或者单击"文件"选项卡中的"保护工作簿"下拉按钮 ,在下拉列表中选择"保护工作簿结构",后续操作与上述方法相同。设置完成后,"保护工作簿"按钮变灰,工作表标签栏的⊕按钮不可使用,工作簿中不可再插入、删除、隐藏和取消隐藏工作表。

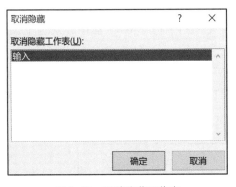

图 2-27 取消隐藏工作表

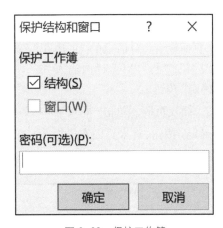

图 2-28 保护工作簿

> 单击"审阅"→"更改"组中的"保护工作簿"按钮 ,可撤销保护。如设置了密码,撤销保护时需要先输入密码。

提示:
撤销保护
工作簿

工作中,常常需要多人共同使用表格,这时可以使用 Excel 的"共享工作簿"功能。操作方法为:单击"审阅"→"更改"组中的"共享工作簿"按钮，弹出提示框,如图 2-29 所示。按照提示设置完成后,再次单击"审阅"→"更改"组中的"共享工作簿"按钮，在弹出的对话框中选中"允许多用户同时编辑,同时允许工作簿合并"复选框。系统提示是否保存工作簿,确定保存后,完成共享工作簿设置。共享工作簿后,删除工作表、插入图表、插入单个单元格、分类汇总、条件格式、合并和拆分单元格等功能都无法再使用。

图 2-29　共享工作簿提示

步骤 4:保护工作表。单击"审阅"→"更改"组中的"保护工作表"按钮，在弹出的"保护工作表"对话框中选中"选定锁定单元格""选定未锁定单元格"及"排序"复选框,单击"确定"按钮,如图 2-30 所示。此时,"更改"组中的"保护工作表"按钮变更为"撤销工作表保护"按钮。撤销工作表保护时,单击"审阅"→"更改"组中的"撤销保护工作表"按钮。

保护工作表后,除预先设定的允许编辑的功能外,单元格内容和格式编辑功能不可再使用,但可以进行页面布局和打印设置。

任务 2.1.6　设置页面布局和打印

打印电子表格时,需要先进行页面布局和打印设置,并通过打印预览查看设置是否合适。本节以"员工基本信息表"工作簿为例,学习设置页边距、页码、打印区域、打印标题以及打印预览等操作方法。

步骤 1:设置页边距。继续在"员工基本信息表"工作簿中操作。在"美化"工作表中,单击"页面布局"→"页面设置"组中的"页边距"下拉按钮，在下拉列表中选择"自定义页边距"。

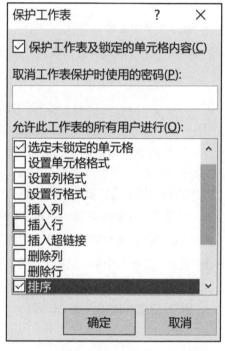

图 2-30　保护工作表

在弹出的"页面设置"对话框的"页边距"选项卡中,"左""右"栏内均输入"1","上""下"栏内输入"2","页眉""页脚"栏内输入"0.8",居中方式选中"水平"复选框,单击"确定"按钮。

步骤 2:插入页码。单击"插入"→"文本"组中的"页眉和页脚"按钮，弹出如图 2-31 所示提示框,单击"确定"按钮,进入页面布局视图。单击"页眉和页脚工具　设计"→"页眉和页脚"组中的"页脚"下拉按钮，在下拉列表中选择"第 1 页,共? 页"。

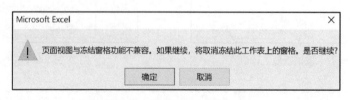

图 2-31　取消冻结窗格提示框

步骤 3:回到普通视图。单击任意单元格,退出页眉和页脚编辑,再单击"视图"→"工作簿视图"组中的"普通"按钮▦。

步骤 4：设置打印区域。可选择下列任一种方法：

- 选中单元格区域 A1:G10，单击"页面布局"→"页面设置"组中的"打印区域"下拉按钮🖶，在下拉列表中选择"设置打印区域"。
- 单击"页面布局"→"页面设置"组中的"页面设置"按钮"🖑"，在弹出的"页面设置"对话框中切换到"工作表"选项卡。单击"打印区域"框，选中单元格区域 A1:G10，或者直接输入"A1:G10"，单击"确定"按钮。

> 取消打印区域设置时，单击"页面布局"→"页面设置"组中的"打印区域"下拉按钮🖶，在下拉列表中选择"取消打印区域"。

📖 提示：
取消打印
区域

步骤 5：设置打印标题。单击"页面布局"→"页面设置"组中的"打印标题"按钮🖶，打开"页面设置"对话框。在"工作表"选项卡中单击"顶端标题行"输入框，在工作表中选中前两行，单击"确定"按钮，如图 2-32 所示。

图 2-32 打印设置

步骤 6：打印预览。单击快速访问工具栏中的"打印预览和打印"按钮🔍，在"打印"窗口中通过右侧窗格预览打印内容。表格分为多页时，单击"上一页"按钮 ◀ 或"下一页"按钮 ▶，可查看上一页或下一页的预览效果。

> 预览打印效果时，常常会发现由于行高或列宽超过页边距，导致一行或一列单独打印在一页纸上。除调整页边距外，还可单击如图 2-33 中的"缩放"按钮▦，根据实际情况选择缩放方式，实现快速调整。

📖 提示：
打印缩放

步骤 7：保存并关闭工作簿。单击"保存"按钮🖫后，单击"关闭"按钮✕。

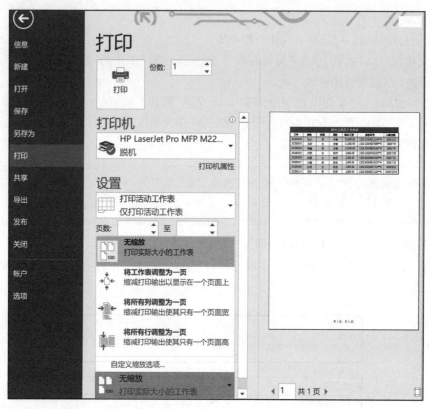

图 2-33　打印预览

【实训项目】创建"新生报到信息表"工作簿

情境描述 ▸

作为 2021 级机械 1 班的班主任助理,李明需要在新生报到工作结束后整理制作好 2021 级机械 1 班新生报到统计表。

项目要求 ▸

掌握工作表制作和使用的技巧。

实训内容 ▸

请完成以下任务:

1) 创建新工作簿"统计原表",将工作表"Sheet1"重命名为"原始",将工作簿保存在"素材与实例\第 2 章"文件夹中。

2) 在"原始"工作表中输入数据,保存工作簿。

① 在相应单元格中输入如图 2-34 所示数据,在表格最左侧插入"序号"列,并自动填充序号。

② 为"是否缴纳学费"列设置下拉选项"是/否",快速填充"生源地代码"数据。

③ 插入表格标题行,合并单元格,输入"2021 级机械 1 班新生报到情况"。

3) 复制工作表"原始"至新工作簿中,关闭"统计原表"工作簿。

4) 为新工作簿设置样式格式。

① 设定主题为"包裹"。

② 标题单元格样式设定为"20%- 着色 3",套用表格格式为"表样式浅色 1"。

③ 设置表格字体格式,将所有表格对齐方式设置为居中。

④ 调整行高为 20,自动调整列宽。

⑤ 设置外边框为浅蓝色双实线、内边框为极细黑色实线。

	A	B	C	D	E	F	G	H
1	姓名	性别	准考证号	生源地代码	宿舍号	报到日期	是否缴纳学费	
2	张兰	女	2021120110220	120110	1-201	2021/9/2	是	
3	孙笑	男	2021130123111	130123	10-301	2021/9/2	否	
4	牛犇犇	男	2021350131211	350131	10-301	2021/9/2	是	
5	张灿烂	女	2021120110223	120110	1-201	2021/9/2	是	
6	王晓	男	2021130102234	130102	10-301	2021/9/2	是	
7	张丽	女	2021130202020	130202	1-201	2021/9/2	是	
8	张军	男	2021130208010	130208	10-302	2021/9/2	是	

图 2-34　输入数据内容

5) 将设置好样式和格式的工作簿重命名为 "2021 级机械 1 班新生报到统计表",保存在 "素材与实例 \ 第 2 章" 文件夹中。

6) 将工作簿窗口拆分为两个窗口,其中第 1 个窗口显示两行数据。

7) 保护工作簿结构,共享工作簿。

8) 页面布局与打印设置。

① 设置页眉为 "20210903",靠右显示,字体为 "宋体",字号为 "10" 号,页脚显示为 "第 1 页"。

② 设置打印时每页均打印第 1~2 行,打印区域为整个数据区域。

③ 设置页边距为上下左右各 2 cm,水平居中。

9) 预览打印。

10) 保存并关闭工作簿。

表格打印效果如图 2-35 所示。

拓展阅读
2-1-1

20210903

2021级机械1班新生报到情况							
序号	姓名	性别	准考证号	生源地代码	宿舍号	报到日期	是否缴纳学费
1	张兰	女	20211201102201	120110	1-201	2021/9/2	是
2	孙笑	男	20211301231111	130123	10-301	2021/9/2	否
3	牛犇犇	男	20213501312111	350131	10-301	2021/9/2	是
4	张灿灿	女	20211201102233	120110	1-201	2021/9/2	是
5	王晓	男	20211301022341	130102	10-301	2021/9/2	是
6	张丽	女	20211302020201	130202	1-201	2021/9/2	是
7	张军	男	20211302080101	130208	10-302	2021/9/2	是

第 1 页

图 2-35　打印效果

2.2　处理与分析数据

【设定项目】制作员工工资表

情境描述 ▶

李明的实习任务是负责管理公司的考勤并制作工资表。制作工资表时需要根据考勤数据计算因请假、迟到、早退等扣减的工资,并计算应发工资等。相应计算规则如下:

1) 2021 年 9 月计 23 个考核工作日,缺勤扣款 = 薪资标准 /23× 缺勤天数。

2) 迟到或早退 1 次扣 50 元,迟到或早退扣款 =50 元 / 次 × 迟到或早退次数。

3) 主管岗位设有每月 1 000 元的岗位津贴。

4) 应发工资 = 薪资标准 + 岗位津贴 − 缺勤扣款 − 迟到或早退扣款。

2021 年 9 月工资表原始表如图 2-36 所示。

9月工资表										
工号	姓名	部门	职位	考核天数	缺勤天数	迟到/早退次数	薪资标准	扣款小计	岗位津贴	应发工资
20200104	李鑫	市场一部	主管	23	0.5	1	13,000.00			
20200106	林萌	办公室	职员	23	0	0	7,000.00			
20200107	刘超	办公室	职员	23	2	2	7,000.00			
20200108	孙雨	市场一部	职员	23	0.5	3	7,000.00			
20200109	张力	办公室	主管	23	0	1	11,000.00			
20200110	李雷	市场一部	职员	23	1	2	7,000.00			
20200112	钟音	市场一部	职员	23	0	1	7,000.00			
20200113	刘源	市场一部	职员	23	0.5	0	7,500.00			
20200114	土洲	市场二部	职员	23	0	2	7,000.00			
20200117	赵金	市场二部	主管	23	1	2	13,000.00			
20200118	吴林	市场二部	职员	23	0	1	7,000.00			
20200119	林实	市场二部	职员	23	3	3	7,000.00			
20200120	张超	市场二部	职员	23	0	1	7,000.00			
合计										

图 2-36　原始表

项目要求 ▶

1) 在"素材与实例\第 2 章"文件夹中,打开"员工工资表"工作簿。

2) 运用公式和函数计算。

① 计算出工作表"9 月"中空缺数据。

案例素材

② 计算"应发工资"的平均值、最大值和最小值。

3) 复制工作表"9 月",重命名为"筛选"。

4) 对"筛选"工作表中的数据进行筛选。

① 筛选出职位为"职员"的信息。

② 为迟到或早退次数超过两次的所有员工设置条件格式。

③ 筛选出迟到或早退次数超过两次的"职员"。

④ 设置高级筛选,筛选出迟到或早退次数 <2、缺勤天数 <2、应发工资 <7 000、职位为职员的员工信息,以及市场一部和市场二部实发工资低于 7 000 元的员工信息。

5) 插入"排序和分类汇总"工作表,复制"9 月"表中 A2:K15 单元格区域的数据。

6) 对"排序和分类汇总"工作表中的数据进行排序和分类汇总。

① 按照部门对数据进行升序排序,设置分类汇总并查看各部门"扣款小计"的最大值。

② 设置多重排序,排序条件依次为部门、职位、工号,"部门"按"办公室、市场一部、市场二部"的顺序排序,其他按数值降序排列。

③ 设置多级分类汇总,先按"部门"再按"职位",对扣款小计、应发工资项汇总求和。

7) 保存并关闭工作簿。

项目分解 ▸

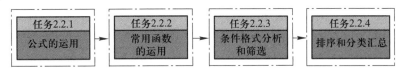

微课 2-2

任务 2.2.1 公式的运用

Excel 中的公式是对工作表中数据执行运算的等式,一般包含单元格引用、运算符、常量等,有时也会使用函数。本节以计算"员工工资表"中相应数据为例,学习地址引用、输入及填充公式等操作方法。

步骤 1:打开工作簿。打开"素材与实例\第 2 章"文件夹,双击"员工工资表 .xlsx"文件。

步骤 2:输入公式。单击单元格 I3,输入"=H3/E3*F3+G3*50"并按"Enter"键。或者在编辑栏中输入公式后,单击左侧的"√"按钮,如图 2-37 所示。输入公式后的单元格中不显示公式,而是直接显示计算结果。单击单元格时,编辑栏中显示公式。

公式中常常需要引用单元格地址。单元格地址引用包含绝对引用、相对引用和混合引用,其含义与使用方法如下。

- 相对引用:被引用的单元格与公式所在单元格之间的位置是相对的。在公式中使用相对引用时,直接输入单元格地址或单击单元格区域。当带有相对引用的公式被复制到其他单元格时,公式内引用的单元格将变成与目标单元格相对应位置上的单元格。

					9月工资表	
C	D	E	F	G	H	I
部门	职位	考核天数	缺勤天数	迟到/早退次数	薪资标准	扣款小计
市场一部	主管	23	0.5	1	13,000.00	3+G3*50
办公室	职员	23	0	0	7,000.00	
办公室	职员	23	2	2	7,000.00	
市场一部	职员	23	0.5	3	7,000.00	

图 2-37 输入公式

- 绝对引用:被引用的单元格与公式所在单元格之间的位置是绝对的。使用绝对引用时,在列号和行号前各输入一个固定符号"$",如 E3 单元格的绝对引用地址为"$E$3",表示不管公式被复制到什么位置,公式中引用的单元格固定不变。当不希望调整引用位置时,就可以使用绝对引用。

- 混合引用:既有相对引用,又有绝对引用。包含两种形式:使用列相对、行绝对混合引用时,在行号前输入"$"符号,如"E$3";使用列绝对、行相对混合引用时,在列号前输入"$"符号,如"$E3",表示当公式复制到一个新的位置时,公式中"$"后行或列的位置不会发生变化。

完整的单元格地址包含工作簿名、工作表名、行列号。在同一工作表内引用单元格时,单元格地址用行列号表示,无须输入工作簿和工作表名。但引用同一工作簿中其他工作表数据时,需要在行列号前输入"工作表名称!",用于指定工作表,如"9月!E3"表示引用工作表"9月"中 E3 单元格地址。引用其他工作簿中数据时,需要在工作表名称前输入"[工作簿名称 .xlsx]",用于指定工作簿,如"[员工工资表 .xlsx]9月!E3"表示引用"员工工资表"工作簿中的工作表"9月"内 E3 单元格地址。

> 如需要引用工作表外单元格地址,在输入公式时,切换至要引用的工作表窗口,选中单元格区域,此时公式中自动输入引用的单元格地址。

📄 提示:引用工作表外单元格地址

步骤 3:填充公式。单击 I3 单元格,将鼠标移至单元格边框右下角,待指针变为填充柄"十"后,按住鼠标左键向下拖动至 I15 单元格后,松开鼠标左键,在 I4:I15 区域中自动完成公式的复制填充,计算出相应数据。也可在指针变为填充柄"十"后双击鼠标,完成相应数据计算,但"合计"行单元格 I16 内出现"#DIV/0!"。单击单元格 I16 后按"Delete"键,清除单元格中内容。

由于 I3 单元格中引用的单元格地址为相对引用,故在其他单元格填充公式时,引用的单元格地址也将发生变化,如 I4 单元格中的公式变为"=H4/E4*F4+G4*50"。

任务 2.2.2 常用函数的运用

Excel 中内置了大量函数,作为预定义好的具备特定功能的公式组合,函数的使用对于用户来说更加便利、准确。本节以计算"员工工资表"中相应数据为例,学习求和、平均值、最大/最小值以及 IF 函数等常用函数的使用。

步骤1：利用函数求和。单击I16单元格后，可用下列任一种方法计算"扣款小计"总额：

- 单击编辑栏中的"插入函数"按钮 f_x 或者单击"公式"→"函数库"组中的"插入函数"按钮 f_x，在弹出的"插入函数"对话框中选择函数"SUM"，单击"确定"按钮。在弹出的"函数参数"对话框中，将插入符定位于"Number1"栏，选中I3:I15单元格区域，单击"确定"按钮，如图2-38所示。

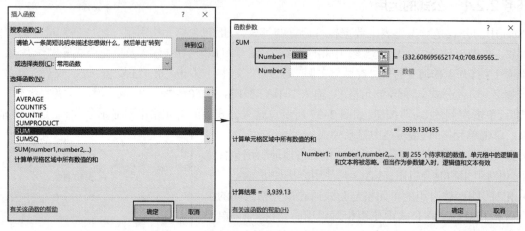

图2-38　使用求和函数

> 提示：
> 选择函数
>
> "插入函数"对话框中的"常用函数"项中仅列出了几种所有用户及本机用户常用的函数，拟使用的函数可能不在其中。此时，需要单击"或选择类别"下拉按钮，选择"全部"或该函数所在的类别，选择所需的函数。

- 输入"=su"，在出现的函数选项中，双击函数"SUM"。按住鼠标选中I3:I15单元格区域或输入"I3:I15"并按"Enter"键，如图2-39所示。当求和项较少时，如对I3、I4及I5单元格求和，可以在SUM函数的参数中直接输入"I3,I4,I5"，其中单元格名称间的分隔号为英文字符","。

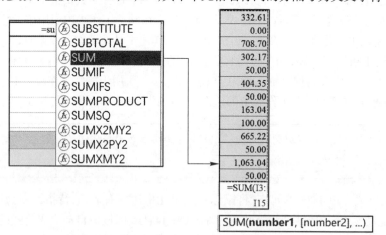

图2-39　输入函数

- 单击"开始"→"编辑"组中的"自动求和"按钮 Σ，或者单击"公式"→"函数库"组中的"自动求和"按钮 Σ，I16单元格中自动输入SUM函数及其建议的参数，按Enter键。如需修改系统建议的函数参数，直接在单元格中修改或重新选中参数区域单元格。

步骤2：输入IF函数。选择单元格J3，单击编辑栏中的"插入函数"按钮 f_x，在"插入函数"对话框中选择函数"IF"，单击"确定"按钮，弹出如图2-40所示的"函数参数"对话框，在"Logical_test"栏中输入"D3="主管""，在"Value_if_true"栏中输入"1000"，在"Value_if_false"栏中输入"0"，单击"确定"按钮。或者,在 J3 单元格或其编辑栏中直接输入"=IF(D3="主管",1000,0)"并按"Enter"键。此外,对于判断条件"D3="主管""还可使用"D3=\$D\$3"的形式实现。

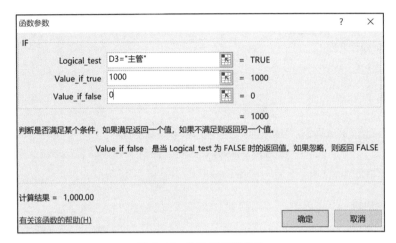

图 2-40　设置 IF 函数参数

IF 函数的语法格式为 IF(Logical_test,[Value_if_true],[Value_if_false])。其中,Logical_test 为条件表达式。当单元格数值满足该条件表达式,在单元格中返回 Value_if_true 对应值,不满足时则返回 Value_if_false 对应值。

步骤 3:自动填充函数。单击 J3 单元格,将鼠标移至单元格边框右下角,当鼠标指针变为填充柄"十"后,按住鼠标左键向下拖动至 J15 单元格后,松开鼠标左键,则 J4:J15 区域自动填充函数,计算出相应数据。也可在单击 J3 单元格后,将鼠标移至单元格右下角,当指针变为填充柄后双击鼠标,完成其他员工"岗位津贴"数据的计算。

步骤 4:计算其他空缺数据。单击 K3 单元格,输入"=H3-I3+J3"并按"Enter"键。再单击 K3 单元格,使用填充柄完成"应发工资"数据填充。单击 I16 单元格,使用填充柄完成"岗位津贴"及"应发工资"项数据求和。

步骤 5:计算平均值。在 J17 单元格中输入"平均值"。选中 J2 单元格,单击"开始"→"剪贴板"组中的"格式刷"按钮 ✓ ,指针变为 ⊕🖌 形状后单击 J17 单元格。再选中 J3 单元格,单击"格式刷"按钮 ✓ ,修改 K17 单元格的格式。选中 K17 单元格,单击编辑栏中的"插入函数"按钮 *fx* ,在"插入函数"对话框中选择函数"AVERAGE",单击"确定"按钮。在"函数参数"对话框中,将系统建议的"Number1"参数值修改为"K3:K15",单击"确定"按钮,如图 2-41 所示。此外,也可直接在单元格或编辑栏中输入"=AVERAGE(K3:K15)"。

> 使用格式刷时,可一次完成区域内多种格式的设置。具体操作为:选中 J2:J3 单元格区域,单击"开始"→"剪贴板"组中的"格式刷"按钮 ✓ ,鼠标指针变为 ⊕🖌 形状后选中 J17:K17 单元格区域。注意样本格式区域的选择并不固定,可以是包含所有用到格式的任意区域。

◀ 📁 技巧:
格式刷

步骤 6:计算最大值。在 J18 单元格中输入"最大值",按照步骤 5 中的方法设置 J18:K18 单元格区域的格式。选择 K18 单元格,单击编辑栏中的"插入函数"按钮 *fx* ,在"插入函数"对话框中选择函数"MAX",单击"确定"按钮。弹出"函数参数"对话框,将插入符定位到"Number1"栏,在工作表中选中 K3:K15 单元格区域,单击"确定"按钮,如图 2-42 所示。也可以直接在单元格或编辑栏中输入"=MAX(K3:K15)"。

步骤 7:计算最小值。在 J19 单元格中输入"最小值",按照步骤 5 中的方法设置 J19:K19 单元格区域的格式。选择 K19 单元格,单击编辑栏中的"插入函数"按钮 *fx* ,在"插入函数"对话框中选择函数"MIN",单击"确定"按钮。弹出"函数参数"对话框,在"Number1"栏内选择 K3:K15 单元格区域,单击"确定"按钮。也可以直接在单元格或编辑栏中输入"=MIN(K3:K15)"。计算完成后的工作表如图 2-43 所示。

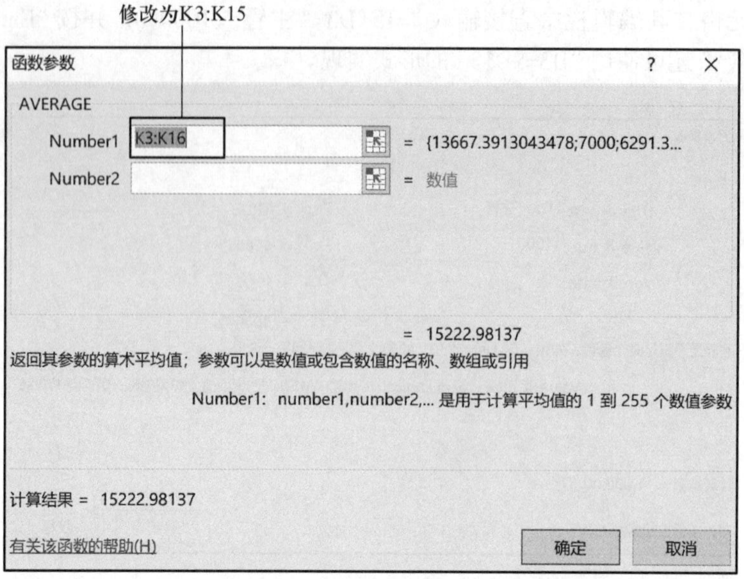

修改为K3:K15

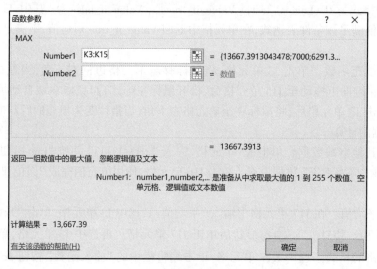

图 2-41 设置 AVERAGE 函数参数

图 2-42 设置 MAX 函数参数

9月工资表

工号	姓名	部门	职位	考核天数	缺勤天数	迟到/早退次数	薪资标准	扣款小计	岗位津贴	应发工资
20200104	李鑫	市场一部	主管	23	0.5	1	13,000.00	332.61	1,000.00	13,667.39
20200106	林荫	办公室	职员	23	0	0	7,000.00	0.00	0.00	7,000.00
20200107	刘超	办公室	职员	23	2	2	7,000.00	708.70	0.00	6,291.30
20200108	孙雨	市场一部	职员	23	0.5	3	7,000.00	302.17	0.00	6,697.83
20200109	张力	办公室	主管	23	0	1	11,000.00	50.00	1,000.00	11,950.00
20200110	李雷	市场一部	职员	23	1	2	7,000.00	404.35	0.00	6,595.65
20200112	钟音	市场一部	职员	23	0	1	7,000.00	50.00	0.00	6,950.00
20200113	刘源	市场一部	职员	23	0.5	0	7,500.00	163.04	0.00	7,336.96
20200114	王洲	市场二部	职员	23	0	2	7,000.00	100.00	0.00	6,900.00
20200117	赵金	市场二部	主管	23	1	2	13,000.00	665.22	1,000.00	13,334.78
20200118	吴林	市场二部	职员	23	0	1	7,000.00	50.00	0.00	6,950.00
20200119	林实	市场二部	职员	23	3	3	7,000.00	1,063.04	0.00	5,936.96
20200120	张超	市场二部	职员	23	0	1	7,000.00	50.00	0.00	6,950.00
合计								3,939.13	3,000.00	106,560.87
									平均值	8,196.99
									最大值	13,667.39
									最小值	5,936.96

图 2-43 计算完成的工资表

步骤 8：保存并关闭工作簿。单击"保存"按钮 ⊞ 后，单击窗口右上侧的"关闭"按钮 ⊠。

任务 2.2.3 条件格式分析和筛选

使用 Excel 提供的条件格式和筛选功能，可以在大量数据中快速查找出需要的特定数据或数据行。本节以制作"筛选"工作表为例，学习使用条件格式、自动筛选、自定义筛选、高级筛选、清除筛选等操作方法。

步骤 1：复制并重命名工作表。右键单击工作表标签"9 月"，在弹出的快捷菜单中选择"移动或复制"命令。在打开的对话框的"下列选定工作表之前"列表中选择"移至最后"，选中"建立副本"复选框，单击"确定"按钮，新增工作表"9 月 (2)"。双击"9 月 (2)"工作表标签，重命名为"筛选"。

步骤 2：设置条件格式。在"筛选"工作表中，选中 G 列。单击"开始"→"样式"组中的"条件格式"下拉按钮 ⬛，在下拉列表中选择"突出显示单元格规则"→"大于"。在弹出的设置条件格式"大于"对话框中，输入值"2"，单击"确定"按钮，如图 2-44 所示。列 G 中"迟到 / 早退次数"大于 2 的所有单元格默认以"浅红填充色深红色文本"样式显示，如需更改条件格式的样式，可在设置条件格式对话框中的"设置为"下拉按钮中选择样式。

> 选中需要清除条件格式的区域，单击"开始"→"样式"组中的"条件格式"下拉按钮 ⬛，在下拉列表中选择"清除规则"→"清除所选单元格的规则"或"清除整个工作表的规则"即可。

📖 提示：
清除条件
格式

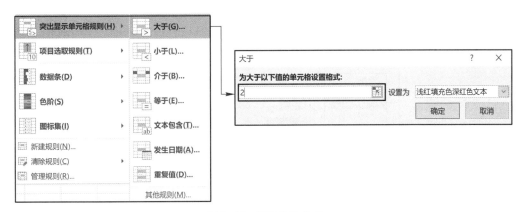

图 2-44 设置条件格式

步骤 3：设置自动筛选。单击工作表中数据区域的任意单元格，单击"数据"→"排序和筛选"组中的"筛选"按钮 ▼，在各列标题单元格中出现下拉按钮 ▼。单击"职位"单元格的下拉按钮，显示筛选菜单，仅选中"职员"，如图 2-45 所示。"职员"单元格下拉按钮变为筛选标记 ⏷，筛选出的所有"职员"信息如图 2-46 所示。

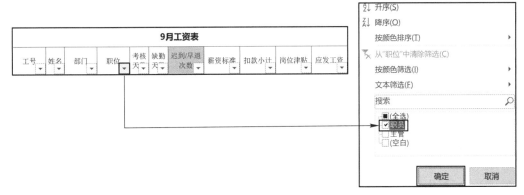

图 2-45 自动筛选

1	9月工资表										
2	工号	姓名	部门	职位	考核天数	缺勤天数	迟到/早退次数	薪资标准	扣款小计	岗位津贴	应发工资
4	20200106	林荫	办公室	职员	23	0	0	7,000.00	0.00	0.00	7,000.00
5	20200107	刘超	办公室	职员	23	2	2	7,000.00	708.70	0.00	6,291.30
6	20200108	孙雨	市场一部	职员	23	0.5	3	7,000.00	302.17	0.00	6,697.83
8	20200110	李雷	市场一部	职员	23	1	2	7,000.00	404.35	0.00	6,595.65
9	20200112	钟音	市场一部	职员	23	0	1	7,000.00	50.00	0.00	6,950.00
10	20200113	刘源	市场一部	职员	23	0.5	0	7,500.00	163.04	0.00	7,336.96
11	20200114	王洲	市场二部	职员	23	0	0	7,000.00	100.00	0.00	6,900.00
13	20200118	吴林	市场二部	职员	23	0	1	7,000.00	50.00	0.00	6,950.00
14	20200119	林实	市场二部	职员	23	3	3	7,000.00	1,063.04	0.00	5,936.96
15	20200120	张超	市场二部	职员	23	0	1	7,000.00	50.00	0.00	6,950.00

图 2-46　筛选出的"职员"信息

步骤 4：自定义筛选。单击"迟到 / 早退次数"单元格中的下拉按钮，在筛选菜单中选择"数字筛选"→"大于"，弹出"自定义自动筛选方式"对话框，在"迟到 / 早退次数"选项栏中选择"大于"，在数值框中输入"2"，单击"确定"按钮，如图 2-47 所示。筛选出 9 月迟到或早退超过两次的"职员"信息，如图 2-48 所示。

提示：按颜色筛选

由于为"迟到 / 早退次数"列设置了条件格式，数值大于 2 的单元格与其他单元格颜色不同。筛选 9 月迟到 / 早退大于 2 次的职员信息时，也可单击"迟到 / 早退次数"单元格的下拉按钮，在筛选菜单选择"按颜色筛选"中相应选项。

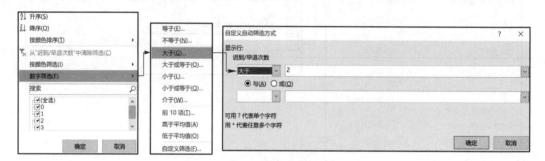

图 2-47　自定义筛选

9月工资表										
工号	姓名	部门	职位	考核天数	缺勤天数	迟到/早退次数	薪资标准	扣款小计	岗位津贴	应发工资
20200108	孙雨	市场一部	职员	23	0.5	3	7,000.00	302.17	0.00	6,697.83
20200119	林实	市场二部	职员	23	3	3	7,000.00	1,063.04	0.00	5,936.96

图 2-48　自定义筛选结果

步骤 5：清除筛选。单击"数据"→"排序和筛选"组中"筛选"按钮 ▼。

步骤 6：设置条件区域。在 G22：K22 单元格区域中依次输入"部门""职位""迟到 / 早退次数""缺勤天数"及"应发工资"。筛选条件为：迟到 / 早退次数 <2，缺勤天数 <2，应发工资 <7 000，职位为职员，以及市场一部和市场二部实发工资 <7 000 的所有员工。筛选条件可分解为 3 个，3 个条件间为"或"关系，在条件区域输入如下筛选条件：

- 在 H23：K23 单元格区域中依次输入"职员""<2""<2""<7 000"。
- 在 G24 单元格中输入"市场一部"，在 K24 单元格中输入"<7 000"。
- 在 G25 单元格中输入"市场二部"，在 K25 单元格中输入"<7 000"。

输入完成后的条件区域如图 2-49 所示。

步骤 7：设置高级筛选。单击数据区域中任意单元格，单击"数据"→"排序和筛选"组中的"高级"按钮 ，弹出图 2-50 所示的"高级筛选"对话框，单击"将筛选结果复制到其他位置"单选按钮。将插入符定位在"列表区域"栏，在"筛选"工作表中选中 A2:K15 单元格区域。按照上述操作，在"条件区域"栏选中 G22:K25 单元格区域，在"复制到"栏选中 A28 单元格，单击"确定"按钮。筛选结果如图 2-51 所示。

图 2-50 设置高级筛选

部门	职位	迟到/早退次数	缺勤天数	应发工资
	职员	<2	<2	<7000
市场一部				<7000
市场二部				<7000

图 2-49 条件区域

工号	姓名	部门	职位	考核天数	缺勤天数	迟到/早退次数	薪资标准	扣款小计	岗位津贴	应发工资
20200108	孙雨	市场一部	职员	23	0.5	3	7,000.00	302.17	0.00	6,697.83
20200110	李雷	市场一部	职员	23	1	2	7,000.00	404.35	0.00	6,595.65
20200112	钟音	市场一部	职员	23	0	1	7,000.00	50.00	0.00	6,950.00
20200114	王洲	市场二部	职员	23	0	2	7,000.00	100.00	0.00	6,900.00
20200118	吴林	市场二部	职员	23	0	1	7,000.00	50.00	0.00	6,950.00
20200119	林实	市场二部	职员	23	3	3	7,000.00	1,063.04	0.00	5,936.96
20200120	张超	市场二部	职员	23	0	1	7,000.00	50.00	0.00	6,950.00

图 2-51 高级筛选结果

使用高级筛选时需要建立条件区域。条件区域的第一行为字段名称，必须与数据表中的字段完全一致。自第 2 行起，输入对应各字段的筛选条件。多个不同筛选条件如果为"与"关系，需要在同一行输入；如果为"或"关系，则需放在不同行。

步骤 8：保存工作簿。单击"保存"按钮 。

任务 2.2.4 排序和分类汇总

分类汇总是对工作表中某个字段进行分类后，对各类数据进行汇总统计。一个工作表中可有多级分类汇总。汇总的方式有多种，默认汇总方式是求和，进行分类汇总前需要先排序。合并计算可以将多个工作表中的数据进行汇总计算。本节以制作"排序和分类汇总"工作表为例，学习简单排序、多重排序、分类汇总、合并计算等操作方法。

步骤 1：插入并重命名工作表。单击工作表标签"筛选"后的 ⊕ 按钮，插入新工作表。双击新插入的工作表标签，重命名为"排序和分类汇总"。

步骤 2：粘贴数据。切换至工作表"9 月"，使用"Ctrl+C"组合键复制 A2:K15 单元格区域中的数据。切换至工作表"排序和分类汇总"，单击 A1 单元格，按"Ctrl+V"组合键，或单击"开始"→"剪贴板"组中的"粘贴"下拉按钮 ，选择"保留源格式" ，如图 2-52 所示。

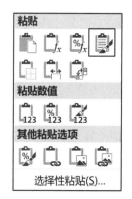

图 2-52 粘贴选项

📖 提示：
粘贴选项

Excel中的粘贴工具可实现仅粘贴数值、带公式粘贴、带格式粘贴、保留列宽粘贴、转置粘贴等不同效果，也可粘贴链接、图片等。使用"选择性粘贴"时，需要在对话框中选择合适选项，以实现个性化的粘贴效果。

步骤3：排序。选中C列，单击"数据"→"排序和筛选"组中的"升序"按钮 ，弹出"排序提醒"对话框，如图2-53所示。单击"扩展选定区域"单选按钮，再单击"排序"按钮。也可以在选中C列后，单击"数据"→"排序和筛选"组中的"排序"按钮 ，并确定扩展选定区域。在弹出的"排序"对话框中，"主要关键字"选择"部门"，"排序依据"选择"数值"，"次序"选择"升序"，单击"确定"按钮，如图2-54所示。

图2-53　排序提醒

排序后的"部门"顺序为"办公室、市场二部、市场一部"。这是因为系统默认将汉字按照汉语拼音的字母顺序排序，如"一、二、三"的默认升序排列顺序为"二、三、一"，想要按照"一、二、三"排序，则需使用自定义排序。此外，系统还提供了按笔划数排序的选择。

步骤4：简单分类汇总。选中A2:B14单元格区域，单击"数据"→"分级显示"组中的"分类汇总"按钮 ，在弹出的"分类汇总"对话框中，"分类字段"选择"部门"，"汇总方式"选择"最大值"，"选定汇总项"选择"扣款小计"，并选中"替换当前分类汇总"和"汇总结果显示在数据下方"复选框，单击"确定"按钮，如图2-55所示。分类汇总效果如图2-56所示。

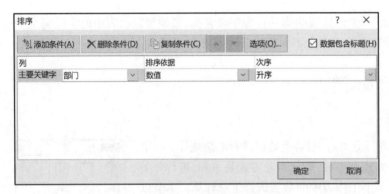

图2-54　设置排序

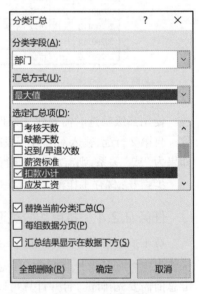

图2-55　分类汇总

合并计算也可以快速统计出各部门"扣款小计"项的最大值，具体操作为：单击"9月"工作表中的C21单元格，单击"数据"→"数据工具"组中的"合并计算"按钮 ，弹出"合并计算"对话框。在"函数"下拉列表中选择"最大值"，"引用位置"选择C2:K15单元格区域，"标签位置"选中"首行"和"最左列"复选框，单击"确定"按钮。按"部门"字段统计出各数据项的"最大值"，如图2-57所示。

当对多个工作表中的数据进行合并计算时，可通过添加引用位置实现。与分类汇总不同的是，进行合并计算前不需对数据进行排序。

步骤 5：查看汇总结果。单击窗口左侧分类汇总层次数字 "2"，显示仅包含各部门 "扣款小计" 最大值数据的界面，如图 2-58 所示。

步骤 6：清除分类汇总。单击数据区域中任意单元格，单击 "数据" → "分级显示" 组中的 "分类汇总" 按钮。在弹出的 "分类汇总" 对话框中，单击 "全部删除" 按钮，即可清除分类汇总，回到分类汇总前状态。

	工号	姓名	部门	职位	考核天数	缺勤天数	迟到/早退次数	薪资标准	扣款小计	岗位津贴	应发工资
1											
2	20200106	林荫	办公室	职员	23	0	0	7,000.00	0.01	0.00	7,000.00
3	20200107	刘超	办公室	职员	23	2	2	7,000.00	708.70	0.00	6,291.30
4	20200109	张力	办公室	主管	23	0	1	11,000.00	50.00	1,000.00	11,950.00
5			办公室 最大值						708.70		
6	20200114	王洲	市场二部	职员	23	0	2	7,000.00	100.00	0.00	6,900.00
7	20200117	赵金	市场二部	主管	23	1	2	13,000.00	665.22	1,000.00	13,334.78
8	20200118	吴林	市场二部	职员	23	0	1	7,000.00	50.00	0.00	6,950.00
9	20200119	林实	市场二部	职员	23	3	3	7,000.00	1,063.04	0.00	5,936.96
10	20200120	张超	市场二部	职员	23	0	1	7,000.00	50.00	0.00	6,950.00
11			市场二部 最大值						1,063.04		
12	20200104	李鑫	市场一部	主管	23	0.5	1	13,000.00	332.61	1,000.00	13,667.39
13	20200108	孙雨	市场一部	职员	23	0.5	3	7,000.00	302.17	0.00	6,697.83
14	20200110	李雷	市场一部	职员	23	1	0	7,000.00	404.35	0.00	6,595.65
15	20200112	钟音	市场一部	职员	23	0	1	7,000.00	50.00	0.00	6,950.00
16	20200113	刘源	市场一部	职员	23	0.5	0	7,500.00	163.04	0.00	7,336.96
17			市场一部 最大值						404.35		
18			总计最大值						1,063.04		

图 2-56　按 "部门" 汇总效果

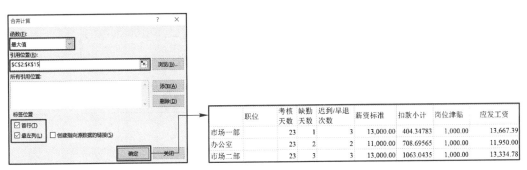

图 2-57　合并计算

	工号	姓名	部门	职位	考核天数	缺勤天数	迟到/早退次数	薪资标准	扣款小计	岗位津贴	应发工资
1											
5			办公室 最大值						708.70		
11			市场二部 最大值						1,063.04		
17			市场一部 最大值						404.35		
18			总计最大值						1,063.04		

图 2-58　查看各部门汇总值

步骤 7：自定义排序。选中 A2:K14 单元格区域，单击 "数据" → "排序和筛选" 组中的 "排序" 按钮，在弹出的 "排序" 对话框中更改 "次序" 为 "自定义序列"。在 "自定义序列" 对话框中，选择 "新序列"，在 "输入序列" 文本框中输入 "办公室,市场一部,市场二部"，单击 "确定" 按钮，如图 2-59 所示。需要注意的是,在输入序列时,分隔符","为英文字符。

　　步骤 8:设置多重排序。在"排序"对话框中单击"添加条件"按钮,"次要关键字"选择"职位","排序依据"选择"数值","次序"选择"降序"。再次单击"添加条件"按钮,第 2 个"次要关键字"选择"工号","排序依据"选择"数值","次序"选择"降序",如图 2-60 所示。单击"确定"按钮,排序效果如图 2-61 所示。

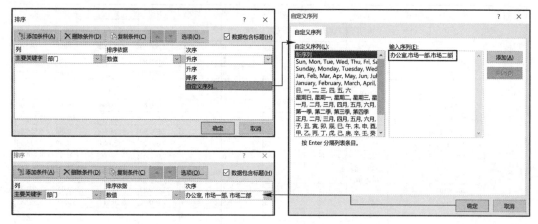

图 2-59　自定义排序

图 2-60　设置多重排序

工号	姓名	部门	职位	考核天数	缺勤天数	迟到/早退次数	薪资标准	扣款小计	岗位津贴	应发工资
20200109	张力	办公室	主管	23	0	1	11,000.00	50.00	1,000.00	11,950.00
20200107	刘超	办公室	职员	23	2	2	7,000.00	708.70	0.00	6,291.30
20200106	林荫	办公室	职员	23	0	0	7,000.00	0.00	0.00	7,000.00
20200104	李鑫	市场一部	主管	23	0.5	1	13,000.00	332.61	1,000.00	13,667.39
20200113	刘源	市场一部	职员	23	0.5	0	7,500.00	163.04	0.00	7,336.96
20200112	钟音	市场一部	职员	23	0	1	7,000.00	50.00	0.00	6,950.00
20200110	李雷	市场一部	职员	23	1	2	7,000.00	404.35	0.00	6,595.65
20200108	孙雨	市场一部	职员	23	0.5	3	7,000.00	302.17	0.00	6,697.83
20200117	赵金	市场二部	主管	23	1	1	13,000.00	665.22	1,000.00	13,334.78
20200120	张超	市场二部	职员	23	0	1	7,000.00	50.00	0.00	6,950.00
20200119	林实	市场二部	职员	23	3	3	7,000.00	1,063.04	0.00	5,936.96
20200118	吴林	市场二部	职员	23	0	1	7,000.00	50.00	0.00	6,950.00
20200114	王洲	市场二部	职员	23	0	2	7,000.00	100.00	0.00	6,900.00

图 2-61　多重排序后效果

　　步骤 9:设置外部分类汇总。单击数据区域中任意单元格,单击"数据"→"分级显示"组中的"分类汇总"按钮。在弹出的"分类汇总"对话框中,"分类字段"选择"部门","汇总方式"选择"求和"，"选定汇总项"选择"扣款小计"及"应发工资"，选中"替换当前分类汇总"和"汇总结果显示在数据下方"复选框，单击"确定"按钮。

步骤 10：设置嵌套汇总。再次单击"数据"→"分级显示"组中的"分类汇总"按钮。在弹出的"分类汇总"对话框中，"分类字段"选择"职位"，"汇总方式"选择"求和"，"选定汇总项"选择"扣款小计"和"应发工资"，取消选中"替换当前分类汇总"复选框，单击"确定"按钮，如图 2-62 所示。设置完成后的效果如图 2-63 所示。

步骤 11：查看各级分类汇总。分类汇总设置完成后，默认显示为第 4 层分类汇总显示所有分项数据与汇总项数据。单击窗口左上角的层级数字，可查看各级分类汇总结果。

步骤 12：保存并关闭工作簿。单击"保存"按钮后，单击"关闭"按钮。

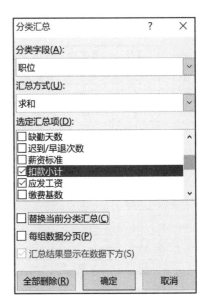

图 2-62　嵌套分类汇总设置

	A	B	C	D	E	F	G	H	I	J	K
1	工号	姓名	部门	职位	考核天数	缺勤天数	迟到/早退次数	薪资标准	扣款小计	岗位津贴	应发工资
2	20200109	张力	办公室	主管	23	0	1	11,000.00	50.00	1,000.00	11,950.00
3				主管 汇总					50.00		11,950.00
4	20200107	刘超	办公室	职员	23	2	2	7,000.00	708.70	0.00	6,291.30
5	20200106	林萌	办公室	职员	23	0	0	7,000.00	0.00	0.00	7,000.00
6				职员 汇总					708.70		13,291.30
7			办公室 汇总						758.70		25,241.30
8	20200104	李鑫	市场一部	主管	23	0.5	1	13,000.00	332.61	1,000.00	13,667.39
9				主管 汇总					332.61		13,667.39
10	20200113	刘源	市场一部	职员	23	0.5	0	7,500.00	163.04	0.00	7,336.96
11	20200112	钟音	市场一部	职员	23	0	1	7,000.00	50.00	0.00	6,950.00
12	20200110	李雷	市场一部	职员	23	1	2	7,000.00	404.35	0.00	6,595.65
13	20200108	孙雨	市场一部	职员	23	0.5	3	7,000.00	302.17	0.00	6,697.83
14				职员 汇总					919.57		27,580.43
15			市场一部 汇总						1,252.17		41,247.83
16	20200117	赵金	市场二部	主管	23	1	2	13,000.00	665.22	1,000.00	13,334.78
17				主管 汇总					665.22		13,334.78
18	20200120	张超	市场二部	职员	23	0	1	7,000.00	50.00	0.00	6,950.00
19	20200119	林实	市场二部	职员	23	3	3	7,000.00	1,063.04	0.00	5,936.96
20	20200118	吴林	市场二部	职员	23	0	1	7,000.00	50.00	0.00	6,950.00
21	20200114	王洲	市场二部	职员	23	0	2	7,000.00	100.00	0.00	6,900.00
22				职员 汇总					1,263.04		26,736.96
23			市场二部 汇总						1,928.26		40,071.74
24			总计						3,939.13		106,560.87

图 2-63　多级分类汇总效果

【实训项目】制作班级学生成绩表并进行成绩分析

情境描述 ▶

李明参加了大学生志愿服务西部计划。为全面掌握班上同学的情况，他准备对学期班级成绩进行分析，原始成绩如图 2-64 所示。

项目要求 ▶

学会使用公式、函数、筛选、排序、分类汇总等数据处理工具。

实训内容 ▶

请完成如下任务：

1) 打开"素材与实例 \ 第 2 章"文件夹中的"2021 年上半年成绩"工作簿。

序号	班级	姓名	性别	语文	数学	英语	科学	道德与法治	总分	排名
1	一班	刘欣	男	80	92	45	48	50		
2	一班	陈晨	女	79	81	35	38	39		
3	一班	李曼	女	86	93	46	54	54		
4	一班	王一迪	男	84	91	54	53	55		
5	一班	王婷婷	女	91	92	53	53	55		
6	一班	刘彤	女	88	95	52	50	48		
7	一班	何冬	男	90	95	52	55	55		
8	二班	周子琪	男	95	95	57	50	55		
9	二班	吴一帆	男	95	83	48	52	51		
10	二班	张云	女	83	91	49	50	50		
11	二班	白静京	女	78	82	52	48	50		
12	二班	李思凡	男	89	92	48	50	50		
13	二班	赵信	女	92	95	51	38	39		
14	二班	刘桑	女	92	79	37	48	42		
	平均成绩									/
	最高成绩									/
	最低成绩									/

图 2-64　原始成绩

2）计算总分、排名和各科的平均成绩、最高分和最低分。

3）复制"2021 上"工作表，将其放在原表后，重命名为"排序和筛选"。

4）在"排序和筛选"工作表中，进行排序和筛选。

① 分别对一班和二班的总分进行降序排列，当总分相同时按照姓名笔划数升序排序。

② 筛选出总分在 320 以上，或语文和数学成绩在 90 分以上、英语在 48 分以上的学生。

③ 使用条件格式筛选出语文成绩低于平均成绩的学生。

5）复制"2021 上"工作表，将其放在最后，重命名为"分类汇总"。

6）在"分类汇总"工作表中，先对"班级"进行分类汇总，汇总每门课程的平均分；再按性别进行汇总，汇总出各班男女同学的最高总分。

7）保存并关闭工作簿。

分类汇总结果如图 2-65 所示。

拓展阅读
2-2-1

	A	B	C	D	E	F	G	H	I	J	K
1	序号	班级	姓名	性别	语文	数学	英语	科学	道德与法治	总分	排名
2	1	一班	刘欣	男	80	92	45	48	50	315	13
3	4	一班	王一迪	男	84	91	54	53	55	337	7
4	7	一班	何冬	男	90	95	52	55	55	347	3
5				男 最大值						347	
6	2	一班	陈晨	女	79	81	35	38	39	272	17
7	3	一班	李曼	女	86	93	46	54	54	333	8
8	5	一班	王婷婷	女	91	92	53	53	55	344	5
9	6	一班	刘彤	女	88	95	52	50	48	333	8
10				女 最大值						344	
11		一班 平均值			85.428571	91.285714	48.142857	50.142857	50.85714286		
12	8	二班	周子琪	男	95	95	57	50	55	352	1
13	9	二班	吴一帆	男	95	83	48	52	51	329	10
14	12	二班	李思凡	男	89	92	48	50	50	329	10
15				男 最大值						352	
16	10	二班	张云	女	83	91	49	50	50	323	12
17	11	二班	白静京	女	78	82	52	48	50	310	15
18	13	二班	赵信	女	92	95	51	38	39	315	13
19	14	二班	刘桑	女	92	79	37	48	42	298	16
20				女 最大值						323	
21		二班 平均值			89.142857	88.142857	48.857143	48	48.14285714		
22				总计最大值						352	
23		总计平均值			87.285714	89.714286	48.5	49.071429	49.5		
24				平均成绩	87.2	89.8	48.5	49.1	49.6	328.2	/
25				最高成绩	95	95	57	55	55	352	/
26				最低成绩	78	79	35	38	39	272	/

图 2-65　分类汇总结果

2.3　应用图表分析数据　》》》

 【设定项目】制作图表分析销售状况

情境描述 ▶

目前,新兴公司的产品市场为北京、天津、河北、山东、山西和安徽六省市。为全面了解公司产品的销售情况,公司经理要求李明制作图表进行分析,如图 2-66 所示。

销售额统计表

单位: 万元

序号	销售区域	第 1 季度	第 2 季度	第 3 季度	小计
1	北京	150.000	166.550	201.456	518.006
2	安徽	189.100	215.335	237.449	641.884
3	山东	302.000	372.000	492.465	1166.465
4	河北	238.920	183.795	310.650	733.365
5	天津	120.000	154.770	204.345	479.115
6	山西	165.690	168.100	175.018	508.808
合计		1165.710	1260.550	1621.383	4047.643

图 2-66　销售额统计表

项目要求 ▶

1) 打开 "素材与实例 \ 第 2 章" 文件夹中的工作簿 "销售额统计"。

2) 制作簇状柱形图。

① 选中数据源,插入簇状柱形图。

② 图表标题为 "2021 年前 3 季度销售情况",字体为 "微软雅黑",字号为 "12"。

③ 纵坐标轴标题为 "销售额(万元)",刻度最大值为 500,刻度单位为 100,刻度值为整数。

④ 图例靠右显示,并在图表中标记出各区域第 3 季度的销售额数据。

 案例素材

3) 将工作簿重命名为 "销售额统计(制作)",保存在 "素材与实例 \ 第 2 章" 文件夹中。

4) 修饰图表。

① 为图表区设置渐变填充、黑色边框。

② 设置第 2 季度图例颜色为 "绿色,个性色 6,深色 25%"。

③ 设置主要网格线为 "圆点" 形短画线。

5) 将工作簿重命名为 "销售额统计(修饰)",保存在 "素材与实例 \ 第 2 章" 文件夹后关闭。

 微课 2-3

项目分解 ▶

任务 2.3.1　创建图表

Excel 2016 中提供了多种图表类型,利用图表可以直观呈现数据清单中的数据内涵和数据间的关系。本节以创建 "销售额统计(制作)" 工作簿为例,介绍常见的图表类型,学习插入图表、更改图表类型、移动图表的操作。

步骤 1 : 打开工作簿。打开 "素材与实例 \ 第 2 章" 文件夹,双击 "销售额统计 .xlsx" 文件。

步骤 2 : 插入图表。选中 B2 : F8 单元格区域,单击 "插入" → "图表" 组中的 "查看所有图表" 按钮 。在弹出的 "插入图表" 对话框中,单击 "所有图表" 选项卡,在左侧列表中选择 "柱形图"。右侧显示出柱形图子类及示例,单击 "簇状柱形图" 后,显示两种不同样式的图表,选择第一种,单击 "确定" 按钮,在工作表中插入图表,如图 2-67 所示。

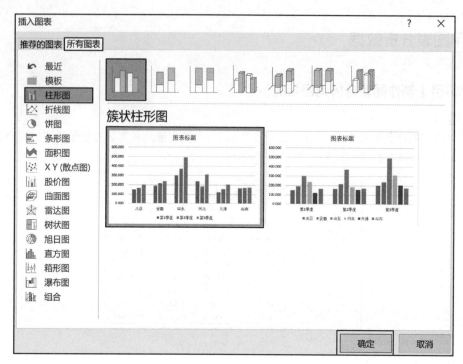

图 2-67　插入图表

　　如需要移动图表至其他工作表中,可右键单击图表,在弹出的快捷菜单中选择"移动图表"命令;或者单击"图表工具　设计"→"位置"组中的"移动图表"按钮 ,在弹出的对话框中选择移动的目标位置。

　　图 2-67 所示的"插入图表"对话框的左侧列表中列出了 Excel 提供的 15 种图表类型,每种图表类型包含多种形式,每种形式中又预置了图表样式。常见的图表类型主要有柱形图、条形图、折线图、散点图、饼图等,不同类型的图表适用的情况也不同。

- 柱形图:主要用于显示一段时间内数据的变化情况或不同项目之间的对比。通常用 X 轴表示项目,Y 轴表示各项目的值,可以突出值随时间变化的情况。柱形图的常用类型有簇状柱形图、堆积柱形图和百分比堆积柱形图,可制作二维和三维效果。
- 条形图:实际上是柱形图旋转后的图表,用 Y 轴表示项目,X 轴表示各项目的值。往往在数据系列名称较长时使用条形图,对于时间序列数据则较少使用。
- 折线图:主要用于显示随时间变化的连续数据,尤其是相等时间间隔下的数据。与柱形图类似,通常用 X 轴表示项目,Y 轴表示各项目数值。折线图有普通折线图、堆叠折线图、百分比堆叠折线图、三维折线图等形式。
- 散点图:主要用于表示两个变量间的相关关系,又称为 XY 图、相关图。可以用直线或曲线将散点连接起来,表示在 X 轴方向上 Y 轴变量的变化情况。
- 饼图:主要用于显示一个整体内各部分所占的比例,当强调某一部分在整体中的重要程度时可使用饼图。与上述几种图表不同,饼图通常只包含一个数据系列。饼图有复合饼图、三维饼图、圆环图等形式。

提示:
更改图表
类型

　　单击图表区任意位置,可选中图表。单击右键,在弹出的快捷菜单中选择"更改图表类型"命令,弹出"插入图表"对话框,在该对话框中选择合适的图表类型后,单击"确定"按钮,即可完成图表类型的更改。

　　步骤 3:认识图表。插入的图表如图 2-68 所示。图表主要由图表区、绘图区、图表标题、坐标轴、图例、数据系列、数据标签等元素组成,此外还包含数据表、网格线等。

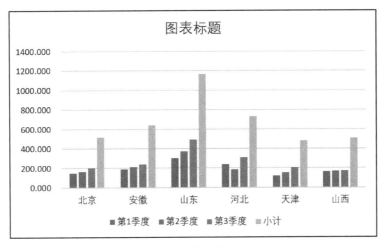

图 2-68　插入的图表

- 图表区：即整个图表，包括其他图表元素，如图 2-68 中整个框内的区域。
- 绘图区：坐标轴包围的区域，包含所有的数据系列、网格线、数据标签等。
- 图表标题：对图表的文字说明，可选择不显示。
- 坐标轴：分为 X 轴和 Y 轴，包含坐标轴线、刻度及轴标题等。
- 数据系列：源自源数据的行或列，每个数据系列都有唯一标识，显现在图例中。
- 图例：显示数据系列符号、名称的小方块，如图 2-68 所示底部的 4 个方块及相应文字。
- 数据标签：用来表示数据系列中数据点的实际数值，图 2-68 中未显示出。

步骤 4：保存工作簿。选择"文件"→"另存为"命令，将工作簿重命名为"销售额统计（制作）"，保存在"素材与实例 \ 第 2 章"文件夹中。

任务 2.3.2　编辑图表

Excel 中内置的图表样式不一定能够满足用户的个性化需求，因此在制作图表时往往需要对图表元素进行编辑。本节以编辑"销售额统计（制作）"工作簿为例，学习更改数据区域、设置图表标题、设置坐标轴标题及刻度、添加数据标签以及快速布局和应用样式等操作方法。

步骤 1：更改数据区域。在图表中不显示"小计"数据系列，可在数据源中删除该数据系列。可选择下列一种方法操作：

- 在图表区任意位置，单击"图表工具　设计"→"数据"组中的"选择数据"按钮，或者单击右键，在弹出的快捷菜单中选择"选择数据"命令。在弹出的"选择数据源"对话框中，选择"图例项（系列）"栏中的"小计"，单击"删除"按钮，再单击"确定"按钮，如图 2-69 所示。

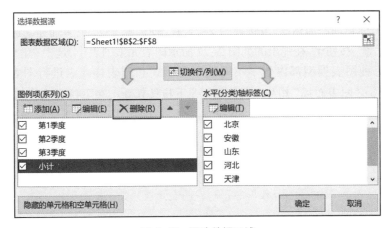

图 2-69　更改数据区域

- 按照上述操作调出"选择数据源"对话框后,将插入符定位在"图表数据区域"输入框中,将数据区域修改为 B2:E8,单击"确定"按钮。
- 单击任一"小计"数据点,则 6 个"小计"数据点都被选中,按"Delete"键,或单击右键,在弹出的快捷菜单中选择"删除"命令。

删除数据系列后,后续如要再次使用该数据系列则需要重新更改数据区域。Excel 提供了在数据源中保留该数据系列但不显示的方法,具体操作如下:

- 弹出"选择数据源"对话框后,取消选中"图例项(系列)"栏中的"小计"复选框,单击"确定"按钮。
- 单击图表区右上角的"图表筛选器"按钮▼,在弹出的筛选列表中取消选中"小计"复选框,再单击"应用"按钮,如图 2-70 所示。

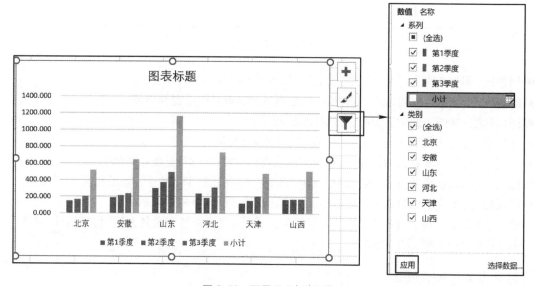

图 2-70 不显示"小计"项

更改数据区域还包含行列切换、添加数据系列、编辑数据系列、编辑水平轴标签等,在 2-69 所示的"选择数据源"对话中选择对应选项操作可实现。

步骤 2:添加图表标题。单击文字"图表标题",再次单击后其边框变为虚线,框内文字呈可编辑状态。删除原文字内容后,输入文字"2021 年前 3 季度销售情况",单击图表标题框外任意位置,完成标题的编辑。单击选中标题,在"开始"→"字体"组中设置字体为"微软雅黑",字号为"12"。

步骤 3:添加坐标轴标题。单击"图表工具 设计"→"图表布局"组中的"添加图表元素"下拉按钮█,在下拉列表中选择"轴标题"→"主要纵坐标轴",如图 2-71 所示。在纵坐标轴左侧出现"坐标轴标题"元素。将插入符定位于文字"坐标轴标题",删除原文字,输入"销售额:万元"。

如需要给两个坐标轴都添加标题,可选择图 2-71 中"轴标题"→"更多轴标题选项",或者单击图表区右上角的"图表元素"按钮➕,在弹出的如图 2-72 所示图表元素列表中,选中"坐标轴标题"复选框。

此外,系统为每种图表类型都内置了不同的布局形式和图表样式。进行图表设计时,可以单击"图表工具 设计"→"图表布局"组中"快速布局"下拉按钮▓,在下拉列表中选择合适的布局形式直接应用。对应布局形式,在"图表工具 设计"→"图表样式"中选择合适的图表样式,实现图表样式的快速设计。

📖 提示:
删除轴标题

删除轴标题时,可选中轴标题后按"Delete"键;或单击右键,在弹出的快捷菜单中选择"删除"命令;或者单击图表区右上角的"图表元素"按钮➕,在图表元素列表中取消选中"坐标轴标题"复选框,如图 2-72 所示。

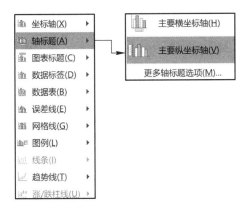

图 2-71 添加轴标题   图 2-72 图表元素选项

步骤 4：设置坐标轴刻度。选中纵坐标轴,单击右键,在弹出的快捷菜单中选择"设置坐标轴格式"命令,窗口右侧出现"设置坐标轴格式"任务窗格。单击"坐标轴选项"按钮 ▮▮,在如图 2-73 所示的"坐标轴选项"选项卡中,"最大值"输入"500","主要单位"输入"100";在图 2-74 所示的"数字"选项卡中,"类别"选择"数字","小数位数"输入"0"。利用"坐标轴格式"任务窗格还可设置坐标轴刻度值的填充与线条、效果、大小与属性、文本填充与边框、文字效果及位置等。

步骤 5：添加数据标签。单击绘图区"第 3 季度"任一数据点,选中数据系列"第 3 季度"。单击图表区右上角的"图表元素"按钮 ✚,在图表元素列表中选中"数据标签"复选框;或者单击右键,在弹出的快捷菜单中选择"添加数据标签"→"添加数据标签"命令,可快速在该数据系列上方添加数据标签。如需要在其他位置添加数据标签,可单击"图表工具 设计"→"图表布局"组中的"添加图表元素"下拉按钮 ▮▮,在下拉列表中选择"数据标签"中的相应选项,如图 2-75 所示。

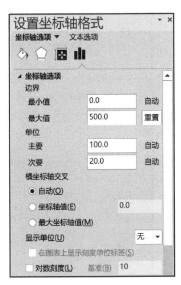

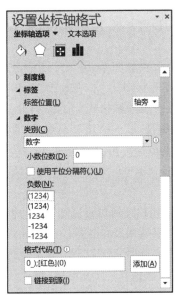

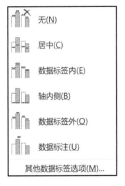

图 2-73 设置坐标轴刻度值   图 2-74 设置刻度数字格式   图 2-75 添加数据标签

添加数据标签还有以下两种情况。

- 为所有数据系列添加数据标签:单击图表区,单击图表区右上角的"图表元素"按钮 ✚,或者单击"图表工具 设计"→"图表布局"组中的"添加图表元素"下拉按钮 ▮▮,选择"数据标签"中的相应选项。
- 为单个数据点添加数据标签:单击该数据点,选中该数据点所在的数据系列,再次单击该数据点,变为仅选中该数据标签,执行添加数据标签的操作即可。

步骤 6：调整图例位置。选中所有图例后单击右键,在弹出的快捷菜单中选择"设置图例格式"命令,在窗口右侧的"设置图例格式"任务窗格中单击"靠右"单选按钮,如图2-76所示。也可以单击图例后,单击"图表工具 设计"→"图表布局"组中的"添加图表元素"下拉按钮 ,在下拉列表中选择"图例"→"右侧"。制作完成的图表效果如图2-77所示。

步骤7:保存工作簿。单击"保存"按钮 🔲。

图2-76 设置图例格式

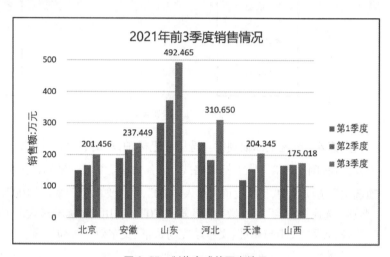

图2-77 制作完成的图表效果

任务2.3.3 修饰图表

图表创建和编辑完成后,还可以为图表设置背景、添加边框、更改数据系列的颜色等,进一步对图表进行美化操作。本节以创建"销售额统计(修饰)"工作簿为例,学习设置背景、添加图表边框、设置图例颜色等操作方法。

步骤1:设置图表区背景。单击图表,单击"图表工具 格式"→"形状样式"组中的"设置形状格式"按钮 🔲,或者单击右键,在弹出的快捷菜单中选择"设置图表区域格式"命令,打开"设置图表区格式"任务窗格。选择"图表选项"→"填充与线条" 🖊组中的"填充"选项卡,单击"渐变填充"单选按钮,"预设渐变"选择"浅色渐变 – 个性色3"(第1行第3列),"类型"选择"线性","方向"选择"线性向下",如图2-78所示。

利用"设置图表区格式"任务窗格还可以设置图表区边框、效果、大小与属性、文本填充与边框、文字效果及位置等。绘图区背景的设置与此类似,单击任务窗格中"图表选项"下拉按钮,在下拉列表中选择"绘图区",可切换至"设置绘图区格式"任务窗格,选择其中相应选项进行设置。

图2-78 设置图表区背景

步骤2:添加图表边框。选中图表,在"设置图表区格式"任务窗格中选择"图表选项"→"填充与线条" 🖊组中的"边框"选项卡,"颜色"选择"黑色,文字1","宽度"选择"1磅"。还可以在选中图表后,单击"图表工具 格式"→"形状样式"组中的"形状轮廓"下拉按钮 🖉,在下拉列表中颜色选择"黑色,文字1","粗细"选择"1磅"。

步骤3:修改图例颜色。选中"第2季度"数据系列,窗口右侧切换为"设置数据系列格式"任务窗格。在"填充"选项卡中,单击"颜色"框中的下拉按钮,选择"主题颜色"中的"绿色,个性色6,深色25%"(第5行第10列),如图2-79所示。修改数据系列颜色后,对应图例颜色也将修改,因此也可以选中图例"第2季度"后修改颜色。

步骤4：修改网格线。选中任一条网格线,单击右键,在弹出的快捷菜单中选择"设置网格线格式",右侧出现"设置主要网格线格式"任务窗格。在"线条"选项卡中,选择"短划线类型"为"圆点",如图2-80所示。利用该任务窗格还可设置阴影、发光等效果。修饰后的图表效果如图2-81所示。

步骤5：保存并关闭工作簿。选择"文件"→"另存为"命令,将工作簿重命名为"销售额统计(修饰)",保存在"素材与实例\第2章"文件夹后,单击"关闭"按钮⊠。

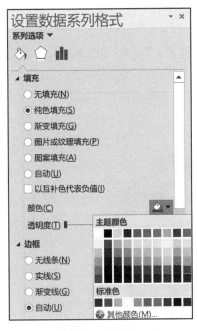

图2-79　设置图例颜色

图2-80　设置网格线

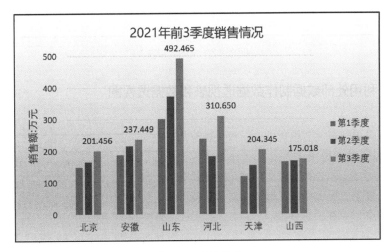

图2-81　图表效果

【实训项目】制作图表分析区域销售占比

情境描述 ▶

新兴公司在调整销售策略后,第三季度的产品销售额有了明显增长,但各个区域的销售额有较大差别。公司经理要求李明制作饼图呈现区域销售占比。

项目要求 ▶

制作并美化图表。

实训内容 ▶

利用图2-66中数据完成如下任务:

案例素材

1）打开"素材与实例\第2章"文件夹中的工作簿"销售额统计"。

2）制作三维饼图。

①选中数据源，在新工作表中插入三维饼图。

②选择快速布局样式"布局1"，内置样式9。

③添加图表标题"第3季度区域销售占比"，删除图例项。

3）修饰图表。

①设置数据标签样式为"数据标注"。

②设置第二季度图例颜色为"蓝色，个性色5，淡色60%"。

4）将工作簿重命名为"销售额统计（饼图）"，保存在"素材与实例\第2章"文件夹后关闭。

饼图最终效果如图2-82所示。

拓展阅读
2-3-1

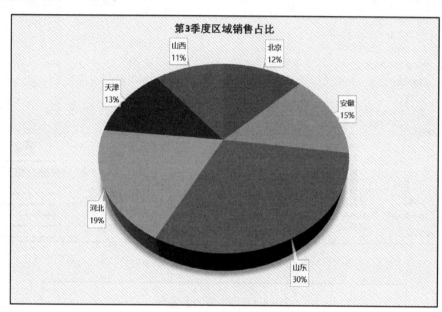

图2-82　饼图效果图

【探索实践】利用外部数据制作数据透视表和数据透视图

情境描述 ▶

仁心公司是一家医用消毒产品销售企业。为了更好应对市场变化，销售部从系统中导出了2021年上半年公司产品在东北区域的销售状况，导出的数据文件以TXT格式存储。销售部准备制作数据透视表和数据透视图对销售情况进行详细分析，为市场策略调整提供参考。

项目要求 ▶

1）利用"素材与实例\第2章"文件夹中的"202101-06东北区销售数据.txt"文件中的数据（见图2-83）创建"202101-06东北区销售数据"工作簿。

2）创建数据透视表，查看公司产品在辽宁的销售情况。

3）创建数据透视图查看1~6月销量变化情况。

微课2-4

4）保存工作簿。

图2-83　原始文件数据

5）将"刘芸"所在的部门信息由"销售二部"改为"销售一部"。修改数据后，更新数据透视图和数据透视表。

6）将工作簿重命名为"202101-06东北区销售数据（更新）"并保存后，关闭工作簿。

项目实现 ▶

步骤1：启动Excel。单击系统"开始"按钮，选择"Microsoft Office 2016"→"Excel 2016"命令。

　　步骤 2：导入数据。单击 A1 单元格，单击"数据"→"获取外部数据"组中的"自文本"按钮，在弹出的"导入文本文件"对话框中，选择文件保存地址"素材与实例 \ 第 2 章"文件夹，单击"202101-06 东北区销售数据 .txt"文件，再单击"导入"按钮。

　　弹出文本导入向导，在第 1 步中，单击"分隔符号"单选按钮，"导入起始行"选择"1"，"文件原始格式"选择"936：简体中文（GB2312）"，"预览文件"栏中数据显示正常，单击"下一步"按钮，如图 2-84 所示。如数据显示不正常，可查看源文件中数据是否有误，若源文件数据无误可尝试更换文件原始格式。

　　进入第 2 步，选中"分隔符号"中的"Tab 键"和"空格"复选框，查看"数据预览"栏中分列是否正确，如正确可单击"下一步"按钮，如不正确可更改"分隔符号"选项，如图 2-85 所示。

案例素材

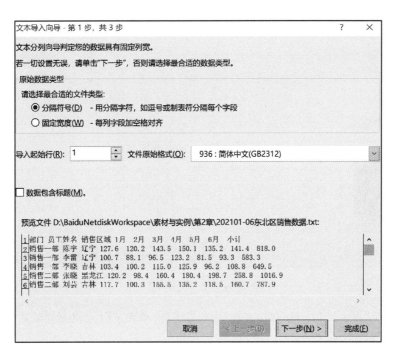

图 2-84　导入文本第 1 步

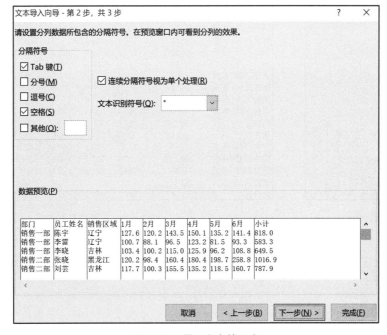

图 2-85　导入文本第 2 步

进入第 3 步,"列数据格式"默认为"常规",每列数据格式可不同。在"数据预览"栏中查看数据显示是否正确,如正确则不需修改,单击"完成"按钮即可,如图 2-86 所示。如不正确,例如为日期型数据,则需要更改"列数据格式"。

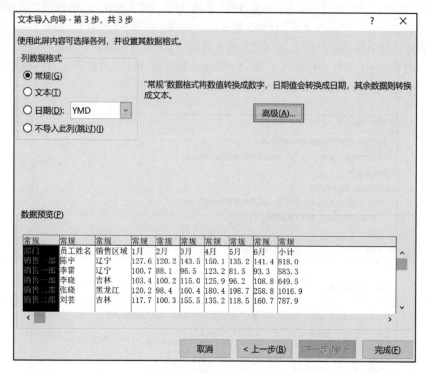

图 2-86　导入文本第 3 步

弹出图 2-87 所示"导入数据"对话框,单击"现有工作表"单选按钮,选择数据放置位置,单击"确定"按钮。导入效果如图 2-88 所示。

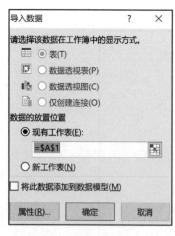

图 2-87　导入数据

部门	员工姓名	销售区域	1月	2月	3月	4月	5月	6月	小计
销售一部	陈宇	辽宁	127.6	120.2	143.5	150.1	135.2	141.4	818
销售一部	李雷	辽宁	100.7	88.1	96.5	123.2	81.5	93.3	583.3
销售一部	李晓	吉林	103.4	100.2	115	125.9	96.2	108.8	649.5
销售二部	张晓	黑龙江	120.2	98.4	160.4	180.4	198.7	258.8	1016.9
销售二部	刘芸	吉林	117.7	100.3	155.5	135.2	118.5	160.7	787.9
销售二部	王佳	辽宁	96.4	94.8	160.5	120.1	98.5	180.1	750.4
销售二部	张信	黑龙江	0	0	0	0	28.2	60.5	88.7
销售二部	张羽	吉林	0	0	0	0	0	55.4	55.4
销售三部	李方	辽宁	100.4	130.5	120.4	120.1	120.5	130.6	722.5
销售三部	孙月	黑龙江	90.7	100.7	95.3	99.6	89.7	110.6	586.6
销售三部	周一	吉林	86.3	107.5	100.6	100.7	107.5	121.1	623.7
销售四部	陈鑫	辽宁	117.2	145.1	147.5	140.1	131.5	124.6	806
销售四部	林荫	黑龙江	104	134.4	130.5	125.6	104.7	102.4	701.6
销售四部	周灿	吉林	94.2	127.3	120.4	116.7	100.9	99.3	658.8
销售四部	李芳	辽宁	0	0	0	120.4	113.5	110.6	344.5
月合计			1258.8	1347.5	1546.1	1658.1	1525.1	1858.2	9193.8

图 2-88　导入数据后效果

📖 提示:
导入数据

> 利用 Excel 的"导入数据"功能,除可以从文本文件导入数据外,还可以从网站、Access 式使用现有链接等方式导入数据。

步骤 3:修正表格并设置格式。"月合计"行合计值应对应放在 1 月~6 月。使用复制及粘贴工具将 B17:H17 单元格区域的数据移至 D17:J17 区域中。为数据区域设置边框、居中对齐,具体操作不再赘述。

步骤 4:插入数据透视表。选中 A1:J16 单元格区域,单击"插入"→"表格"组中的"数据透视表"按钮 🔁。

在弹出的如图 2-89 所示对话框中,选择数据透视表的位置为"新工作表",单击"确定"按钮。插入的工作表"Sheet2"中显示数据透视表和"数据透视表字段"任务窗格,如图 2-90 所示。

图 2-89　创建数据透视表

图 2-90　插入数据透视表效果

　　步骤 5:添加数据透视表字段。按部门查看各月销售情况时,在"数据透视表字段"任务窗格的"选择要添加到报表的字段"区域中,选中"部门""1月""2月"……"6月"复选框。任务窗格中"行"标签栏出现"部门","值"字段栏出现"求和项:1月"……"求和项:6月","数据透视表"区域出现按部门汇总的销售量,如图 2-91 所示。

　　数据透视表包含筛选区域、行区域、列区域和数值区域,分别对应"数据透视表字段"任务窗格中的"筛选器""行""列"和"值"中的内容。其中,筛选区域并不是所有数据透视表都具备的内容,如图2-91 中的数据透视表。设置了筛选器后,数据透视表中才显示筛选区域。

提示:
数据透视表结构

步骤6：更改行标签排序。行标签又称为行字段。图2-91中的行标签中各部门排序按照字母升序排列，选中"销售一部"单元格，单击右键，在弹出的快捷菜单中选择"移动"→"将'销售一部'移至开头"命令，如图2-92所示。行标签顺序修改为"销售一部、销售二部、销售三部、销售四部"。

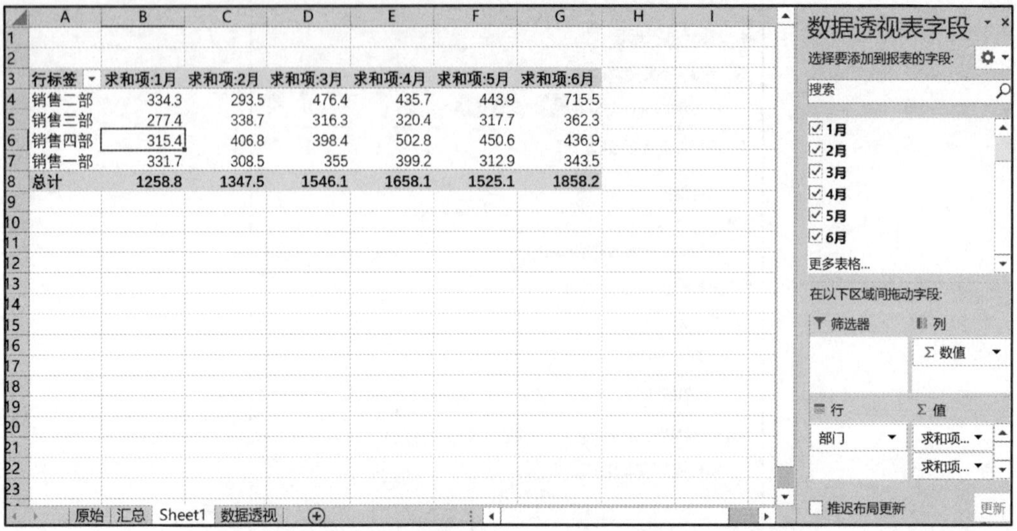

图 2-91　初始数据透视表

步骤7：调整任务窗格布局。为便于后续查看具体操作，需要更改任务窗格布局形式。单击"数据透视表字段"任务窗格中的"工具"按钮✿，在下拉列表选择"字段节和区域节并排"布局。

步骤8：添加字段。在"数据透视表字段"任务窗格中，选中"员工姓名"复选框，"行"标签栏添加"员工姓名"。也可将鼠标移到"员工姓名"处，当指针变为"✥"时将"员工姓名"拖至"行"标签栏"部门"下方。拖动"销售区域"字段至"筛选器"栏，数据透视表区域显示按地区统计的结果，如图2-93所示。

步骤9：查看辽宁地区销售情况。在表格区域中，单击B1单元格中的下拉按钮，在下拉列表中选中"辽宁"，单击"确定"按钮，数据透视表显示效果如图2-94所示。

图 2-92　更改排序

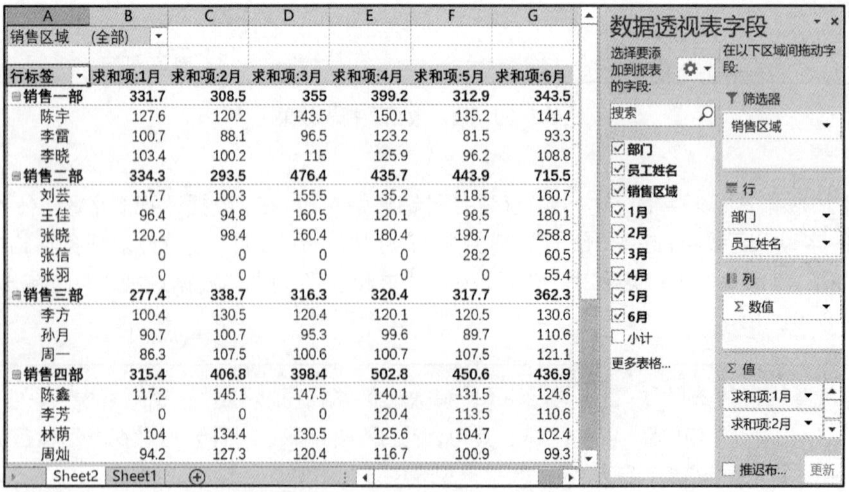

图 2-93　设置数据透视表字段

销售区域	辽宁					
行标签 ▼	求和项:1月	求和项:2月	求和项:3月	求和项:4月	求和项:5月	求和项:6月
⊟销售一部	228.3	208.3	240	273.3	216.7	234.7
陈宇	127.6	120.2	143.5	150.1	135.2	141.4
李雷	100.7	88.1	96.5	123.2	81.5	93.3
⊟销售二部	96.4	94.8	160.5	120.1	98.5	180.1
王佳	96.4	94.8	160.5	120.1	98.5	180.1
⊟销售三部	100.4	130.5	120.4	120.1	120.5	130.6
李方	100.4	130.5	120.4	120.1	120.5	130.6
⊟销售四部	117.2	145.1	147.5	260.5	245	235.2
陈鑫	117.2	145.1	147.5	140.1	131.5	124.6
李芳	0	0	0	120.4	113.5	110.6
总计	542.3	578.7	668.4	774	680.7	780.6

图 2-94　辽宁地区销售情况

在"数据透视表字段"任务窗格的"行"字段栏中取消选中"员工姓名"复选框,则在数据透视表中删除了该字段。数据透视表区域显示辽宁地区各部门销售汇总结果,如图 2-95 所示。

销售区域	辽宁					
行标签 ▼	求和项:1月	求和项:2月	求和项:3月	求和项:4月	求和项:5月	求和项:6月
销售一部	228.3	208.3	240	273.3	216.7	234.7
销售二部	96.4	94.8	160.5	120.1	98.5	180.1
销售三部	100.4	130.5	120.4	120.1	120.5	130.6
销售四部	117.2	145.1	147.5	260.5	245	235.2
总计	542.3	578.7	668.4	774	680.7	780.6

图 2-95　按部门统计辽宁地区销售情况

步骤 10:创建数据透视图。通过现有数据透视表创建数据透视图,具体操作为:单击数据透视表区域内任意单元格,单击"插入"→"图表"组中的"数据透视图"按钮，或者单击"数据透视表工具　分析"→"工具"组中的"数据透视图"按钮。在弹出的"插入图表"对话框中选择"折线图"→"带数据标记的折线图",单击"确定"按钮,如图 2-96 所示。

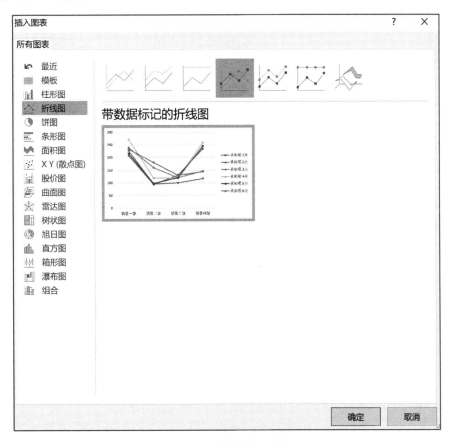

图 2-96　选择折线图类型

📖 提示：
创建数据
透视图

数据透视图还可以通过数据源直接创建，具体方法为：选中数据源后，单击"插入"→"图表"组中的"数据透视图"下拉按钮，选定位置后，在新工作表或现有表中同时插入数据透视图和数据透视表。

步骤 11：行列转换。展现各部门 1~6 月销量变化时，折线图横坐标应为时间，但图 2-96 所示预览中折线图的横坐标为销售部门，这时就需要进行行列数据的转换。选中折线图后，单击"数据透视图工具 设计"→"数据"组中的"切换行/列"按钮，实现行列转换，如图 2-97 所示。

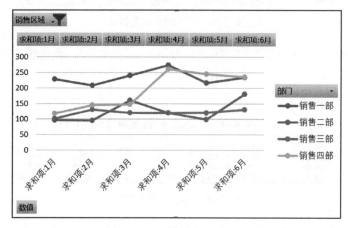

图 2-97　行列转换后效果

步骤 12：值字段设置。在数据透视表中选中"求和项:1 月"，或在数据透视图中单击值字段显示名称"求和项:1 月"，单击右键，在弹出的快捷菜单中选择"值字段设置"命令。或者双击数据透视表中值字段单元格，在"值字段设置"对话框"自定义名称"栏中输入"2021-1"，单击"确定"按钮，如图 2-98 所示。还可以单击数据透视表中值字段单元格，直接修改其中内容。完成其余 5 个值字段显示名称的调整。

值字段设置还包含汇总方式、显示方式等的设置，利用"值字段设置"对话框可实现。

步骤 13：更改图例位置。选中图例，单击右键，在弹出的快捷菜单中选择"设置图例格式"命令，在窗口右侧的"设置图例格式"任务窗格中，单击"图例位置"中的"靠下"单选按钮，效果如图 2-99 所示。

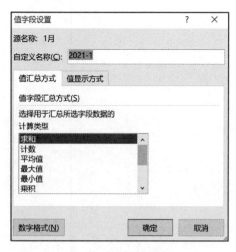

图 2-98　设置值字段名称

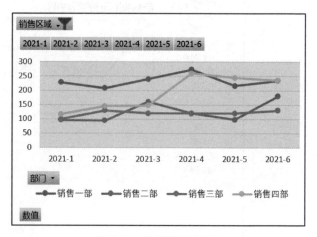

图 2-99　数据透视图效果

步骤 14：查看 4 个部门上半年在东北三省的销售变化情况。单击图表左上部"销售区域"筛选按钮，选中"黑龙江""吉林"和"辽宁"，单击"确定"按钮。折线图显示如图 2-100 所示。

分部门查看其上半年在东北三省的销量变化，可单击"部门"下拉列表，仅选中"销售一部"。单击"确定"按钮，显示效果如图 2-101 所示。

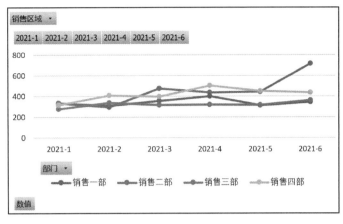

图 2-100　东北区域销量变化

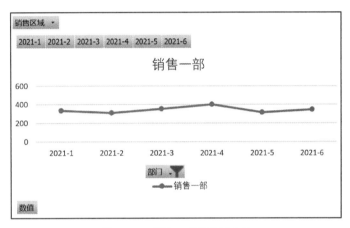

图 2-101　销售一部销售量变化

　　步骤 15：保存工作簿。将工作簿重命名为"202101-06 东北区销售数据",保存在"素材与实例 \ 第 2 章"文件夹中。

　　步骤 16：修改源数据。单击工作表标签"Sheet1",将 A6 单元格中的数据"销售二部"修改为"销售一部"。

　　步骤 17：更新数据透视表和数据透视图。切换至"Sheet2"工作表,单击数据透视图,单击"数据透视图工具　分析"→"数据"组中的"刷新"按钮，数据透视图和数据透视表自动更新。

　　步骤 18：保存并关闭工作簿。选择"文件"→"另存为"命令,将工作簿重命名为"202101-06 东北区销售数据(更新)",保存在"素材与实例 \ 第 2 章"文件夹后,单击"关闭"按钮。

　　数据透视表和数据透视图效果如图 2-102 所示。

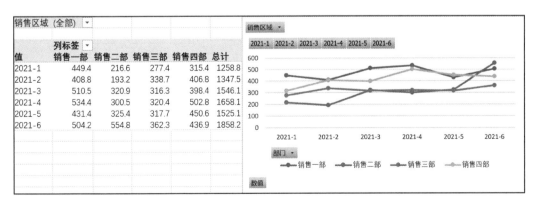

图 2-102　数据透视图和数据透视表效果

>>> 本章小结

　　本章通过 4 个项目实例,介绍了使用电子表格软件进行数据处理的相关知识、技能和技巧,以项目任务为逻辑脉络,补充相关的知识点。为巩固拓展所学,在设定项目的基础上,每一节都配有相应的实训项目进行巩固和强化练习,对知识、技能进行了扩充,以便于同学们在日常工作中的综合运用。

>>> 课后习题

习题答案

一、选择题

1. 将单元格 A1 设置为整数格式后,在其中输入数值 "32.52" 时,显示的结果是(　　)。
　　A. 32.52　　　　　B. 33　　　　　　　C. 32　　　　　　　D. ERROR

2. Excel 2016 允许同时按(　　)个关键字对数据区域进行排序。
　　A. 1　　　　　　　B. 2　　　　　　　　C. 3　　　　　　　　D. 不限

3. 在 Excel 2016 中,若要选中多个不连续的单元格,可按住(　　)键的同时再用鼠标逐一单击。
　　A. Ctrl　　　　　　B. Shift　　　　　　C. Ctrl+Shift　　　　D. Ctrl+Enter

4. 如果要计算单元格内数据的最大值,应使用(　　)函数。
　　A. SUM　　　　　　B. MIN　　　　　　　C. MAX　　　　　　　D. COUNTIF

5. 使用 "自动填充" 输入数据时,若在 A2 单元格中输入 "3" 后,选中 A2 单元格并拖动填充柄至 A10 单元格,则 A2:A10 单元格区域中填充的数据为(　　)。
　　A. 4,5,6,…　　　B. 6,9,12,…　　　C. 全为 3　　　　　　D. 全为 0

6. 设置高级筛选区域时,将具有 "与" 关系的多个条件写在(　　)行中。
　　A. 相同　　　　　　B. 不同　　　　　　C. 任意　　　　　　　D. 间隔

7. 若单元格 A1 为 "20",B1 为 "22",A2 为 "10",B2 为 "14"。在单元格 C1 中输入公式 "=A1*B1" 并将其复制到单元格 C2 中,则显示的结果是(　　)。
　　A. 440　　　　　　B. 200　　　　　　　C. 140　　　　　　　D. 308

8. 若单元格 A1 为 "10",B1 为 "12",A2 为 "30",B2 为 "22",在单元格 C1 中输入公式 "=A1+B1",再将公式复制到单元格 C2 中,则 C2 中的值为(　　)。
　　A. 22　　　　　　　B. 42　　　　　　　C. 32　　　　　　　　D. 52

9. 如果在单元格中输入数据 "2021-2-3",Excel 2016 将把它识别为(　　)数据。
　　A. 文本　　　　　　B. 时间　　　　　　C. 逻辑　　　　　　　D. 数值

10. 单元格区域 B10:D15 中共有(　　)个单元格。
　　A. 15　　　　　　　B. 18　　　　　　　C. 10　　　　　　　　D. 12

二、填空题

1. Excel 中用来储存并处理工作表数据的文件称为＿＿＿＿＿＿。

2. 表示绝对引用地址的符号是＿＿＿＿＿＿。

3. 单元格地址根据其被复制到其他单元格后是否会改变,分为＿＿＿＿、＿＿＿＿和混合引用 3 种方式。

4. 计算工作表中 B1 到 B4 单元格中数据的平均值,可用公式＿＿＿＿＿＿。

5. 按某一字段内容进行归类,并对每一类作出统计的操作是＿＿＿＿＿＿。

第 3 章
演示文稿制作

在工作与生活中,经常会看到演示文稿的应用,如新品发布会、商务推介、总结与汇报、演讲、培训、面试等。演示文稿的制作与展示已成为当今职场人的一项必备技能。演示文稿一般由若干张幻灯片组成,每张幻灯片中都可以放置文字、图片、视频、动画等内容,从而独立表达主题。PowerPoint、WPS Office、Keynote等软件都可以用来制作演示文稿,使用投影仪或计算机等设备可以展示演示文稿。

本章以演示文稿软件 PowerPoint 2016 为例,介绍其工作环境、幻灯片编辑、动画效果设置、放映与打印等相关知识与操作技能,帮助学生系统掌握演示文稿制作技巧,从而快速、高效地制作出专业、美观的演示文稿。

【学习目标】

1) 掌握演示文稿和幻灯片的基本操作技巧。

2) 掌握演示文稿中各类对象的插入、编辑和美化等操作方法。

3) 掌握幻灯片母版、备注母版的编辑与使用等操作方法。

4) 掌握幻灯片切换、动画、超链接、动作按钮的设计与使用等操作方法。

5) 掌握幻灯片的放映和导出方法。

3.1 操作演示文稿制作软件

【设定项目】创建"中华传统文化之汉服"演示文稿

情境描述 ▶

学校组织开展弘扬中华优秀传统文化系列活动,以激发同学们对中华优秀传统文化的热爱,增强文化自信。李明所在的班级拟在大一新生中宣传汉服文化,作为宣传委员的李明需要制作一份能够简单明了地介绍汉服的演示文稿。

项目要求 ▶

1) 创建空白演示文稿,并新建 4 页幻灯片。

2) 将演示文稿命名为"汉服",保存在"素材与实例\第 3 章"文件夹后关闭。

3) 打开演示文稿,设计幻灯片主题与背景。

① 选定主题类型,并设置主题字体为"微软雅黑"。

② 为第 1 页幻灯片设置背景。

4) 在首页幻灯片插入并编辑文本。

案例素材

5) 插入并编辑其他对象。

① 在第 2 页幻灯片中插入 SmartArt 图形"垂直曲形列表",并录入文字。

② 复制第 2 页幻灯片,删除 SmartArt 图形。

③ 输入幻灯片中其余文字,在第 4 页和第 5 页幻灯片中插入"素材与实例\第 3 章"文件夹中的素材图片。

④ 在第 6 页幻灯片中插入并编辑艺术字"着我华夏衣裳,兴我礼仪之邦"、表格和"素材与实例\第 3 章"文件夹中的素材视频"汉服奶奶"。

6) 保存并关闭演示文稿。

制作完成的演示文稿效果如图 3-1 所示。

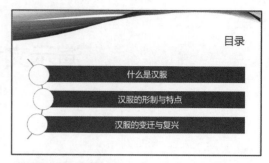

图 3-1　演示文稿效果图

项目分解 ▶

微课 3-1

任务 3.1.1　启动和退出 PowerPoint

启动和退出是使用 PowerPoint 制作演示文稿的前提条件。本节将学习启动和退出 PowerPoint 2016 的操作方法。

步骤 1：启动 PowerPoint。单击系统"开始"按钮，选择"PowerPoint 2016"命令。

> 🖰 提示：
> 启动
> PowerPoint
>
> 双击桌面上快捷图标 📘，即可启动 PowerPoint 2016。
> 双击某个 PowerPoint 文件，可启动 PowerPoint 2016 并打开该文件。

步骤 2：熟悉软件界面。启动 PowerPoint 2016 并创建演示文稿后，会显示软件界面。其中包括快速访问工具栏、标题栏、功能区、大纲窗格、幻灯片窗格、备注窗格、滚动条、状态栏等组成元素，如图 3-2 所示。PowerPoint 界面与 Word 和 Excel 类似，现仅就主要区别部分进行介绍。

- 功能区：与 Word 和 Excel 的功能区类似，但选项卡及其工具有一定差别。PowerPoint 新增"动画"和"幻灯片放映"选项卡，其他选项卡中工具与另两者相比也有不同。
- 大纲窗格：位于窗口左侧，用于显示当前演示文稿中所有幻灯片的缩略图。单击某张幻灯片缩略

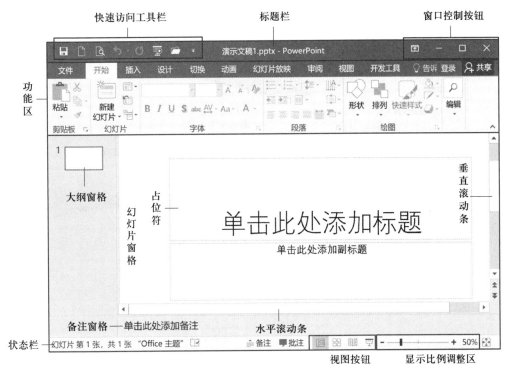

图 3-2　PowerPoint 2016 软件界面

图,可跳转到该幻灯片,在幻灯片窗格中将显示该幻灯片的内容。

- 幻灯片窗格:即幻灯片编辑区,用于显示和编辑幻灯片的内容,是整个工作界面的核心功能区。
- 占位符:显示为虚线边框的矩形框,是幻灯片中放置文本、图片、图表等多种对象的容器。
- 备注窗格:位于幻灯片编辑区下方,用于添加说明和注释,为演讲者和阅读者提供便利。

步骤 3:了解 PowerPoint 窗口视图方式。PowerPoint 中演示文稿的视图模式包含普通视图、大纲视图、幻灯片浏览视图、备注页视图和阅读视图 5 种。

- 普通视图:演示文稿的默认视图模式,也是编辑幻灯片最常用的视图模式,图 3-2 所示界面即为普通视图。普通视图下既可对幻灯片的总体结构进行调整,也可对单张幻灯片进行编辑。
- 大纲视图:主要用于查看、编排演示文稿的大纲。和普通视图相比,其大纲窗格和备注窗格被扩展、幻灯片窗格被压缩,如图 3-3 所示。
- 幻灯片浏览视图:可以浏览演示文稿中所有幻灯片的整体效果,也可调整其整体结构,如调整演示文稿背景、移动或复制幻灯片等,但无法编辑幻灯片中的内容。
- 备注页视图:将幻灯片和备注放在同一页供用户查看和使用,如图 3-4 所示。可直接编辑备注内容,但不可编辑幻灯片内容。
- 阅读视图:幻灯片在窗口中放映,可以浏览每张幻灯片的放映情况、测试幻灯片中插入的动画和声音效果,但不可编辑幻灯片。

步骤 4:退出 PowerPoint。选择"文件"→"关闭"命令或单击"关闭"按钮▉。

任务 3.1.2　创建空白演示文稿

创建的空白演示文稿中,默认包含一张幻灯片,制作时往往需要新增幻灯片。本节以创建"汉服"演示文稿为例,学习演示文稿的创建、保存与关闭,以及幻灯片的新建、选择、复制、删除、隐藏等基本操作。

步骤 1:创建空白演示文稿。启动 PowerPoint,在"新建"窗口右侧模板列表中选择"空白演示文稿",如图 3-5 所示。新建的空白演示文稿默认仅有一张标题幻灯片,如图 3-6 所示。

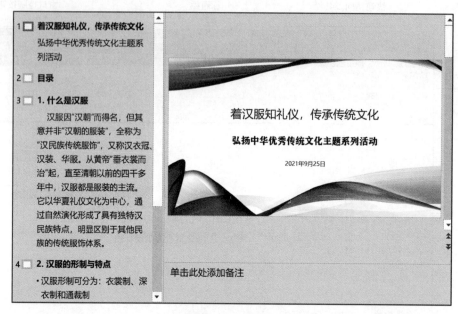

图 3-3　大纲视图

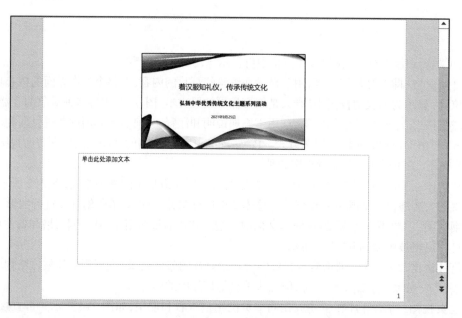

图 3-4　备注页视图

📖 提示：
创建空白
演示文稿

　　若已创建了演示文稿，可选择"文件"→"新建"命令，在"新建"窗口中利用右侧的模板创建空白演示文稿；或者按"Ctrl+N"组合键，可以快速新建一个空白演示文稿。

　　步骤 2：新建幻灯片。单击"开始"→"幻灯片"组中的"新建幻灯片"按钮📄，新建一张幻灯片。新建的幻灯片默认包含一个标题占位符和一个内容占位符，为"标题和内容"版式。

　　所谓版式，是指幻灯片的常规排版格式，用来控制占位符的类型和排列方式。演示文稿中每张幻灯片的版式可不同，PowerPoint 内置了多种幻灯片版式，如图 3-7 所示。如需要新建非默认版式的幻灯片，可单击"开始"→"幻灯片"组中的"新建幻灯片"下拉按钮，在下拉列表中选择所需的版式。

图 3-5　"新建"窗口

图 3-6　新建的空白演示文稿

> 　新建幻灯片时,还可以按 "Ctrl+M" 组合键,快速新建一张幻灯片;或者在大纲窗格中的任意位置单击鼠标右键,在弹出的快捷菜单中选择 "新建幻灯片" 命令,也可新建幻灯片。

提示:
新建幻灯片

幻灯片的基本操作还有以下几种。

- 选择幻灯片:在大纲窗格中,单击幻灯片缩略图,可选择单张幻灯片;按住 "Ctrl" 键,依次单击要选择的幻灯片,可选择多张不连续幻灯片;单击要选择的第一张幻灯片,按住 "Shift" 键,单击要选择的最后一张幻灯片,可选择多张连续幻灯片;按住 "Ctrl+A" 组合键,可选中全部幻灯片。

- 复制幻灯片：选中要复制的幻灯片，单击右键，在弹出的快捷菜单中选择"复制幻灯片"命令；或者单击"开始"→"剪贴板"组中的"复制"下拉按钮🗐，在下拉列表中选择"复制(I)"，可以在选定幻灯片的后面复制一张幻灯片。
- 移动幻灯片：在大纲窗格中，按住鼠标左键拖动要移动的幻灯片缩略图至合适位置，松开鼠标左键，可实现幻灯片的移动。
- 删除幻灯片：选中要删除的幻灯片，按"Delete"键。
- 隐藏幻灯片：选中要隐藏的幻灯片，单击右键，在弹出的快捷菜单中选择"隐藏幻灯片"命令，该页幻灯片标号出现一条删除斜线，如 2。隐藏的幻灯片并不会被删除，只是在幻灯片放映时不显示。若要取消隐藏，再次执行上述操作，即可恢复显示该幻灯片。

图 3-7　幻灯片版式

📁 **技巧：**
复制幻灯片

> 选定幻灯片后，按"Ctrl+D"组合键，可在该幻灯片后复制一张幻灯片。或者按"Ctrl+C"组合键复制选定的幻灯片，在大纲窗格中单击拟放置幻灯片的位置，再按"Ctrl+V"组合键，可在指定位置处粘贴一张幻灯片。

步骤 3：保存演示文稿。选择"文件"→"保存"命令，单击窗口中的"浏览"按钮，在弹出的"另存为"对话框中输入文件名"汉服"，选择文件保存地址"素材与实例\第 3 章"，使用默认保存类型，单击"保存"按钮，如图 3-8 所示。

🖳 **提示：**
保存类型

> 演示文稿的默认保存类型为 PowerPoint 文档，扩展名为 pptx。如果选择"PDF"，则保存的文件类型为 PDF 格式；如选择"PowerPoint 模板"，则保存为模板文件，扩展名为 potx。

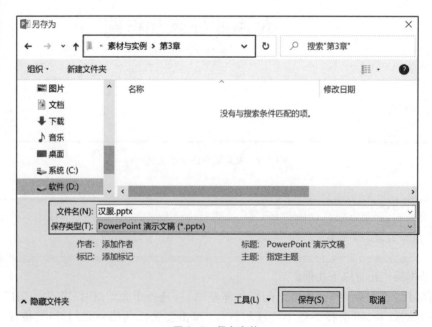

图 3-8　保存文件

步骤 4 : 关闭演示文稿。单击 "关闭" 按钮▣,或选择 "文件" → "关闭" 命令。

任务 3.1.3　设计幻灯片主题与背景

幻灯片主题包含颜色、字体和对象效果 3 个要素。通过主题设置,可以快速改变幻灯片的字体格式、配色方案、背景以及对象效果等,使整个演示文稿呈现统一的风格。本节以 "汉服" 演示文稿为例,学习打开演示文稿、选定及设计幻灯片主题与背景等操作方法。

步骤 1 : 打开演示文稿。在 "素材与实例 \ 第 3 章" 文件夹中双击 "汉服" 演示文稿图标。

步骤 2 : 选择与应用主题。单击 "设计" → "主题" 组中的 "其他" 按钮▼,在下拉列表中选择 "水汽尾迹" 主题(第 3 行第 5 列),如图 3-9 所示。默认情况下,选定的主题将应用于所有幻灯片。如果仅应用于某一张幻灯片,在选中主题后,单击右键,在弹出的快捷菜单中选择 "应用于选定幻灯片" 命令,如图 3-10 所示。

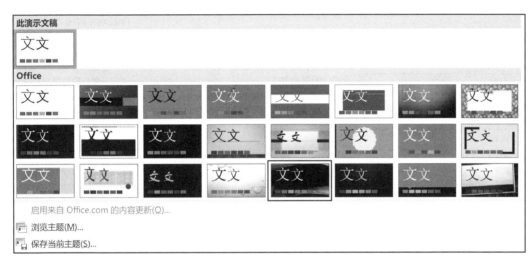

图 3-9　选择幻灯片主题

步骤 3 : 更改主题颜色。选择 "设计" → "变体" 组中第 4 种变体,如图 3-11 所示。每种主题均预置了几种不同的变体,也就是该主题下的配色方案。变体中的颜色包括主色、文字、背景、超链接以及插入对象的默认色等内容。如需要对变体的颜色进行修改,可单击 "变体" 组中的 "其他" 按钮▼,选择下拉列表中的 "颜色" 选项进行修改。

图 3-10　应用主题

图 3-11　使用变体

步骤 4 : 设置主题字体。单击 "设计" → "变体" 组中的 "其他" 按钮▼,在下拉列表中选择 "字体" → "自定义字体"。在如图 3-12 所示的 "新建主题字体" 对话框中,单击各字体选项的下拉按钮∨,在下拉列表中选择 "微软雅黑",在 "名称" 栏中输入 "汉服主题",修改完成后,单击 "保存" 按钮。同时,在 "字体" 选项中增加一种主题字体样式。

步骤 5 : 设置幻灯片背景。选择第 1 张幻灯片,单击 "设计" → "自定义" 组中的 "设置背景格式" 按钮◈。在窗口右侧的 "设置背景格式" 任务窗格中,单击 "填充" 中的 "纯色填充" 单选按钮,在 "颜色" 选择框中选择 "白色,背景 1,深色 5%"(第 2 行第 1 列),完成首页幻灯片背景的设置,如图 3-13 所示。要想修改所有幻灯片的背景,可按照上述操作设置好背景格式后,单击"全部应用"按钮。幻灯片背景还可以设置为渐变填充、图片或纹理填充、图案填充等,选择图 3–13 中相应选项即可。

提示:
背景设置

> PowerPoint 预置了背景样式,可单击"设计"→"变体"组中的"其他"下拉按钮 ▼,在下拉列表中选择"背景样式",快速设定所有幻灯片的背景样式。

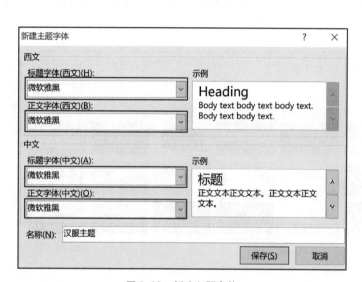

图 3–12　新建主题字体

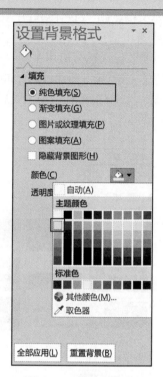

图 3–13　设置背景格式

任务 3.1.4　录入并编辑文本

在幻灯片中输入文字,需要通过占位符、文本框、图形、艺术字等方式实现。本节以"汉服"演示文稿为例,学习在占位符和文本框中输入与编辑文本、调整占位符和文本框大小及位置的操作方法。

步骤 1:在占位符中输入文字。继续在"汉服"演示文稿中操作。在第 1 页幻灯片中,单击主标题占位符提示文字,提示文字消失,在插入符处输入文字"着汉服知礼仪,传承传统文化"。输入完成后,单击占位符外任意位置,退出文本编辑状态。使用同样方法,完成副标题占位符中文本的输入。

占位符中预置了特定格式,可分为文本占位符、内容占位符两大类。文本占位符仅可输入文本,内容占位符则可添加文字和其他对象。内容占位符中默认包含项目编号,输入文本时,插入点显示在编号后,如不需要项目编号,可按"Backspace"键删除项目编号后再输入文本。

步骤 2:插入文本框。单击"插入"→"文本"组中的"文本框"下拉按钮,在下拉列表中选择"横排文本框",鼠标指针变为"↓"形状。将鼠标移到副标题占位符下方空白处,按住鼠标左键拖动出一个矩形框,在插入符处输入文字"2021 年 9 月 25 日"。输入完成后,单击文本框外任意位置,退出编辑状态。需要注意的是,插入的文本框必须包含内容,在未输入任何内容时退出编辑状态,文本框将消失。输入完成后的幻灯片效果如图 3–14 所示。

提示:
占位符和
文本框的
不同

> 占位符和文本框中都可输入文字,但两者也存在差异:初始状态下,占位符中显示提示文字,但文本框中不显示;内容占位符中可插入图片、图形、视频、图表等不同对象,但文本框仅可添加文字;占位符预置了特定格式,但文本框中格式是系统默认格式。

图 3-14 输入文字后效果

步骤 3：选择占位符。单击主标题占位符内文字，占位符回到编辑状态。在虚线边框处再次单击，占位符边框变为实线，此时占位符呈选中状态。选择文本框的操作与之相同。

步骤 4：设置字体格式。选中主标题占位符，单击"开始"→"字体"组中的"字号"下拉按钮，在下拉列表中选择"40"，"颜色"选择"标准色"中的"深红"（第 1 行第 1 列）。选中副标题占位符，在"开始"→"字体"组中的"字体"栏中选择"方正粗黑宋简体"，字号选择"32"。

步骤 5：设置占位符对齐格式。单击主标题占位符任意位置，单击"开始"→"段落"组中"对齐文本"下拉按钮，在下拉列表中选择"中部对齐"，如图 3-15 所示。单击"开始"→"段落"组中的"居中"按钮，使文本居中对齐。再单击"开始"→"段落"组中的"行距"下拉按钮，在下拉列表中选择"1.0"，即设置为单倍行距。使用同样方法，完成副标题占位符和文本框的对齐格式设置。

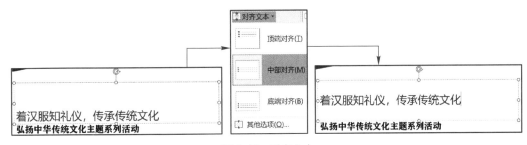

图 3-15 对齐文本

步骤 6：调整占位符大小。在主标题占位符呈编辑状态下，将鼠标移到垂直变形控制点，当指针变为"↕"形状时，按住鼠标左键向内拖动至合适位置后，松开鼠标左键，调整占位符大小。

步骤 7：移动占位符。选中副标题占位符，鼠标移到占位符边框，当指针变为"✥"形状时，按住鼠标左键拖动占位符向上移动，至合适位置且占位符左右边缘呈现虚线对齐标尺时，松开鼠标左键，如图 3-16所示。使用同样方法，移动文本框位置使其与两个占位符的中线对齐。如需要复制对象，则在移动的同时按住"Ctrl"键，待拖动到合适位置后松开鼠标左键，可在另一位置复制对象。

任务 3.1.5 插入并编辑对象

演示文稿中常常使用图形、图片、表格、视频、音频等对象，以丰富幻灯片的内容，从而获得更好的展示效果。本节以"汉服"演示文稿为例，学习插入与编辑各类对象的操作方法。

步骤 1：插入 SmartArt 图形。继续在"汉服"演示文稿中操作。在大纲窗格中单击第 2 页幻灯片，单击内容占位符中的"SmartArt"按钮，或单击"插入"→"插图"组中的"SmartArt"按钮。在弹出的"选择 SmartArt 图形"对话框中,选择"列表"→"垂直曲形列表",单击"确定"按钮,如图 3-17 所示。

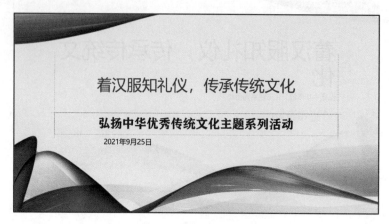

图 3-16　调整占位符位置

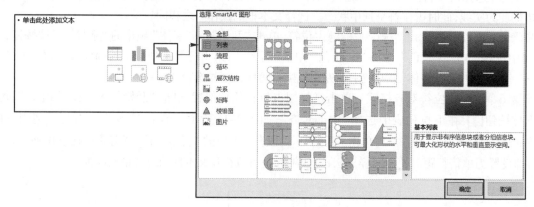

图 3-17　选择 SmartArt 图形

步骤 2:在图形中添加并编辑文本。在图形中最上部对象的提示文字处单击,提示文字消失,在插入符处输入文字"什么是汉服"。使用同样方法,完成其余文本的输入。在 SmartArt 图形边框处单击,选中整个图形,单击"开始"→"段落"组中的"居中"按钮☰,使文本居中对齐。编辑后的图形如图 3-18 所示。

图 3-18　SmartArt 图形效果

SmartArt 中默认图形一般包含 3 个同类对象。如需要增加对象,可选中一个对象,单击右键,在弹出的快捷菜单中选择"添加形状"命令;当图形有多级层次时,还可添加上一级或下一级图形。如需要减少对象,可选中单个形状,按"Delete"键将其删除。

技巧:
SmartArt
图形转换

　　分行输入的文本可转换为 SmartArt 图形,具体操作为:选中文本,单击"开始"→"段落"组中的"转换为 SmartArt"下拉按钮⬚,在下拉列表中选择任一种图形,转换后图形中包含了文本。

步骤 3:调整图形大小。选中整个图形,利用鼠标拖动变形控制点,调整图形至合适大小。

步骤 4:复制幻灯片。在大纲窗格中选中第 2 页幻灯片后,单击右键,在弹出的快捷菜单中选择"复制幻灯片"命令,在该幻灯片后复制了一张新幻灯片。

步骤 5:删除图形。在第 3 页幻灯片中,选中整个 SmartArt 图形,按"Delete"键将其删除,原内容占位符恢复。

步骤 6:输入并编辑文字。在第 3 页幻灯片中输入如图 3-1 所示文字。如果输入的文字占满占位符,在占位符左下角出现"自动调整选项"按钮 ☀ ,单击该按钮,选择"停止根据此占位符调整文本",如图 3-19 所示。再在"开始"→"字体"组中选择字号为"24"。在第 2~5 页幻灯片中输入其余文字,在"开始"→"字体"组中设置各页幻灯片标题字体颜色为"标准色"中的"深红",字号为"40"。

　　步骤 7 :插入并编辑图片。在第 4 页幻灯片中,单击"插入"→"图像"组中的"图片"按钮 。在弹出的"插入图片"对话框中,地址栏选择"素材与实例 \ 第 3 章"文件夹,按住"Ctrl"键单击素材图片"汉服形制与特点 1"和"汉服形制与特点 2",单击"插入"按钮,将两张图片插入幻灯片中,如图 3-20 所示。插入的图片叠放在一起,按住鼠标左键拖动图片至合适位置。同样地,在第 5 页幻灯片中插入"素材与实例 \ 第 3 章"文件夹中的图片"汉服变迁与复兴"。

| ○ 根据占位符自动调整文本(A) |
| ◉ 停止根据此占位符调整文本(S) |
| 将文本拆分到两个幻灯片(T) |
| 在新幻灯片上继续(N) |
| 将幻灯片更改为两列版式(C) |
| 控制自动更正选项(O)… |

图 3-19　自动调整选项

　　对于多张图片,常常需要进行组合或更改叠放层次的操作。组合图片的操作方法为:选中多张图片后,单击右键,在弹出的快捷菜单中选择"组合"命令,将多张图片组合为一个对象。取消组合时,选中组合图形后,单击右键,在弹出的快捷菜单中选择"组合"→"取消组合"命令。更改叠放层次的操作方法为:选中图片后,单击右键,在弹出的快捷菜单中选择"置于顶层"或"置于底层"命令,将图片上移或下移层次。

　　　要选择多个图片,可按住"Ctrl"键的同时单击各图片;或在图片区域外左上角任一点处按住鼠标左键向右下拖动,至所有图片均包含在选中区域内。

提示:
选择多张图片

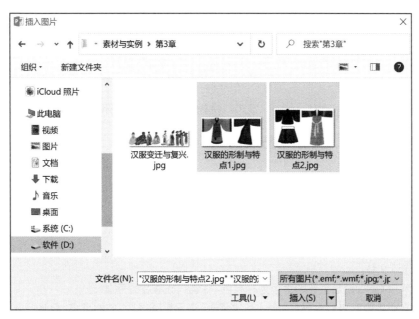

图 3-20　插入图片

　　步骤 8 :删除占位符。在第 6 页幻灯片中,单击标题占位符,按"Delete"键。

　　步骤 9 :插入并编辑艺术字。在第 6 页幻灯片中,单击"插入"→"文本"组中的"艺术字" 下拉按钮,在下拉列表中选择"填充 – 红色,着色 1,阴影"(第 1 行第 2 列),在幻灯片页面出现提示文字"请在此放置您的文字",录入文字"着我华夏衣裳,兴我礼仪之邦"。在"开始"→"字体"组中设置字号为"40"。单击艺术字,按住鼠标左键拖动至幻灯片上部居中位置。

　　步骤 10 :插入并编辑表格。单击内容占位符中"插入表格"按钮 ,在弹出的"插入表格"对话框中,选择"列数"为"2"、"行数"为"6",单击"确定"按钮,在幻灯片中插入一个 6 行 2 列的表格。单击选中表格,在表格中输入文字。选中表格,在"开始"→"字体"组和"段落"组中设置字体为"微软雅黑",字号为"20",对齐方式为"居中"。按住鼠标左键拖动变形控制点,调整表格大小。

步骤 11:插入并编辑视频。单击"插入"→"媒体"组中的"视频"下拉按钮，在下拉列表中选择"PC 上的视频"。在弹出的"插入视频文件"对话框中,地址栏选择"素材与实例\第 3 章"文件夹,选择视频文件"汉服奶奶",单击"插入"按钮。插入的视频显示比例较小,按照图片大小与位置调整的方法,调整视频对象的大小与位置。将鼠标移到视频对象图标上时,图标下方出现播放控制快捷菜单,可控制视频的播放,如图 3-21 所示。

在 PowerPoint 中还可插入音频,与插入视频类似,具体操作为:单击"插入"→"媒体"组中的"音频"下拉按钮,选择"PC 上的音频",在弹出的"插入音频"对话框中选择音频文件并单击"插入"按钮,在幻灯片上出现图标。将鼠标移到音频图标上时,图标下方也会出现如图 3-21 所示的播放控制快捷菜单。对于插入的视频和音频文件,可使用"视频工具"和"音频工具"选项卡中的相应工具设置样式与显示、剪裁视频与音频长度等。

提示:
插入视频

> PowerPoint 2016 支持的视频格式有 asf、avi、mp4、m4v、mov、mpg、mpeg、wmv 等。当 PC 上的视频格式非 PowerPoint 支持的格式时,不可插入幻灯片中。单击"插入"→"媒体"组中的"视频"下拉按钮，选择"联机视频",可插入来自网页的视频文件。单击"插入"→"媒体"组中的"屏幕录制"按钮，可录制屏幕并插入到幻灯片中。

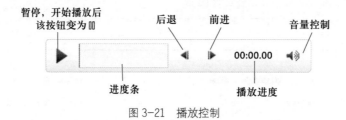

图 3-21　播放控制

步骤 12:保存并关闭演示文稿。单击"保存"按钮，再单击"关闭"按钮。

【实训项目】创建"个人简历"演示文稿

情境描述 ▶
李明终于等到了暑期实习岗位的面试通知,面试环节要求应试者准备 PPT 介绍个人情况。

项目要求 ▶
构思并制作演示文稿。

实训内容 ▶
1）创建空白演示文稿。
2）选定主题为"框架",设定主题的主色为标准色"深蓝",设置主题字体。

案例素材

3）构思演示文稿。内容包含 5 部分:个人基本情况、实习实践经历、技能证书、获奖情况、自我评价。设定演示文稿结构框架为:封面、目录、内容及封底。
4）录入并编辑文本。
① 在封面页幻灯片录入标题文字"个人简历",内容中输入应聘岗位、姓名、日期。
② 在其他各页幻灯片中录入相应文字。
5）插入并编辑对象。
① 在目录页幻灯片中,隐藏背景图形,插入 SmartArt 图形,输入并编辑文本。
② 在实习实践经历页幻灯片中插入并编辑表格。
③ 在获奖证书页中插入并编辑获奖证书图片。

拓展阅读
3-1-1

6）将演示文稿重命名为"个人简历.pptx"命名,保存在"素材与实例\第 3 章"文件夹中。

部分幻灯片效果如图 3-22 所示。

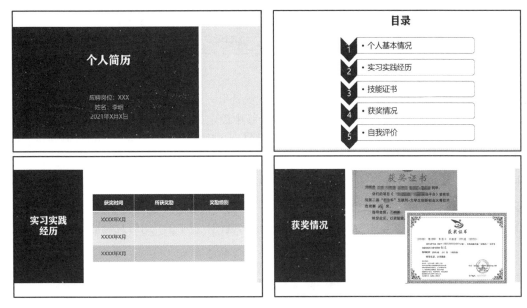

图 3-22　部分幻灯片效果图

3.2　制作幻灯片母版 　>>>

【设定项目】制作华为手机路演演示文稿的母版

情境描述 ▶

为推广产品,增加品牌系列手机销量,某华为专卖店拟举办不同型号产品的路演。销售部门需要制作一系列的演示文稿,经理安排李明设计制作演示文稿的母版。

项目要求 ▶

1) 打开幻灯片母版视图,选择默认主题,将主题字体设置为"微软雅黑"。

2) 在幻灯片母版中添加对象。

① 在母版所有页面正中批量添加华为 Logo ""。

② 在母版所有页面插入基本形状"图文框",并进行图形的编辑。

③ 在母版中添加保存在"素材与实例\第 3 章"文件夹中的素材图片"标题页背景图片",使其仅在首页幻灯片显示。

3) 编辑母版版式。

① 设置主标题占位符字号为"48",标题占位符字号为"40"。

② 设置页眉页脚。在除首页外的其他幻灯片中插入页脚"Mate 40 Series 跃见非凡",并将其字体更改为"微软雅黑",颜色为"黑色",字号为"20"。

4) 编辑备注母版。

① 打开备注母版,设置备注文本字体为"宋体",行间距为 1.5 倍。

② 切换至备注页视图,在备注页插入页眉和页脚:日期显示自动更新,页眉为"2021 年 10 月路演",页面右下角显示页码。

5) 编辑讲义母版。打开讲义母版,设置讲义方向为横向,每页放置 4 张幻灯片。

6) 将演示文稿重命名为"华为手机路演母版",保存在"素材与实例\第 3 章"文件夹中,关闭演示文稿。

案例素材

微课 3-2

项目分解 ▶

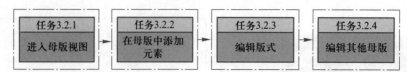

任务 3.2.1　进入母版视图

　　母版是存储演示文稿样式信息的设计模板。在母版中设定好共有信息的样式后,后续制作演示文稿就可以省去再一一添加相同对象、设置样式和格式等重复性工作。进入母版视图是设计制作母版的前提。本节主要学习进入母版视图的操作,熟悉 3 种不同类型的母版视图。

　　步骤 1:新建空白演示文稿。双击 PowerPoint 快捷方式图标 ,在打开的窗口中选择"空白演示文稿",新建一个空白演示文稿。

　　步骤 2:进入幻灯片母版视图。单击"视图"→"母版视图"组中的"幻灯片母版"按钮,如图 3-23 所示。

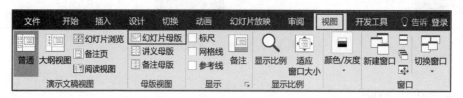

图 3-23　母版视图选项卡

母版包含幻灯片母版、备注母版和讲义母版 3 种类型。

● 幻灯片母版:用来规定幻灯片的主题、背景、文本、页眉和页脚等的样式、格式与位置,是模板的一部分。幻灯片母版的编辑在幻灯片母版视图窗口下进行。幻灯片母版视图窗口与普通视图类似,如图 3-24 所示。大纲窗格中一级页面为主题页,二级页面为该主题下的版式页。右侧窗格用来编辑幻灯片母版,包含标题区、对象区、日期区、页脚区和页码区等多个占位符。

● 备注母版:用来设置幻灯片中备注的格式,页面包含幻灯片图像区、备注正文区、页眉区、日期区、页脚区和页码区,如图 3-25 所示。

● 讲义母版:为制作讲义准备,可设置一张讲义中包含几张幻灯片、页眉页脚及页码等信息,也可改变幻灯片的放置方向等,页面包含幻灯片图像区、页眉区、日期区、页脚区和页码区,如图 3-26 所示。

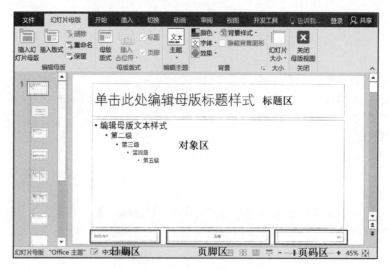

图 3-24　幻灯片母版视图

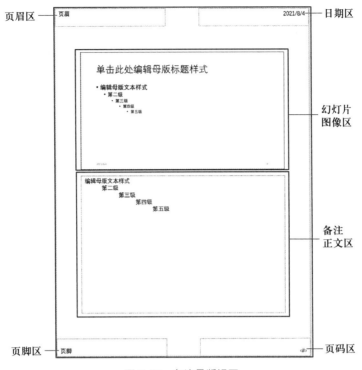

图 3-25　备注母版视图

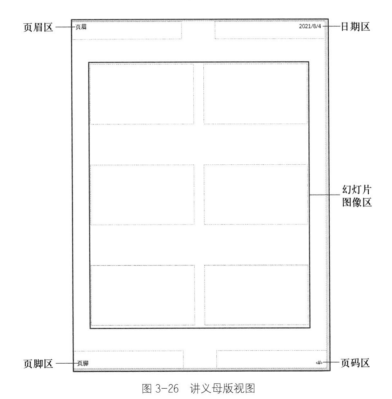

图 3-26　讲义母版视图

任务 3.2.2　在母版中添加元素

在母版中添加图片、图形等元素的操作与在幻灯片中相同,但效果不同。本节以创建"华为手机路演母版"演示文稿为例,学习在母版中批量添加元素与添加单个元素等操作方法。

步骤 1:批量添加形状。在幻灯片母版视图下,选中主题页,单击"插入"→"插图"组中的"形状"下拉按钮，在下拉列表中选择"基本形状"中的"□"(第 2 行第 6 列)。鼠标指针变为"十"形状,将鼠标移到页面左上顶点,按住鼠标左键拖动至页面右下顶点,使图形覆盖整张幻灯片。

步骤 2:编辑形状。拖动图 3-27 中图形的黄色控制点,使其贴近外边框。

步骤 3:设置形状格式。单击"绘图工具　格式"→"形状样式"组中的"形状填充"按钮 🖍,在下拉列表中选择"标准色"组中的"深红"。单击"绘图工具格式"→"形状样式"组中的"形状轮廓"按钮 ✒,在下拉列表中选择"无轮廓"。

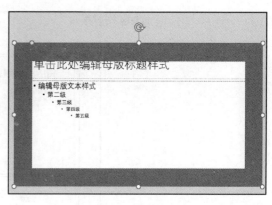

图 3-27　编辑形状

步骤 4:批量添加图片。在主题页中单击"插入"→"图像"组中的"图片"按钮 🖾,在弹出的"插入图片"对话框中选择"素材与实例 \ 第 3 章"文件夹中的素材图片"华为 Logo",再单击"插入"按钮。

步骤 5:移动图片。按住鼠标左键拖动图片,至出现水平和垂直两条标尺对齐线时,松开鼠标左键,将图片移至页面正中,如图 3-28 所示。

步骤 6:添加单个图片。在主题页后第 1 张版式页即标题版式页中,单击"插入"→"图像"组中的"图片"按钮 🖾,在弹出的"插入图片"对话框中选择"素材与实例 \ 第 3 章"文件夹中的素材图片"母版背景",单击"插入"按钮。将鼠标移到图片右下角,按住鼠标左键拖动图片使其铺满整张幻灯片。幻灯片母版视图下,在主题页和版式页添加元素的效果是不同的,在主题页添加的元素将添加在每一张版式页上,在版式页添加的元素仅出现在该版式页上,如图 3-29 所示。

图 3-28　移动图片

图 3-29　添加元素效果

步骤 7:设置图片叠放层次。选中图片,单击鼠标右键,在弹出的快捷菜单中选择"置于底层"→"置于底层"命令。

步骤 8:保存演示文稿。选择"文件"→"保存"命令,在"另存为"窗口中单击"浏览"按钮,在弹出的"另存为"对话框中输入文件名"华为手机路演母版",选择文件保存地址为"素材与实例 \ 第 3 章"文件夹,单击"保存"按钮。

任务 3.2.3　编辑版式

版式的编辑是母版设计中一项重要工作。本节以"华为手机路演母版"为例,学习设置版式中占位符的格式与布局、设置页眉页脚、关闭母版视图等操作。

步骤 1：设置主题字体。继续在"华为手机路演母版"演示文稿中操作。在幻灯片母版视图下，单击"幻灯片母版"→"背景"组中的"字体"下拉按钮 文，在下拉列表中选择"汉服主题"，如图 3-30 所示。任务 3.1.3 中已设置过该字体样式，如没有该样式，则需要重新设置。

步骤 2：统一设置字号。在主题页中，选中标题占位符，在"开始"→"字体"组中的"字号"栏选择"40"，后续版式页中相应标题占位符中字号均修改为"40"。切换至标题版式页，选中主标题占位符，在"开始→"字体"组中的"字号"栏选择"48"。

步骤 3：设置页眉页脚。单击"插入"→"文本"组中的"页眉和页脚"按钮，弹出"页眉和页脚"对话框。选择"幻灯片"选项卡，选中"页脚"复选框，输入"Mate 40 Series 跃见非凡"，选中"标题幻灯片中不显示"复选框，再单击"全部应用"按钮，如图 3-31 所示。

图 3-30　设置主题字体

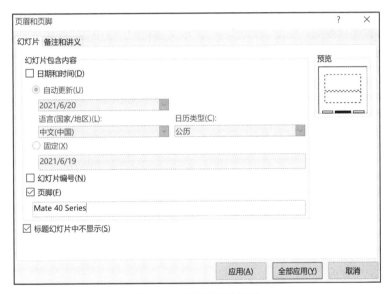

图 3-31　设置页眉和页脚

单击"插入"→"文本"组中的"页眉和页脚"按钮，或者单击"插入"→"文本"组中的"幻灯片编号"按钮，在弹出的如图 3-31 所示对话框中选中"幻灯片编号"复选框，可在幻灯片中插入页码。

提示：
插入页码

步骤 4：修改页脚文本格式。在幻灯片母版主题页中，选中"页脚"占位符，在"开始"→"字体"组中设置字号为"20"，字体颜色为"黑色"。

步骤 5：退出母版视图。单击"幻灯片母版"→"关闭母版视图"按钮，或者单击"视图"→"演示文稿视图"组中的"普通"按钮，可退出母版视图，回到普通视图。

制作完成后普通视图下的效果如图 3-32 所示。

图 3-32　普通视图下的效果

任务 3.2.4　编辑其他母版

在一种母版中进行的更改不会反映在其他母版中。必要时,还需要编辑备注母版和讲义母版。本节以"华为手机路演母版"为例,学习切换视图、编辑备注母版和讲义母版的基本操作。

步骤 1:打开备注母版。继续在"华为手机路演母版"演示文稿中操作。单击"视图"→"母版视图"组中的"备注母版"按钮。

步骤 2:设置备注文本格式。选中备注文本占位符,在"开始"→"字体"组的"字体"栏中选择"宋体"。单击"开始"→"段落"组中的"行距"按钮,在下拉列表中选择"1.5"。

步骤 3:切换至备注页视图。单击"视图"→"演示文稿视图"组中的"备注页"按钮。

步骤 4:设置页眉和页脚。单击"插入"→"文本"组中"页眉和页脚"按钮,在弹出的"页眉和页脚"对话框的"备注和讲义"选项卡中,选中"日期和时间"复选框,选择"自动更新"。选中"页码"和"页眉"两个复选框,在"页眉"文本框中输入"2021 年 10 月路演",如图 3-33 所示。注意设置页眉和页脚时,需要确保在"备注母版"→"占位符"组中选中相应占位符,默认状态下所有占位符均被选中,如图 3-34 所示。设置完成后的备注页视图下效果如图 3-35 所示。

> 提示:
> 日期和时间
>
> 　　插入"日期和时间"时,除可自动更新时间外,还可在"页眉和页脚"对话框中选中"固定"单选按钮后输入相应日期,即可插入固定的时间。

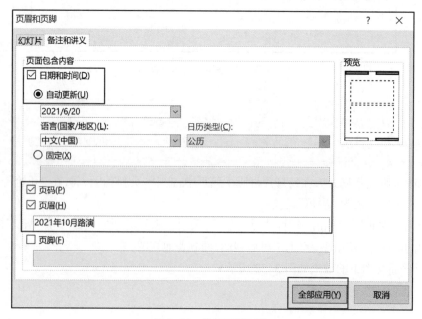

图 3-33　设置页眉页脚

图 3-34　占位符显示设置

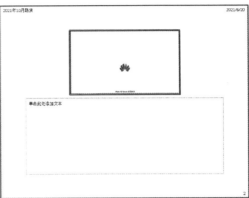

图 3-35　备注页视图下的效果

步骤 5：进入讲义母版视图。单击"视图"→"母版视图"组中的"讲义母版"按钮![ ]。

步骤 6：设置讲义方向。单击"讲义母版"→"页面设置"组中的"讲义方向"![ ]下拉按钮,在下拉列表中选择"横向",如图 3-36 所示。

步骤 7：设置每页幻灯片数量。单击"讲义母版"→"页面设置"组中的"每页幻灯片数量"![ ]下拉按钮,在下拉列表中选择"4 张幻灯片",如图 3-37 所示。

图 3-36　设置讲义方向

图 3-37　设置每页幻灯片数量

步骤 8：关闭母版视图。单击"讲义母版"→"关闭母版视图"按钮![X]。

步骤 9：保存并关闭演示文稿。单击"保存"按钮![ ],再单击"关闭"按钮![X]。

【实训项目】设计制作"比亚迪 2021 年新车速递"演示文稿母版

情境描述 ▶

某比亚迪 4S 店的销售主管准备对全体销售人员进行统一培训,介绍 2021 年新车型及其特点,需要首先制作演示文稿母版。

项目要求 ▶

设计并制作演示文稿母版。

实训内容 ▶

1) 新建空白演示文稿,选定主题"剪切",应用背景样式"样式 5",字体为"汉服主题"。

案例素材

2）在标题页母版中插入并编辑图片。

① 隐藏背景图形，插入"素材与实例\第 3 章"文件夹中的图片"实训 3.2 标题页"。

② 调整图片大小与位置，并为图片设置"映像"效果为"全映像，接触"。

3）在每一页幻灯片中均添加比亚迪公司 Logo，但标题页中不显示。

4）新增包含 1 个主标题占位符和 3 个水平放置的内容占位符的新版式页。

5）为幻灯片插入页码。

6）将备注文本字体设置为"宋体"，字号为"12"。

7）将演示文稿重命名为"新车销售培训母版 .pptx"，保存在"素材与实例\第 3 章"文件夹中。

普通视图下的制作效果如图 3-38 所示。

拓展阅读
3-2-1

图 3-38　普通视图下的效果

3.3　设置动画效果　>>>

【设定项目】为"校招总结"演示文稿添加动画效果

情境描述 ▶

李明制作完成了本年度校园招聘工作总结的演示文稿，公司主管建议李明适当增加动画效果。李明重新梳理了思路，准备为演示文稿设计并制作动画。

 项目要求 ▶

1）打开"素材与实例\第 3 章"文件夹中的演示文稿"校招总结初稿"。

2）在第 8 页幻灯片中（见图 3-39），为 3 项成果文字和对应图片添加动画，呈现如下效果：

① 单击带数字序号的图形时，在圆形消失的同时出现图片和文字内容。

② 第 1 项成果文字及图片向左移动后，数字"2"图形再出现。

③ 图片出现时由小变大，且出现在对应数字的同一位置。

3）设置超链接和动作按钮，呈现如下效果：

① 在第 12 页幻灯片中（见图 3-40）单击"整体流程"时，跳转至第 6 页幻灯片。

② 设置动作按钮，单击动作按钮时由第 6 页幻灯片跳转至第 12 页幻灯片。

图 3-39　第 8 页幻灯片

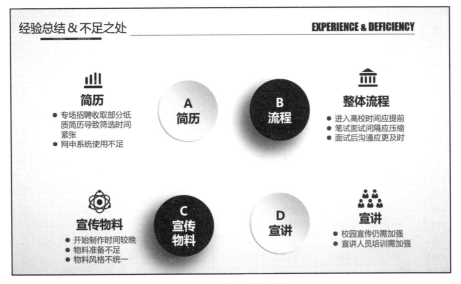

图 3-40　第 12 页幻灯片

4）设置幻灯片切换。

① 为所有幻灯片设置"旋转"切换，持续时间为 1 s。

② 更改第 2 页幻灯片的切换方式为"门"，取消首页幻灯片的切换方式。

5）将演示文稿重命名为"校招总结"，保存在原文件夹中后关闭。

项目分解 ▸

微课 3-3

任务 3.3.1　添加动画

PowerPoint 中提供了进入、强调、退出与动作路径 4 种基本动画。添加动画时需要选择动画类型、设置动画开始方式、控制动画播放速度等。当为同一对象设置多个动画效果时，就需要设计组合动画。本节以创建"校招总结"演示文稿为例，学习添加单个动画和组合动画、设置动画效果与计时等操作方法。

步骤 1：打开演示文稿。在"素材与实例 \ 第 3 章"文件夹中，双击打开演示文稿文件"校招总结初稿"。

步骤 2：添加进入动画。在第 8 页幻灯片中，选中带数字"1"的圆形，单击"动画"→"动画"组中的"出现"按钮✹，为图形添加进入效果，如图 3-41 所示。

图 3-41　添加进入动画

步骤 3：添加退出动画。选中带数字"1"的圆形，单击"动画"→"高级动画"组中的"添加动画"下拉按钮✦，在下拉列表中选择"更多退出效果"。在弹出的"添加退出效果"对话框中选择"温和型"组中的"基本缩放"，单击"确定"按钮，如图 3-42 所示。

步骤 4：设置动画计时。单击"动画"→"计时"组中的"持续时间"栏的调整按钮"▼"，修改持续时间为"00.25"（秒），如图 3-43 所示。

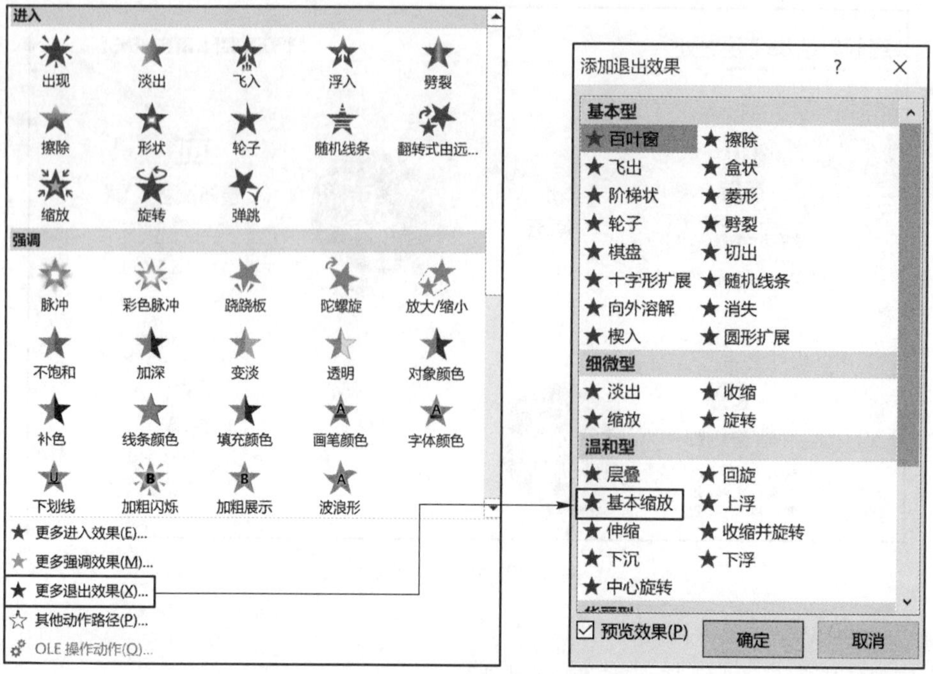

图 3-42 选择退出动画类型

图 3-43 设置持续时间

"计时"组中提供了 4 项设置内容。

● 开始：即动画启动时间，分为单击时、与上一动画同时、上一动画之后。

● 持续时间：控制动画播放速度。

● 延迟：调整动画开始显示的时间，在动画"开始"的延迟时间后显示。

● 对动画重新排序：调整同一页幻灯片中动画播放的顺序。

提示：
动画计时

> 动画计时设置可通过"动画窗格"进行，具体操作为：单击"动画"→"高级动画"组中的"动画窗格"按钮🠮，在弹出的"动画窗格"任务窗格中选择动画，单击右键，在弹出的快捷菜单中选择"计时"命令，在弹出的"基本缩放"对话框的"计时"选项卡中进行相应设置，如图 3-44 所示。

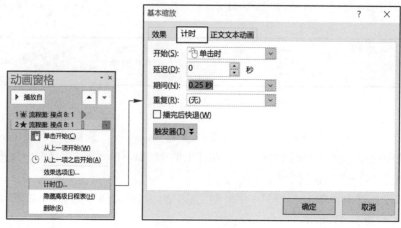

图 3-44 设置计时

步骤 5 : 为文本框添加进入动画。选中文本框"校园宣讲会 8 场次……",单击"动画"→"动画"组中的"其他"按钮 ▼ ,在下拉列表中选择"更多进入效果",在弹出的"添加进入效果"对话框中选择"温和型"组中的"基本缩放",单击"确定"按钮。

步骤 6 : 设置"进入"效果。单击"动画"→"计时"组中的"开始"栏下拉按钮,在下拉列表中选择"与上一动画同时";单击"持续时间"栏的调整按钮"▼",修改时间为"00.25";在"延迟"栏内输入"0.1"并按"Enter"键,如图 3-45 所示。

图 3-45 设置动画计时

步骤 7 : 为文本框添加多个动画。再次选中文本框"校园宣讲会 8 场次……",单击"动画"→"高级动画"组中的"添加动画"下拉按钮 ★ ,在下拉列表中选择"强调"组中的"放大 / 缩小"。

步骤 8 : 设计强调动画效果。单击"动画"→"高级动画"组中的"动画窗格"按钮 🎬 ,在弹出的"动画窗格"任务窗格中,单击"强调"动画,单击右键,在弹出的快捷菜单中选择"效果选项"命令。在弹出的"放大 / 缩小"对话框中,选择"效果"选项卡。单击"尺寸"栏的下拉按钮,在下拉列表中选择"自定义"并输入"125%",再按"Enter"键,如图 3-46 所示。切换到"计时"选项卡,单击"开始"栏的下拉按钮,在下拉列表中选择"与上一动画同时",在"延迟"栏内输入"0.2","期间"栏内输入"0.25",单击"确定"按钮。

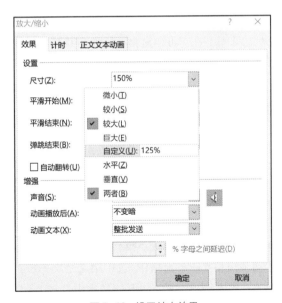

图 3-46 设置放大效果

步骤 9 : 复制动画。在幻灯片中选中文本框"校园宣讲会 8 场次……",单击"动画"→"高级动画"组中的"动画刷"按钮 ★ ,鼠标指针变为 🖌 形状,单击宣讲会图片,为图片添加与文本框同样的动画效果。

步骤 10 : 添加动作路径。选中文本框"校园宣讲会 8 场次……"和宣讲会图片,单击"动画"→"高级动画"组中的"添加动画"下拉按钮 ★ ,在下拉列表中选择"动作路径"组中的"直线"。

步骤 11：设置路径效果。单击"动画"→"动画"组中的"效果选项"下拉按钮█，在下拉列表中选择"靠左"，对象将按路径向左移动，如图 3-47 所示。添加路径后，在文本框和图片的中心出现两端带箭头▶┤的虚线路径，按住鼠标左键拖动可移动路径线位置；将鼠标移到路径端点处，当指针上出现标记✛时，单击鼠标，路径端点由圆点▶变为箭头--◎，此时路径端点可编辑，同时显示出移动后的对象位置，如图 3-48 所示。如需要更改路径端点，将鼠标移到端点处，当指针变为倾斜双向箭头形状时，按住鼠标左键拖动到合适位置即可。

技巧：
更改路径端点

> 更改路径端点时，在拖动端点的同时按住"Shift"键，可使移动后的端点与原端点在一条水平线上。

图 3-47　设置路径效果

图 3-48　动作路径效果

步骤 12：设置路径动画持续时间。在"动画窗格"任务窗格中，选中文本框的路径动画，单击"动画"→"计时"组中的"持续时间"栏的调整按钮"▼"，修改持续时间为"00.50"。同样地，修改图片路径动画持续时间为"00.50"。

步骤 13：复制动画。在幻灯片中选中数字"1"图形，单击"动画"→"高级动画"组中的"动画刷"按钮★，鼠标指针变为"⌖▱"形状，单击数字"2"图形，为该对象添加与数字"1"图形同样的动画效果。使用同样方法，完成数字"3"图形动画效果的添加。再选中第 1 个文本框，使用"动画刷"按钮为后续两个文本框复制动画效果。使用同样方法，为其余图片添加动画效果。

技巧：
复制动画

> 当多个对象都需要复制特定动画效果时，可在选择已设置好动画效果的对象后，双击"动画刷"按钮，将鼠标分别移到需复制动画效果的对象上并单击，复制完成后按"Esc"键退出复制动画状态。

步骤 14：删除动画。在"动画窗格"任务窗格中，选中第 2 个文本框的路径动画，按"Delete"键；或者单击"动画"→"动画"组中的"其他"按钮▼，在下拉列表中选择"无"，都可删除动画。使用同样方法，删除第 3 个文本框和两张图片的路径动画。

步骤 15：移动动画顺序。在"动画窗格"任务窗格中，按住"Ctrl"键选中数字"3"图形的两个动画对象，按住鼠标左键拖动至第 3 个文本框动画对象前，如图 3-49 所示。使用同样方法，完成第 2 个图片对象的移动。移动后的动画顺序如图 3-50 所示。

提示：
调整动画顺序

> 调整动画顺序时，可在动画窗格中选中要移动的动画对象，再选择"动画"→"▲向前移动"或"▼向后移动"命令，将动画向前或向后移动。

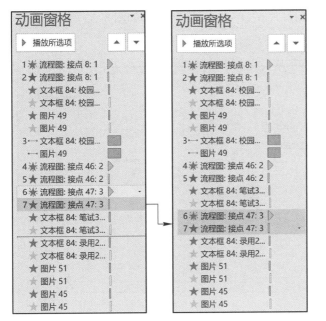

图 3-49　移动动画顺序　　　　　　　　　　图 3-50　移动后的动画顺序

步骤 16：调整对象位置。将数字"2"图形向正下方移动,按住鼠标左键依次拖动数字"1"图形、第 1 张和第 2 张图片,使其与数字"2"图形中心点重合。再拖动 3 个文本框移动至对应图片位置。调整后的效果如图 3-51 所示。

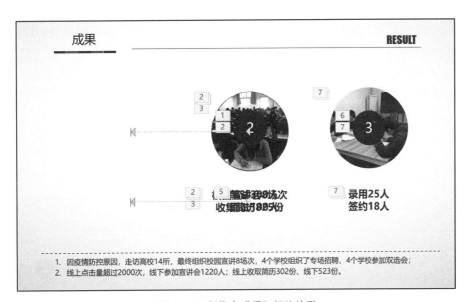

图 3-51　制作完成后幻灯片效果

步骤 17：保存演示文稿。选择"文件"→"另存为"命令,将演示文稿重命名为"校招总结",保存在"素材与实例\第 3 章"文件夹中。

任务 3.3.2　设置超链接与动作按钮

在放映幻灯片的过程中,有时需要在特定幻灯片间跳转,或是跳转到其他文件、网址等,这就需要使用超链接和动作按钮实现。本节以"校招总结"演示文稿为例,学习添加超链接和动作按钮的操作。

步骤 1：设置超链接。继续在"校招总结"演示文稿中操作。打开第 12 页幻灯片,选中文字"整体流程",单击"插入"→"链接"组中的"超链接"按钮,在弹出的"插入超链接"对话框左侧列表中选择

"本文档中的位置",在右侧列表中选择"幻灯片6",单击"确定"按钮,如图3-52所示。设置超链接后,文字下方增加下画线,同时显示颜色发生变化。

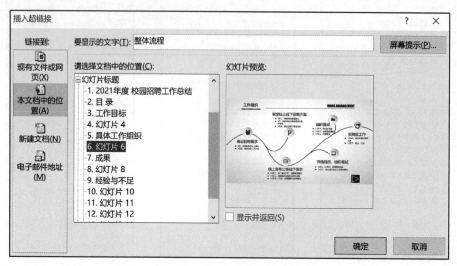

图 3-52　插入超链接

此外,还可以链接至当前演示文稿、当前演示文稿外的其他文件或网页,也可以通过"超链接到电子邮件地址"选项给指定地址发送电子邮件。如需要删除超链接,单击右键,在弹出的快捷菜单中选择"取消超链接"命令即可。

步骤2:插入动作按钮。进入第6页幻灯片,单击"插入"→"插图"组中的"形状"下拉按钮 ⬦ ,在下拉列表中选择"动作按钮"组中的" ▷ ",鼠标指针变为"十"字形状。将鼠标移到幻灯片右下角空白处,按住鼠标左键拖动绘制形状。

步骤3:插入超链接。松开鼠标左键后,弹出"操作设置"对话框。选择"单击鼠标"选项卡,单击"超链接到"下拉按钮,选择"幻灯片"。在弹出的"超链接到幻灯片"对话框中,选择"幻灯片12",单击"确定"按钮,如图3-53所示。回到"操作设置"对话框,再单击"确定"按钮。

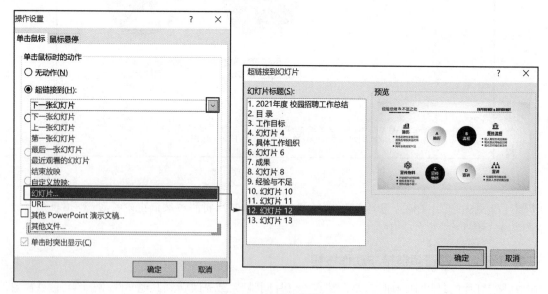

图 3-53　设置动作按钮

步骤4:修改动作按钮颜色。选择动作按钮,单击"绘图工具　格式"→"形状样式"组中的"形状填充"下拉按钮 ⬧ ,选择"标准色"组中的"蓝色"(第1行第8列)。单击"绘图工具　格式"→"形状样式"

组中的"形状轮廓"下拉按钮 ，选择"无轮廓"，动作按钮显示为 。

任务 3.3.3　设置幻灯片切换效果

幻灯片切换是在放映幻灯片过程中，从一张幻灯片转至下一张幻灯片的动画效果，也称为翻页动画。本节以"校招总结"演示文稿为例，学习设置与应用幻灯片切换的操作方法。

步骤 1：选择切换方式。继续在"校招总结"演示文稿中操作。单击"切换"→"切换到此幻灯片"组中的"其他"按钮 ，在下拉列表中选择"动态内容"组中的"旋转"，切换方式默认应用于当前幻灯片。再单击"切换"→"计时"组中的"全部应用"按钮 ，如图 3-54 所示。

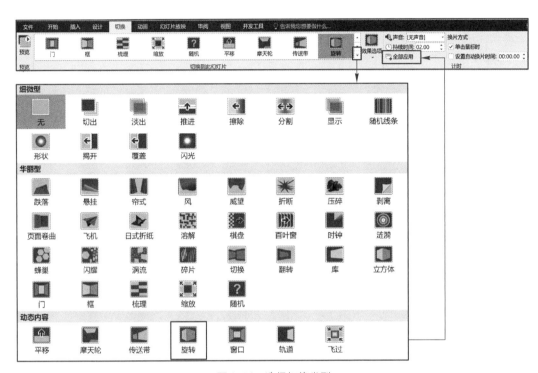

图 3-54　选择切换类型

步骤 2：设置切换计时。单击"切换"→"计时"组中的"持续时间"栏的调整按钮"▼"，调整持续时间为"01.00"。在计时功能区可以设置切换时的音效、切换动画持续时间、换片方式等，各按钮的意义如图 3-55 所示。

图 3-55　计时功能区

> 系统默认换片方式为"单击鼠标时"，也可选中"设置自动换片时间"复选框，将换片方式设置为自动换片。输入自动换片时间，单击"全部应用"按钮，即可在展示演示文稿时自动放映。

提示：**设置换片方式**

步骤 3：更改切换方式。选择第 2 页幻灯片，单击"切换"→"切换到此幻灯片"组中的"其他"按钮 ，在下拉列表中选择"华丽型"组中的"门"。

　　步骤4：取消切换方式。选择第1张幻灯片，单击"切换"→"切换到此幻灯片"组中的"无"按钮▨。

　　步骤5：保存并关闭演示文稿。单击"保存"按钮▤，再单击"关闭"按钮☒。

💡【实训项目】为"毕业论文答辩"演示文稿制作动画效果

情境描述 ▶

李明已经制作完成了"毕业论文答辩"演示文稿的初稿，但展示起来较为单调。他准备制作动画效果，在答辩时呈现更好的演示效果。

项目要求 ▶

设置动画、切换及超链接效果。

实训内容 ▶

1）打开"素材与实例 \ 第3章"文件夹中的演示文稿"答辩初稿"。

2）为第2页幻灯片（见图3-56）制作动画效果。

① 第2、3、4项内容飞出页面，第1项内容向右移动至中央。

② 第1项内容放大150%强调显示。

3）所有幻灯片均使用"分割"切换效果，持续时间为1秒。除前两页分割效果为"中央向两侧展开"外，其余页面效果为"左右向中央收缩"。

4）设计超链接。将第7页幻灯片（见图3-57）的加粗文字"Top-k连接处理框架"超链接至"素材与实例 \ 第3章"文件夹中的文件"毕业论文（文字）"。

5）将演示文稿重命名为"毕业论文答辩"，保存在"素材与实例 \ 第3章"文件夹中后关闭。

案例素材

拓展阅读
3-3-1

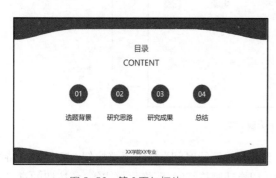

图3-56　第2页幻灯片

图3-57　第7页幻灯片

3.4　展示演示文稿 》》》

📁【设定项目】放映和打印"校招总结"演示文稿

情境描述 ▶

主管安排李明在复盘会议上总结本年度校招工作。为确保演示效果，李明准备提前进行演练，他需要进行放映设置并打印演示文稿。

项目要求 ▶

1）打开"素材与实例 \ 第3章"文件夹中的"校招总结"演示文稿。

2）放映演示文稿。

① 设置为"演讲者放映"类型，使用演示者视图从首页开始放映。

② 退出放映，在第2页幻灯片添加备注"2021年度公司首次组织大规模校招，从7月启动到12月首批录

取人员签约,历时近 6 个月。"

③ 设置排练计时,放映时在第 4 页幻灯片表格处添加墨迹注释 "15~20"。

④ 退出放映,不保留墨迹与排练计时。

3) 打印演示文稿。

① 打印第 2~12 页幻灯片。

② 在一页纸上打印 6 张幻灯片,纸张方向为横向、颜色为灰度。

4) 将演示文稿打包成 CD,文件命名为 "校招总结"。

项目分解 ▶

微课 3-4

任务 3.4.1　放映演示文稿

演示文稿制作完成后,展示放映前需要进行放映设置。本节以 "校招总结" 演示文稿为例,学习设置放映方式、排练计时、添加墨迹注释、退出放映等操作。

步骤 1:打开演示文稿。打开 "素材与实例 \ 第 3 章" 文件夹,双击 "校招总结" 演示文稿。

步骤 2:设置放映方式。单击 "幻灯片放映" → "设置" 组中的 "设置幻灯片放映" 按钮 ,在弹出的 "设置放映方式" 对话框中单击 "演讲者放映" 单选按钮,"换片方式" 组中单击 "手动" 单选按钮,选中 "使用演示者视图" 复选框,单击 "确定" 按钮,如图 3-58 所示。

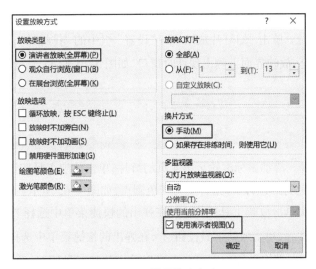

图 3-58　设置放映方式

幻灯片放映类型包含演讲者放映、观众自行浏览和在展台浏览 3 种。

- 演讲者放映(全屏幕):最常用的放映方式,演讲者可采用自动或手动方式放映,放映中可暂停演示、添加墨迹注释等。外接放映设备时,选中 "使用演示者视图" 复选框后,外接放映设备显示为放映页;计算机显示界面中主页面为当前放映页面,右上侧小窗口显示下一放映页,右下侧显示当前放映页的备注内容。
- 观众自行浏览(窗口):可采用自动或手动方式放映,但不能全屏播放,仅可窗口浏览,在放映时显示菜单栏。
- 在展台浏览(全屏幕):可全屏播放,但不能使用演示者视图,且放映时没有任何控制按钮,不能对幻灯片进行任何操作,退出放映时按 "Esc" 键。

步骤 3:设置放映开始方式。单击 "幻灯片放映" → "开始放映幻灯片" 组中的 "从头开始" 按钮放映演示文稿还可以从当前幻灯片开始,操作方法为:单击“幻灯片放映”→“开始放映幻灯片”组中的“从当前幻灯片开始”按钮,或者单击窗口右下角的视图按钮组中的“幻灯片放映”按钮。

技巧:放映幻灯片

在普通视图下,按“Shift+F5”或“Shift+Fn+F5”组合键,可以从当前页开始放映幻灯片。

步骤4:结束放映。按“Esc”键退出放映,回到普通视图;或者在放映界面单击左下角的放映工具按钮,在弹出的快捷菜单中选择“结束放映”命令,如图3-59所示。放映工具按钮的功能如图3-60所示。

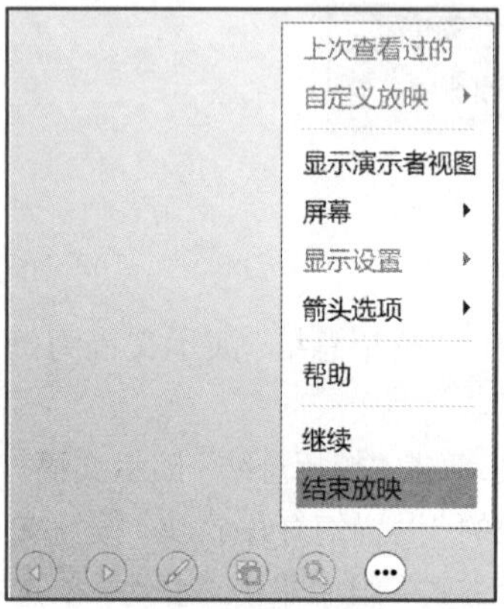

图3-59 结束放映

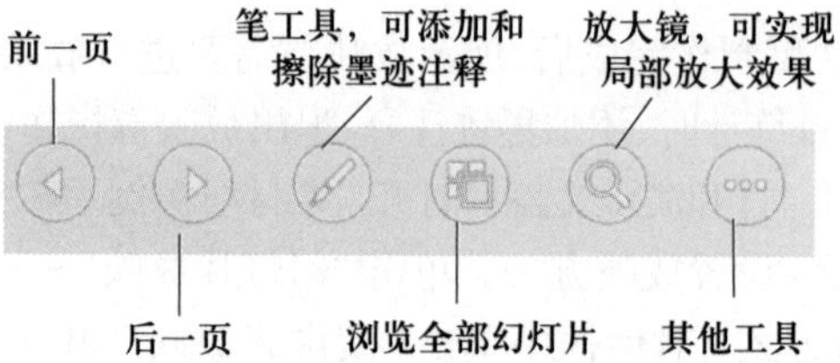

图3-60 放映工具按钮的功能

步骤5:添加备注。在第2页幻灯片备注栏单击,在插入符处输入文字。

步骤6:设置排练计时。单击“幻灯片放映”→“设置”组中的“排练计时”按钮,进入放映状态,放映界面上侧出现计时窗口,如图3-61所示。

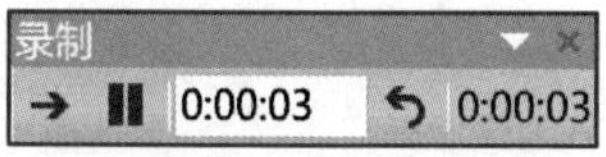

图3-61 计时窗口

提示:排练计时

使用排练计时命令,在计时结束后只有选择保留计时,才可在不设置换片时间的情况下,使用计时自动放映幻灯片。

步骤7:添加墨迹注释。滑动鼠标滚轮至第4页幻灯片,单击放映工具按钮,在弹出的快捷菜单中选择“笔”命令,默认笔颜色为红色,鼠标指针变为红色圆点,如图3-62所示。将鼠标移到表格处,按住鼠标左键写下“15-20”。再次单击放映工具按钮,在弹出的快捷菜单中选择“笔”命令,鼠标指针回到默认状态。如需要删除墨迹注释,单击放映工具按钮,在弹出的快捷菜单中选择“橡皮擦”命令,鼠标指针变为橡皮擦形状,按住鼠标左键拖动擦除即可。也可以单击放映工具按钮,在弹出的快捷菜单中选择“擦除幻灯片上的所有墨迹”命令。

步骤8:退出放映。按“Esc”键,弹出图3-63所示的“是否保留墨迹注释”提示框,单击“放弃”按钮;弹出“是否保留计时”提示框,单击“否”按钮,如图3-64所示。

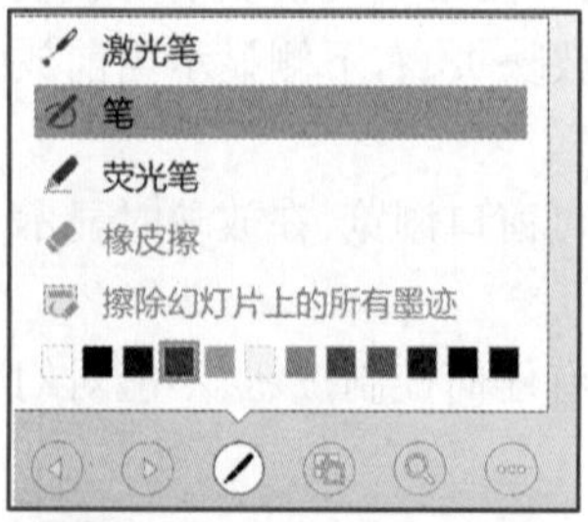

图3-62 添加墨迹注释

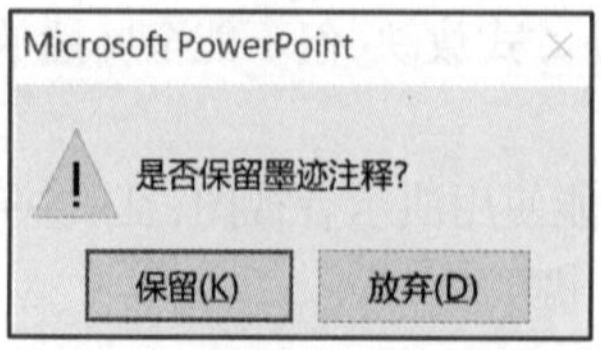

图3-63 保留墨迹注释询问

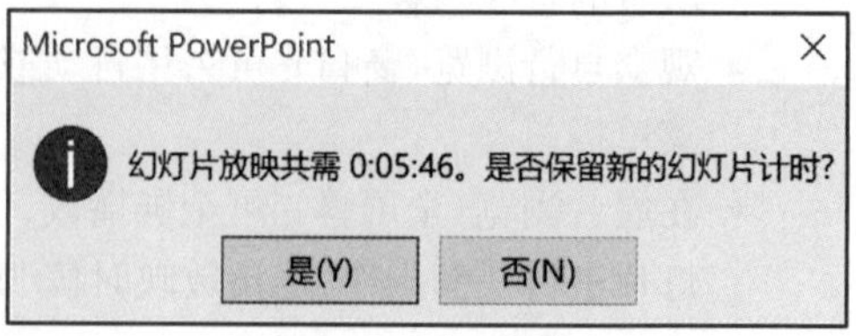

图3-64 保留计时询问

任务 3.4.2　打印演示文稿

默认情况下打印演示文稿时,一页幻灯片将打印在一页纸张上,既浪费资源也不能呈现出较好的打印效果。本节以"校招总结"演示文稿打印为例,学习设置演示文稿的打印版式、打印范围、打印颜色等操作方法。

步骤 1:设置打印范围。继续在"校招总结"演示文稿中操作。选择"文件"→"打印"命令,打开"打印"窗口,在"幻灯片"栏内输入"2-12",此时打印范围由"打印全部幻灯片"变更为"自定义范围",如图 3-65 所示。

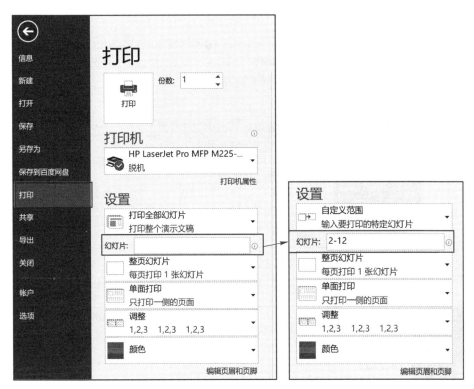

图 3-65　设置打印范围

步骤 2:设置打印版式。单击"整页幻灯片"下拉按钮,在下拉列表中选择"讲义"组中"6 张水平放置的幻灯片",如图 3-66 所示。

演示文稿打印版式分为整页幻灯片、备注页和大纲 3 种。

- 整页幻灯片:可实现一页打印一张幻灯片、多张幻灯片。
- 备注页:打印效果上部显示为幻灯片页面,下半部分为备注内容。
- 大纲:打印效果显示为每页幻灯片对应的标题与文本内容。

步骤 3:设置纸张方向。单击"设置"组中"纵向"下拉按钮,在下拉列表中选择"横向"。

步骤 4:设置打印颜色。单击"设置"组中"颜色"下拉按钮,在下拉列表中选择"灰度"。

步骤 5:保存演示文稿。单击"保存"按钮。

任务 3.4.3　导出演示文稿

为便于演示文稿的移动展示或分享,可以将演示文稿以其他形式的文件导出或打包到光盘中。本节以"校招总结"演示文稿为例,学习演示文稿导出的操作方法。

步骤 1:选择导出方式。继续在"校招总结"演示文稿中操作。在光驱中放入可读写的光盘后,选择"文件"→"导出"命令,在"导出"窗口中选择"将演示文稿打包成 CD"→"打包成 CD",如图 3-67 所示。

除打包成 CD 外,还可以在"导出"窗口选择相应选项进行其他几种导出操作。

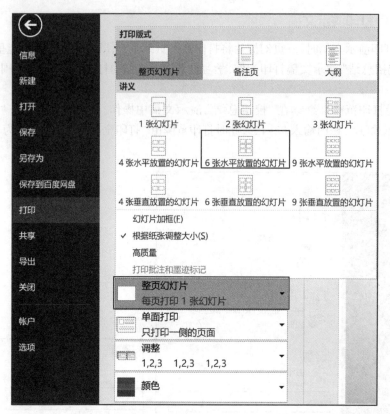

图 3-66　设置打印版式

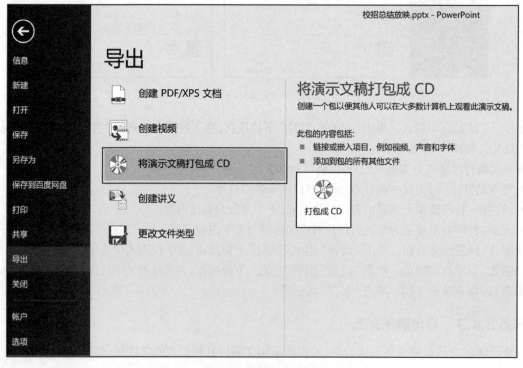

图 3-67　导出演示文稿

- 导出为 PDF/XPS 文档：将演示文稿导出为 PDF 或 XPS 文档。
- 创建视频：将演示文稿导出为 .mp4 或 .wmv 格式的视频文件。
- 创建讲义：将幻灯片和备注导出后存放在 Word 文档中。

📄 提示：
**打包成
CD**

如需要打包多个演示文稿,可在如图 3-68 所示"打包成 CD"对话框中单击"添加"按钮,在弹出的"添加文件"对话框中选择要添加的文件地址和文件名,则可将多个演示文稿导出至 CD 中。

步骤 2：导出设置。在弹出的"打包成 CD"对话框中,将 CD 命名为"校招总结",单击"复制到 CD"按钮。如需要包含补充文件或链接的文件,单击"选项"按钮,在弹出的"选项"对话框中选中相应复选框,如图 3-69 所示。

步骤 3：关闭演示文稿。单击"关闭"按钮▣。

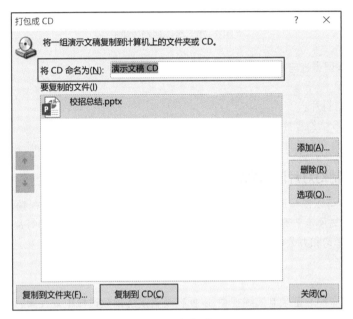

图 3-68　打包成 CD

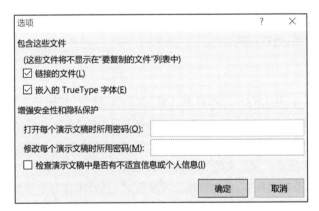

图 3-69　打包选项

🔅 【实训项目】放映和打印"毕业论文答辩"演示文稿

情境描述 ▸

在毕业论文答辩前,李明准备提前进行演练,以确保较好的答辩效果。

项目要求 ▸

对演示文稿进行放映和打印设置。

实训内容 ▸

1) 打开"素材与实例 \ 第 3 章"文件夹中的"毕业论文答辩"演示文稿。

案例素材

2）进行演示文稿放映设置。

① 设置为"演讲者放映"类型，使用演示者视图从首页开始放映。

② 设置排练计时，放映时在第 4 页幻灯片文字处添加墨迹注释，效果如图 3-70 所示。

> 02
> 研究思路
>
> 本课题研究的主要内容是在云环境下对海量数据查询算法的研究。
> 在对国内外研究现状进行分析的基础上，阐述了云计算及Hadoop系统等相关
> 技术概念，针对Top-k连接查询、Skyline查询算法的不足，研究改进的算法。

图 3-70　墨迹注释效果

拓展阅读
3-4-1

③ 退出放映后，不保留墨迹与排练计时。

3）打印演示文稿。

① 打印第 1~11 页幻灯片。

② 在一页纸上打印 6 张幻灯片，纸张方向为横向、颜色为灰度。

4）将演示文稿导出为 PDF 文件"毕业论文答辩"，保存在"素材与实例 \ 第 3 章"文件夹中。

【探索实践】录制幻灯片演示视频

展示演示文稿时，还可以视频形式进行：在演讲者展示前的演练中录制演练视频，可以记录下演练的全过程，帮助演讲者调整内容与展示节奏；培训或交流中，通过录制演示视频，记录下幻灯片演示的全过程，上传到网络供需要者观看。在线学习和办公中，录制演示视频的使用更为广泛。这里以"校招总结"演示文稿为例，学习录制演示视频的具体操作。

情境描述 ▶

在复盘会议开始前，李明准备录制演练视频，以便在观看演练视频过程中查找问题和不足，从而在正式汇报中全面呈现团队工作成果，也能够更好地展示自己。

案例素材

项目要求 ▶

1）打开"素材与实例 \ 第 3 章"文件夹中的"校招总结"演示文稿。

2）录制演示过程中的旁白、墨迹与笔动作。

3）预览演示视频并导出。

项目实现 ▶

步骤 1：打开演示文稿。打开"素材与实例 \ 第 3 章"文件夹，双击"校招总结"演示文稿。

步骤 2：录制幻灯片演示。单击"幻灯片放映"→"设置"组中的"录制幻灯片演示"下拉按钮🕐，在下拉列表中选择"从头开始录制"。在弹出的"录制幻灯片演示"对话框中默认全部选中了录制内容复选框，单击"开始录制"按钮，如图 3-71 所示。演示文稿进入放映模式，左上角出现"录制"工具栏，单击相应按钮可控制录制过程，如图 3-72 所示。录制过程中，单击放映工具按钮✐，选择相应命令可加墨迹注释、使用激光笔或荧光笔等，相应操作都将被录制。录制旁白时建议使用耳麦设备，可呈现较好录制效果。

微课 3-5

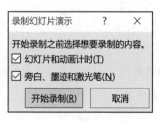

图 3-71　录制幻灯片演示

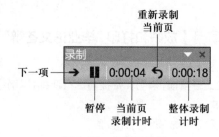

图 3-72　录制工具栏

步骤 3 : 结束录制。当最后一页幻灯片录制完成后,向下滑动鼠标滚轮时系统将自动结束录制。如果在中间环节需要结束录制,按 "Esc" 键或单击录制工具栏中的 "关闭" 按钮。录制完成后,在每页幻灯片右下角出现音频标志 " ",代表旁白已被正常录制。

步骤 4 : 预览录制效果。确认 "幻灯片放映" → "设置" 组中的 "播放旁白" 和 "使用计时" 复选框被选中后,单击 "幻灯片放映" → "开始放映幻灯片" 组中的 "从头开始" 按钮 ,将播放已录制的演示过程。

步骤 5 : 导出录制文件。录制完成后可单击 "保存" 按钮 ,将文件保存为 pptx 格式,录制的全部内容都被保存下来。也可选择 "文件" → "导出" 命令,在打开的 "导出" 窗口中选择 "创建视频",在窗口右侧的 "创建视频" 选项组中选择 "使用录制的计时和旁白",单击 "创建视频" 按钮,如图 3-73 所示。在弹出的 "另存为" 对话框中选择保存地址和文件名,将录制文件导出为视频格式。

图 3-73　导出录制文件

>>> 本章小结

本章通过 4 个项目实例,介绍了演示文稿的设计、制作、展示等方面的知识、技能和技巧,以项目任务为逻辑脉络,补充相关的知识点。为巩固拓展所学,在设定项目的基础上,每一节都配有相应的实训项目进行巩固和强化练习,对知识、技能进行了扩充,以便于同学们在不同的业务场景中进行迁移和综合运用。

>>> 课后习题

一、选择题

习题答案

1. 用 PowerPoint 2016 制作的演示文稿默认的扩展名是 (　　　)。
　　A. xlsx　　　　　　　　B. pptx　　　　　　　　C. ppt　　　　　　　　D. docx
2. 在幻灯片的 "动作设置" 对话框中设置的超链接对象不允许是 (　　　)。
　　A. 下一张幻灯片　　　B. 一个应用程序　　　C. 其他演示文稿　　　D. "幻灯片" 中的一个对象
3. 演示文稿的基本组成单元是 (　　　)。
　　A. 图形　　　　　　　　B. 超链接　　　　　　　C. 幻灯片　　　　　　　D. 文本
4. 对于用 PowerPoint 制作的演示文稿,下列说法中不正确的是 (　　　)。
　　A. 可发布到 Internet 上供他人浏览　　　　　B. 只可在制作它的计算机上进行演示
　　C. 可在其他计算机上演示　　　　　　　　　　D. 可加上动画、声音等效果
5. 不能在幻灯片浏览视图模式下进行 (　　　) 操作。
　　A. 添加动画　　　　　　　　　　　　　　　　　B. 幻灯片的移动和复制
　　C. 幻灯片删除　　　　　　　　　　　　　　　　D. 幻灯片切换

6. 在普通视图中隐藏了某张幻灯片后,放映时隐藏的幻灯片将会(　　　)。

　　A. 从文件中被删除　　　　　　　　　　B. 不放映,但仍保存在文件中

　　C. 仍会放映,但部分内容被隐藏　　　　D. 在普通视图的编辑状态被隐藏

7. 在(　　　)中插入 Logo 时,可以使其在每张幻灯片上的位置自动保持相同。

　　A. 幻灯片母版　　　　B. 讲义母版　　　　C. 备注母版　　　　D. 标题母版

8. 在无人看守状态下放映演示文稿,最好选择(　　　)放映类型。

　　A. 在展台浏览　　　　B. 演讲者放映　　　　C. 观众自行浏览　　　　D. 排练计时

9. 从第 3 张幻灯片跳转到第 6 张幻灯片,应使用(　　　)。

　　A. 自定义动画　　　　B. 预设动画　　　　C. 幻灯片切换　　　　D. 超链接或动作

10. PowerPoint 中可以插入的内容有(　　　)。

　　A. 文字　　　　B. 图表　　　　C. 声音　　　　D. 以上都是

11. 下列关于"翻页动画"的说法中,正确的是(　　　)。

　　A. 为幻灯片中各个元素设置动画效果　　　　B. 为幻灯片各种文本设置动画效果

　　C. 设置幻灯片切换时的效果　　　　　　　　D. 设置幻灯片中各项对象的动画效果

12. 自定义动画的添加效果有(　　　)。

　　A. 进入、退出、强调、动作路径　　　　B. 进入、退出

　　C. 进入、退出、强调　　　　　　　　D. 进入、强调、动作路径

二、填空题

1. 在 PowerPoint 2016 中对演示文稿进行新建、另存、打印等操作时,应在_____选项卡中操作。

2. 在 PowerPoint 中设置放映方式,应在_____选项卡中进行。

3. 为每张幻灯片设置切换效果及切换方式的方法是使用_____选项卡。

4. 要对幻灯片母版进行修改,应在_____选项卡中操作。

5. 演示文稿打包应在_____选项卡中操作。

第 4 章

信 息 检 索

　　随着现代科技的不断发展,人们所面对的信息量正在急剧扩大,因特网的普及也使得人们可以接触到的信息规模达到前所未有的水平。大量的信息在给人们提供方便的同时,也经常让人感到无所适从。如何从大量的各种信息中迅速而准确地获取所需信息,成为很多人普遍要面对的棘手问题,而掌握网络信息的高效检索方法,也成为现代信息社会对高素质技能人才的基本要求。

【学习目标】

1)了解信息检索的基本流程。

2)掌握布尔逻辑检索等常用检索方法。

3)掌握常用搜索引擎的自定义搜索方法。

4)掌握不同信息平台的信息检索方法。

5)掌握专用信息资源平台的信息检索方法。

4.1 信息检索基础知识 >>>

　　信息普遍存在于万事万物之中,无论是客观存在的物质世界还是人们的精神世界,都存在着各种各样的信息。信息检索是人们查找与获取信息的主要方式,也是网络时代最基本的信息素养之一。从用户的角度来看,信息检索是将用户的需求在其所能触及的信息集合中进行比较和选择的过程,如人们在字典中查找生字的过程就属于一种最为常见的信息检索方式。

任务 4.1.1　了解信息检索的重要性

　　信息的载体主要为声音、图像、纸质的图书文献及电子设备等,其中电子设备记录的信息是目前人们使用最多的载体信息。随着网络技术的发展,人们通过网络所接触与获取的信息量正在飞速增加,达到有史以来的最高水平,并仍呈现出不断增长的态势。相对于以往社会阶段的信息水平,网络时代的信息具有数量大、增速快、内容交叉性强、时效缩短、传播速度快、质量参差不齐等特点,谁能更加有效地掌握和利用信息,谁就能掌握当今世界的发展先机。信息检索技术是目前人们在面对海量的网络信息时,最直接的获取所需信息的方式。

任务 4.1.2　理解信息检索的分类

　　从涉及的范围来看,信息检索可以分为狭义信息检索和广义信息检索两种:狭义的信息检索仅指借助检索工具进行的信息查询过程;广义的信息检索则包括信息的加工、整理、组织、存储以及查询的一系列完整过程。

　　本章主要介绍狭义信息检索,包括了解用户的信息需求、信息检索的技术或方法、满足信息用户的需求 3 部分的内容。狭义信息检索的分类主要包括以下两种方式。

　　1)按存储与检索的对象进行分类:可以分为文献检索、数据检索和事实检索 3 种,其中数据检索和事实检索需要检索出包含在文献中的具体信息,而文献检索则只需检索出包含所需要信息的文献即可。

　　2)按存储的载体和实现查找的技术手段分类:可以分为手工检索、机械检索和计算机检索。手工检索和机械检索是通过手工翻阅或机械工具进行查找的过程,而计算机检索是根据用户提供的信息,通过计算机执行的方式完成的检索过程。

拓展阅读
4-1-1

任务 4.1.3　熟悉信息检索的基本流程

信息检索的一般过程包括分析问题、选择检索工具、使用检索工具进行检索、获取原文、对检索结果的分析、更改检索策略共 6 个阶段。

4.2　信息检索方法　》》》

人们最常用的信息查询方法是使用网络搜索引擎来实现信息检索。以百度搜索引擎为例，多数人在使用该搜索引擎网站时，只是将搜索内容直接输入到搜索框中，然后单击"百度一下"按钮直接进行搜索，这样搜索得到的结果在很多用户看来往往会和期望的结果相差甚远。出现这种情况其实并不是网络中缺乏相关资源或搜索引擎的算法出现纰漏，而是由于用户所使用的检索方法不精准所致。要进行精准检索，可以通过布尔逻辑检索、截词检索、位置检索、限制检索等方法实现。

微课 4-1

任务 4.2.1　确定检索词

确定检索词是进行检索的前提。检索词选择的精确与否会直接影响到检索的最终效果。用于检索的词语包括叙词、标题词及自由词。

1. 叙词

叙词是指经过规范化处理的、用于表达各学科基本概念的名词术语和指示特定事物的专用名词。用叙词法编制的叙词索引是一种有效的文献检索工具。所有有序化叙词之和就构成了叙词表。如我国出版的《汉语主题词表》《电子技术汉语主题词表》，以及美国的《工程与科学主题词表》等。

2. 标题词

标题词是指从文献的题目、正文或摘要中抽选出来的，经过规范化处理的，用以描述文献内容特征的词和词组。可在检索框内直接输入主要概念标题词进行检索。不同于叙词有叙词表限制的专业规范，标题词不受主题词表的控制，其选择也需要用户根据实际需要进行细致的主题分析归纳与总结提取形成。

3. 自由词

自由词不同于自然语言，是一种不属于词表范畴的、经过一定的规范化处理的人工语言，包括各学科的专业名词术语、惯用语等。使用自由词进行检索时，字面匹配即认为符合检索要求，由于每个词语在不同语境中可以表现出不同的含义，因此需要用户根据其表达的含义进行筛选。

任务 4.2.2　应用布尔逻辑检索

布尔逻辑检索是目前搜索过程中使用频率最高的一种检索方法。该方法是通过使用布尔逻辑运算符来连接各个检索词，然后由计算机进行相应的逻辑运算，以找出最终所需信息的方法。

在检索过程中，逻辑运算符的使用技巧直接决定着检索结果的满意程度。布尔逻辑运算符包括与、或、非 3 种运算符。在检索时，通过布尔逻辑运算符将检索词连接起来形成一个逻辑检索表达式。

1. 逻辑与运算符

逻辑与运算在数学运算中代表求两个不同集合交集的一种运算，在检索表达式中使用 AND 或 "*" 作为运算符来表示。对于检索词 A 和 B，检索表达式可写为 A AND B 或 A*B，其检索结果为同时包含参与"与"运算的 A、B 两个检索词的检索项内容，即获得同时包含 A、B 两个检索词的信息集合。

2. 逻辑或运算符

逻辑或运算在数学运算中代表求两个不同集合并集的一种运算，在检索表达式中使用 OR 或 "+" 作为运算符来表示。对于检索词 A 和 B，检索表达式可写为 A OR B 或 A+B。其检索结果为包含任一个参与"或"运算的 A、B 两个检索词的检索项内容，即获得至少包含 A、B 其中的一个检索词的信息集合。

3. 逻辑非运算符

逻辑非运算在数学运算中代表求两个不同集合差集的一种运算,在检索表达式中使用 NOT 或 "–" 作为运算符来表示。对于检索词 A 和 B,检索表达式可写为 A NOT B 或 A–B。其检索结果为只包含参与"非"运算的 A 检索词而不包含 B 检索词的检索项内容,即获得只能包含 A 检索词而不能包含 B 检索词的信息集合。

图 4–1 中显示的是执行与、或、非运算的结果,深色部分代表查询的结果集部分。

(a) 与运算 　　　　 (b) 或运算 　　　　 (c) 非运算

图 4–1　与、或、非运算结果

拓展阅读
4–2–1

> 1) 使用"与"运算符检索时,将出现频率高的检索词放在"与"的右侧。
> 2) 使用"或"运算符检索时,将出现频率高的检索词放在"或"的左侧。

📁 技巧:
提高检索
效率

任务 4.2.3　应用截词检索

截词检索是指截取检索词的固定部分或从与检索需求相对应的适当位置进行截取,然后用截词符替换剩余部分来代替原检索词进行检索的一种检索方法。截词检索可以有效扩大查找范围,减少检索的遗漏内容。特别是在英文检索系统中,截词检索对于扩大查找范围有着显著效果。

1. 截词符

截词符在不同的系统中会有所差别,一般使用 "*" "?" 或 "$" 等。根据截词符与代表的字符个数,截词符可分为有限截词符号和无限截词符号两种。有限截词符号即一个截词符只代表一个字符,无限截词符号则指一个截词符可代表多个字符。

一般情况下,多使用 "*" 代表无限截词符号,使用 "?" 代表有限截词符号。

2. 截词方式

根据词语的截取位置的不同,可将截词方式分为左截断、右截断、中间截断和左右截断 4 种方式。

(1) 左截断

左截断是指将待检词语的左侧(即从起始位置开始)的部分字符使用截词符进行替换来进行检索的方法。

例如,"* 科学与技术",对应的检索结果可包括"计算机科学与技术""智能科学与技术""电子科学与技术"等。

(2) 右截断

右截断是指将待检词语右侧(即到结束位置)的部分字符使用截词符进行替换来进行检索的方法。

例如,"计算机 *"对应的检索结果可包括"计算机应用""计算机仿真""计算机等级考试"等。

任务 4.2.4　应用位置检索

拓展阅读
4–2–2

在日常语言中,词汇的位置对于想表达的语义会有很大的影响。例如,"位置检索"和"检索位置"两个词,尽管都是由"位置"和"检索"两个词构成,但表达的含义是完全不同的。

位置检索也叫作邻近检索,是指在多检索词检索时,通过位置运算符来表示检索词之间的位置关系,从而对检索词的位置进行限定来进行的检索,使检索结果更符合用户的检索要求。在搜索引擎中,能提供位置检索的较少,常用于外文检索。

根据两个检索词出现的顺序和距离,可以有多种位置运算符。在不同的检索系统中,同一位置的运算符也大多有所区别。以下仅对其中常用的 3 种运算符进行介绍。

(1) W 运算符

W 是单词 with 的缩写,表示检索的两个检索词是相邻关系,而且两个检索词的先后顺序不可以颠倒。

如果检索词之间存在 n 个字符(英语环境为 n 个单词)时,可记为"nW"。

对于检索词 A 和 B,检索表达式可记为 A(W)B 或 A(nW)B。例如,"中国(2W)大学"对应的检索结果可包括"中国地质大学""中国人民大学"等。

(2) N 运算符

N 是单词 near 的缩写,与 W 运算符相似,都表示检索的两个检索词是相邻关系,但不同的是,N 所连接的两个检索词的先后顺序可以颠倒。如果中间存在多个字符时,可写为"nN"的形式,代表其邻近程度,即两个检索词之间最多可以插入 n 个字符(英语环境为 n 个单词)。

对于检索词 A 和 B,检索表达式可记为 A(N)B 或 A(nN)B。例如,"降低(4N)错误率"对应的检索结果可包括"降低数学错误率""降低日报表错误率""降低计算误差错误率"等。

(3) F 运算符

F 是单词 Field 的缩写,表示检索的两个检索词必须同时出现在同一字段内,如标题字段、叙词字段等。两个检索词的顺序及检索词之间词语的数量没有限制。

对于检索词 A 和 B,检索表达式可记为"A(F)B"。例如,"中国(F)成就"对应的检索结果可包括"中国特色社会主义建设的主要成就""中国科技成就"等。

任务 4.2.5　应用限制检索

限制检索是通过直接限制检索范围,实现优化检索结果的一种检索方法。限制检索的方式有多种,如进行字段限制检索、二次检索、范围限定检索等。下面主要介绍字段限制检索方法。

字段是数据库应用中的专业术语,在数据库中,记录由若干个字段的集合组成,每个字段都代表着记录实体的一个特征。字段限制检索是指通过限定检索词的方式来实现的一种只在数据库记录中的一个或几个字段范围内查找的检索方法。

在搜索引擎中,每个字段名称都通过其英文单词的两个字母作为缩写来表示,常用字段包括 TI(即 Title,篇名字段)、AB(即 Abstract,文摘字段)、DE(即 Descriptor,叙词字段)、ID(即 Identified,自由词字段)、AU(即 Author,作者字段)、JN(即 Journal,刊名字段)、LA(即 Language,语种字段)、PY(即 Publication Year,出版年限字段)等。其中前 4 个字段(TI、AB、DE、ID)为基本字段,其余皆为辅助字段。根据检索数据库的不同,检索表达式的检索方式也各有差异,使用时需要注意当前检索数据库的要求。在著名的搜索引擎中,目前能提供较丰富的限制检索功能的有 AltaVista、Dialog、Lycos 和 Hotbot 等,以下仅以部分表达式为例提供参考。

计算机 in TI——在题目中查找有"计算机"的文献。

AU = 李白——在作者字段查找值为"李白"的文献。

4.3　网络资源搜索　▶▶▶

从网络中获取信息,可以通过浏览门户网站及使用网络搜索引擎两种途径。

门户网站包括新浪、搜狐、网易等网站,用户进入门户网站之后可以选择相关分类,然后通过浏览网站推荐的链接标题来查找所需信息。当用户进入某链接的页面后,还可以通过当前页面推荐的链接继续进行相关访问。

人们最常用的网络资源搜索方法是使用网络搜索引擎来进行信息查找,国内常用的搜索引擎有百度、360、搜狗等。

除了上述常用通用检索平台外,在网络中还有其他一些专用的检索平台,如专利检索、商标检索等,这些平台都应由国家权威部门提供,在查询前需要注意查询网址情况。

任务 4.3.1　使用百度搜索进行信息检索

百度搜索是目前使用最为广泛的中文搜索引擎。"百度"二字来自南宋词人辛弃疾的名句——"众里寻他千百度"。百度搜索包含了百度网页、百度新闻、百度地图、百度视频、百度知道、百度百科、百度图片、百度音乐等多种分类检索。

微课 4-2

大多数用户在使用百度搜索时,都是将要搜索的内容直接输入或复制到搜索框中,输入的内容可能是一个或多个词语,也可能是直接截取的一句话,而这种随意选择检索词的方式会直接影响到搜索引擎的检索结果,不利于用户快速精准地查找所需信息。

【实训项目】使用百度搜索引擎进行检索

情境描述 ▶

目前,人工智能已经成为各国竞相发展的科技方向,但很多人也对此提出了质疑,认为人工智能将打开 "潘多拉的盒子"。李明想检索网络上对于人工智能的各种观点,然后进行总结分析。

项目要求 ▶

掌握使用单个检索词直接检索、多检索词联合检索、在结果中去除指定检索词、使用 " | " 实现多检索词并行搜索的检索方法,以及检索关键字 intitle(仅检索标题内容)、site(指定搜索网站)、filetype(指定搜索文件格式)、inurl(在 URL 中搜索指定检索词)在检索中的使用方法。

> 用百度进行检索的内容中包含多个检索词时,可以在多个检索词之间插入空格,百度会对各检索词进行与前面所述的布尔逻辑检索中的 "与" 运算相似的检索。

📑 提示:
空格的作用

项目实现 ▶

步骤 1 : 选择检索词。

该任务是对 "人工智能" 主题进行的检索,所以 "人工智能" 作为第一检索词,而对于人工智能的观点往往通过其优缺点来进行表达,因此选择 "优点" 和 "缺点" 作为其他的辅助检索词。

步骤 2 : 使用检索词进行检索。

将检索词 "人工智能" "优点" 及 "缺点" 输入到百度检索框中,以空格作为分隔,就可以得到多个检索词联合检索的结果。

步骤 3 : 更换辅助检索词以得到更多相似结果。

可以更改检索词,使用优缺点的近义词如 "利" "弊" 等进行检索,即使用 "人工智能利弊" 等检索词进行检索,以得到更多的检索内容。

> 在百度中使用单个检索词进行检索时,当检索词由两个或以上词语构成时,可将检索词使用双引号括起来,来保证其不被拆分。如图 4-2 所示。

📁 技巧:
保证检索词不被拆分

"天宫号空间站"——中国的空间站计划全解读 - 知乎
2020年2月9日 中国的空间站计划,最终目标是在低地轨道自主建设一个常驻地的大型空间站,约60~180吨级。设计划分两个阶段进行,试验阶段于2011-2020年进行,包括天宫一号目标飞行器、天宫二号空间实验室...
🔵知乎 ✓ 百度快照

中国空间站长啥样 怎么建 有啥用
1天前 预计在2022年完成的中国空间站效果图。 (制图: 李芸) 4月29日11时23分,搭载空间站天和核心舱的长征五号B遥二运载火箭在文昌航天发射场点火开空,约494秒后船箭分离,进入预定轨道,12时36...
🔵海外网 ✓ 百度快照

揭秘中国空间站——天宫,不再遥远 腾讯新闻
2天前 天宫,这个在中国神话传说中天帝居住的宫殿,在21世纪第三个10年的中国,被赋予更多科学与梦想的色彩,再次出现在世人面前,摇身一变成了中国航天的新名片——天宫空间站。这是中国人自主建造的近地...
🔵腾讯网 ✓ 百度快照

中国空间站,一步步走来(深度观察)
2天前 环绕地球飞行14圈,历时21小时23分,杨利伟驾乘神舟五号飞船完成了中国首次载人航天飞行,把中国人的身影留在了浩瀚太空,空间站并非是来回地球的航天器,要建空间站,就要先睡有用于运送人员的...
🔵中国青年报 ✓ 百度快照

很可能是3年后人类唯一在运行的空间站,由中国开始搭建 详...

(a) 检索词不添加双引号

图表:中国空间站国际合作正式开启 图解图表 中国政府网
2018年5月29日 图表:中国空间站国际合作正式开启 新华社记者 冯琦 编制 【我要纠错】 责任编辑:石璐言 扫一扫在手机打开当前页 相关稿件中国与联合国共襄合作盛举中国空间站飞天...
中国政府网 ✓ 百度快照

中国空间站何时建成? - 知乎
2019年10月22日 借此机会带大家了解一下中国空间站的基本情况吧。基本概况 我们的空间站命名为"天宫",空间站的初步...
🔵知乎 ✓ 百度快照

独家揭秘中国空间站 - 知乎
2020年5月11日 5月8日,新一代载人飞船试验船返回舱成功着陆返回,试验取得圆满成功,这也是中国空间站在轨建造阶段的第一次飞行任务,期盼已久的中国空间站建造大幕徐徐拉开,上世纪90年代开始启动...
🔵知乎 ✓ 百度快照

如何评价中国向全世界开放中国空间站合作? - 知乎
2020年11月1日 首页 会员 发现 等你来答 登录/注册中国向世界开放中国空间站合作?关注中国如何题写回答 如何评价中国向全世界开放中国空间站合作? 太空 航天 中国航天 国际空间站 空间技术 如何评价中国向全世界开放中国空间...
🔵知乎 ✓ 百度快照

中国空间站

(b) 检索词添加双引号

图 4-2　百度检索 "中国空间站" 时不添加与添加双引号的结果

任务 4.3.2　使用百度学术检索学术文献

百度学术是百度搜索引擎中的一个子栏目,是用来进行中英文学术资源检索的一个特定平台,可对各类学术期刊、会议论文等进行检索。可以在百度首页中单击页面左上方的"更多"按钮打开百度"产品大全",从中选择"搜索栏目"下的"百度学术",打开的页面如图 4-3 所示。

图 4-3　百度学术页面

百度学术在提供直接搜索的同时,还提供了高级搜索方式。单击搜索框左侧的"高级搜索"按钮,可以打开如图 4-4 所示的"高级搜索"下拉菜单,可以对所检索的学术文章的检索词、不包含的检索词、出现检索词的位置、作者、出版物、发表时间、语言检索范围等多个不同方面进行详细设置,以提高检索的准确性。

在检索结果窗口中,可以针对显示的检索结果选择 3 种不同的排序方式。将鼠标移动到检索结果超链接的上方——"按相关性"选项的位置,可弹出包含"按相关性""按被引量"和"按时间顺序" 3 种排序方式的下拉菜单,如图 4-5 所示。用户可以按以上 3 种方式对结果进行排序,以满足不同的检索需求。

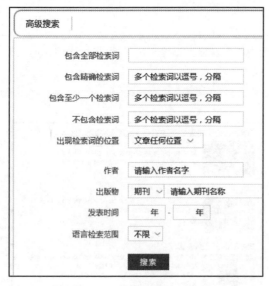

图 4-4　"高级搜索"下拉列表

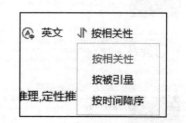

图 4-5　对检索内容进行排序的 3 种方式

如选择与 3 种排序方式相邻的"英文"选项,可以得到与当前中文检索词相对应的英文学术文章,如图 4-6 所示。

拓展阅读
4-3-1

图 4-6　选择"英文"之后的检索结果

【实训项目】检索区块链方面的学术文章

情境描述 ▶

李明想写一篇介绍在经济领域中区块链应用方面的科普简介,想通过近期专业期刊中对区块链方面进行论述的学术文章进行了解,并通过百度学术进行查询。

项目要求 ▶

使用百度学术进行区块链相关文章的检索。

项目实现 ▶

1）打开百度学术网站(xueshu.baidu.com)。

2）在检索框中输入"区块链",单击"百度一下"按钮。

3）在搜索结果页面左侧选择"时间"项目栏中的选项(如"2020 以来")。

4）打开"领域"项目栏中的折叠选项,选择"应用经济学",即可得到最终筛选出的学术论文。

任务 4.3.3　使用门户网站检索信息

门户网站内容丰富,是很多用户进行信息浏览的常用途径。因使用方法相对较为简单,此处仅以搜狐网为例进行简要说明。

搜狐门户网站属于分类查询搜索引擎,成立于 1998 年,目前已经发展成为拥有诸多知名产品的超级互联网平台,其项目内容包括搜狐网、搜狐新闻客户端、手机搜狐、搜狐汽车、搜狐视频、搜狐娱乐、狐友App、搜狗搜索、搜狗输入法、搜狗高速浏览器、搜狗地图等。

在搜狐门户网站主页中目前共有包括如新闻、军事、财经等 30 个分类内容,用户可以根据要查找的内容选择相应的分类,选择在其推荐的分类内容中继续进行查找,如图 4-7 所示。

当用户不清楚所查找内容的分类或在分类项目中无法查找到所需内容时,可以使用搜狐网站所提供的搜索功能。在主页面或分类页面中的上方都有一个搜索词语输入框,用户可以输入搜索词,单击右侧的查询按钮就可以通过搜狐旗下的搜狗搜索引擎对检索词语进行检索。

图 4-7   搜狐门户网站主页

 【实训项目】使用搜狐门户检索歼 20 战斗机的相关军事文章

情境描述 ▶

李明是一个军迷,常常关注国家的军事动态。随着我国歼 20 隐形战斗机的列装,李明想对歼 20 进行更多的了解,并准备在搜狐门户中检索相关的文章。

项目实现 ▶

1) 打开搜狐门户网站(www.sohu.com)。

2) 歼 20 属于军机,因此根据该检索的内容在首页中选择"军事",打开"搜狐军事"页面。

3) 在"搜狐军事"页面上方的检索框中输入"歼 20"后,单击"搜索"按钮即可得到与歼 20 战斗机相关的文章。

任务 4.3.4   使用微信公众号检索信息

微信是当前很多用户经常使用的移动网络通信工具。除了基本的通信功能外,微信还提供了大量附加项目,如微信公众号、微信支付、微信空间等,使其越来越像一个集多种功能于一身的多功能应用平台。

微信公众号被定位为一个营销或宣传平台,主要借助于庞大的微信用户群体来实现目标宣传和推广,任何公司、组织或个人都可以通过合法手段注册微信公众号并进行推广。目前,微信公众号已经成为在推广者和用户之间进行有效沟通和信息交流的重要途径,可帮助推广者获得理想的推广效果和经济利益,同时也为普通用户提供了一个快速获取特定目标信息的途径。

微信公众号的内容每天都在不断更新,在方便用户的同时也为用户的信息浏览带来了一定的困难。因此,如何在微信公众号中搜索所需文章内容,需要微信用户掌握一定的技巧。

微信公众号检索包括公众号检索及微信公众号内检索两种,微信公众号内检索又分为在一个公众号中搜索和在多个公众号中同时搜索两种情况。

1. 搜索工具

可使用微信 App 或搜狗搜索引擎进行微信公众号检索。

搜狗搜索引擎是搜狐公司旗下的一款网络应用产品。凭借搜狐公司强大的技术实力,搜狗搜索引擎在搜索方面也形成了具有自身特色的搜索功能,微信内容搜索是其特色功能之一。

2. 使用微信 App 搜索功能相近的公众号

打开手机微信,单击页面顶部右侧的"搜索"按钮 Q ,进入到搜索界面,如图 4-8 所示。先选择搜索框下方的"公众号"选项,然后在搜索框中输入相关检索内容后,即可完成对相应公众号的检索,如图 4-9 所示,然后选择相应的公众号进行关注即可。

图 4-8　微信搜索窗口

图 4-9　检索结果示例

3. 使用搜狗搜索引擎

在浏览器中输入搜狗搜索引擎网址(www.sogou.com),进入到该搜索页面。选择主页左上方的"微信"选项,如图 4-10 所示,即可进入到"搜狗丨微信"页面,如图 4-11 所示。

图 4-10　搜狗搜索引擎主页

图 4-11　搜狗丨微信页面

拓展阅读
4-3-2

　　如果搜索的目标是某类微信公众号,可以在搜索框中输入检索词后,单击搜索框右侧的"搜公众号"按钮,即可完成对相应类型公众号的检索,然后可以在微信中搜索相应公众号添加并关注,即可对该公众号内容进行浏览。需要注意的是,在计算机浏览器窗口中,用户只能查看公众号信息或打开该公众号中的最新文章,并不能浏览到公众号的全部信息内容。

任务 4.3.5　掌握专利检索方法

　　专利是一种由政府机关或者代表若干国家的区域性组织根据申请而颁发的、在一定时期内有效的、用于保障发明创造一方权利和利益的、具有法律效力的文件。其他人只有经专利持有人许可才能使用相关专利技术。在我国,专利分为发明、实用新型和外观设计 3 种类型。

　　当想要申请、核查或使用某项专利时,可以先对相关专利情况进行查询。专利查询一定要在政府机构的权威部门网站进行,目前在我国专利申报和认证工作主要由国家知识产权局负责管理,并在该部门官网提供了相应的查询链接;此外,中国知网、万方资源系统也提供了专利查询功能。在查询专利时,可在国家知识产权局首页选择"服务"→"政务服务平台",在"查询服务"选项卡中选择"中国及多国专利审查信息查询",进入后的界面如图 4-12 所示。注意不要轻信网络中某些网站链接的专利查询结果。

图 4-12　国家知识产权局的专利检索主界面

　　普通用户可以通过登录"公众查询"窗口来进行专利查询,进入后的窗口如图 4-13 所示。在进入专利查询系统前必须先注册,注册成功后方可进入查询系统,在"公众查询"的查询窗口中可以根据申请号或专利号、发明名称、申请人、专利类型、申请日期等信息进行查询。需要注意的是,在查询系统中查询条件中的发明名称、申请号、申请人 3 个选项必须至少填一个才能正常进行信息查询。

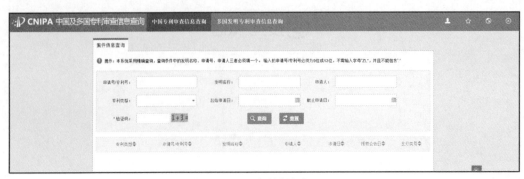

图 4-13　专利查询窗口

也可以在政务服务平台页面选择"专利检索及分析系统",进入"专利检索及分析系统"页面,然后选择"高级检索"进行精确查找,或者在页面的"检索式编辑区"生成检索表达式进行查找。例如,想检索与"手机"和"电池"相关的专利,可以输入"手机 AND 电池",然后单击"检索"按钮即可,如图 4-14 所示。

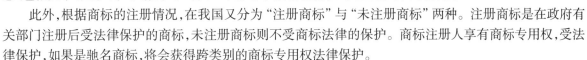

图 4-14 "专利检索及分析系统"页面

任务 4.3.6 熟悉商标检索的方法

商标的起源可追溯至古代,当时的工匠将其签字或"标记"印制在艺术品或实用产品上,以和其他人的相同或近似产品进行区分。现在的商标是指用来区别一个经营者的品牌或服务和其他经营者的商品或服务的标记。

根据《中华人民共和国商标法》,商标是指能够将自己的商品或服务与他人的商品和服务区分开的标志(包括文字、图形、字母、数字、声音、三维标志和颜色组合,以及上述要素的组合)。

此外,根据商标的注册情况,在我国又分为"注册商标"与"未注册商标"两种。注册商标是在政府有关部门注册后受法律保护的商标,未注册商标则不受商标法律的保护。商标注册人享有商标专用权,受法律保护,如果是驰名商标,将会获得跨类别的商标专用权法律保护。

商标是企业的无形资产,其本身具有一定的经济价值。我国在早期没有对商标的内在价值加以足够重视,致使很多老字号的知名商标被恶意注册,造成了很大的经济损失。目前,我国对商标的使用及其内在价值的重视程度已经有了很大的提高,并制定了专门的商标法对商标来提供法律保护。我国商标的登记和注册由国家知识产权局商标局进行统一管理,可以在该部门官网上对商标进行查询,如图 4-15 所示。

微课 4-3

> 1989 年,北京市药材公司发现其同仁堂商标在日本被抢注;1999 年 1 月,德国博西公司在德国申请注册海信的 HiSense 商标;2006 年,德国的欧凯公司注册了王致和商标,该公司还曾抢注白象、洽洽、老干妈、今麦郎等多个知名商标。此外,其他如格力、新科、康佳、红星二锅头、大白兔奶糖、龙井茶等大量的知名商标都曾有过被恶意抢注的经历。

知识小贴士:我国著名商标在国外被恶意抢注经历

图 4-15 国家知识产权局商标局主页

拓展阅读
4-3-3

任务 4.3.7　了解移动短视频检索

　　短视频是伴随着移动设备的普及而兴起的、深受各类人群特别是青少年喜爱的一种网络媒体,其时长往往在几秒钟到数分钟之间。

　　移动短视频制作简单,拥有一个可以录像的手机即可进行内容录制,相对于微电影等方式来说其制作周期更短、成本更低,可以使任何用户轻松加入其中,内容覆盖商业、教育、热点、技能等大量主题,娱乐性强,满足了当前人们快节奏的生活特征。有些短视频还可以通过连载方式编辑为系列栏目,很多系列栏目一出现就吸引了大量的用户,具有更大的传播价值。此外,视频平台核心推荐算法的引入也使得很多人一旦使用,很容易就成为平台的忠实用户。

　　目前我国常用的短视频平台包括抖音、快手、火山等,另外很多其他类型的网络平台也纷纷引入短视频内容,如今日头条、拼多多、迅雷、腾讯等。随着短视频数量的快速增长,其内容也越来越丰富,而对于短视频的精准检索已经成为众多用户进行视频内容获取所需掌握的一项基本技能。下面以抖音平台为例,介绍短视频的检索方法。

任务 4.3.8　认识音乐检索

　　随着移动通信技术的普及,在线收听网络音乐已经成为人们休闲娱乐的一种常见方式。为方便用户的使用,很多网络音乐平台,如网易音乐、QQ 音乐、酷狗音乐、蜻蜓音乐、喜马拉雅等,都对音乐进行了分类管理,用户可以根据不同的分类进行选择收听,也可以在搜索框中输入歌名或关键字进行检索。

4.4　文献数据库检索　>>>

　　面对大量的文献资料,如何将其收集、整理以方便学习或参考使用是一个非常困难的问题。在以往纸质图书资料的时代,图书馆是人们获取知识最常用的场所。随着电子计算机的应用普及,数据库系统技术得到了快速发展,图书资料也能够得以转换为电子资料的方式在数据库中进行存储,为用户进行资料查询提供了极大方便。目前,文献数据库检索已成为专业人员进行资料查询不可替代的手段之一。

任务 4.4.1 了解文献数据库及文献检索系统

1. 国内外文献数据库

目前,专业文献数据库主要包括国内的维普、知网、万方、超星及国外的 Engineering Village、IEEE/IEE 等。

（1）中国知网（CNKI）

CNKI 为“中国国家知识基础设施（China National Knowledge Infrastructure）”工程的英文缩写,通常称为“中国知网”。该工程始建于 1999 年 6 月,由清华大学、清华同方发起,是一项以实现全社会知识资源传播共享与增值利用为目标的信息化建设项目。

CNKI 目前已建成了世界上全文信息量规模最大的“CNKI 数字图书馆”,并正式启动建设《中国知识资源总库》及 CNKI 网格资源共享平台,旨在为全社会知识资源的高效共享提供最丰富的知识信息资源和最有效的知识传播与数字化学习平台。

目前,中国知网已经发展成为集期刊、博士论文、硕士论文、会议论文、报纸、工具书、年鉴、专利、标准、国学、海外文献资源为一体,具有国际领先水平的网络出版平台,其中心网站的日更新文献量达 5 万篇以上。资源数据库主要包括中国期刊全文数据库、中国优秀博士硕士论文全文数据库、中国重要报纸全文数据库、中国医院知识仓库、中国重要会议论文全文数据库等。

（2）维普网

维普网建立于 2000 年,隶属于重庆维普资讯有限公司。该公司是中国第一家进行中文期刊数据库研究的机构,旗下包括《中文科技期刊篇名数据库》《中文科技期刊数据库》《中国科技经济新闻数据库》《中文科技期刊数据库（引文版）》《外文科技期刊数据库》《中国科学指标数据库》,以及智立方文献资源发现平台、中文科技期刊评价报告、中国基础教育信息服务平台、维普 –google 学术搜索平台、维普考试资源系统、图书馆学科服务平台、文献共享服务平台、维普期刊资源整合服务平台、维普机构知识服务管理系统、文献共享平台、维普论文检测系统等系列产品,面向对象范围包括全国高等院校、公共图书馆、情报研究机构、医院、政府机关、大中型企业等各类用户。

其中,《中文科技期刊数据库》是中国最大的数字期刊数据库,收录了 8 000 余种社科类及自然科学类期刊的题录、文摘及全文,主题范畴囊括社科类、自然科学类、综合类等多种类型,收录了从 1989 年至今的大量期刊文章。

（3）万方数据库

万方数据库是和中国知网齐名的中国专业的学术数据库,由万方数据股份有限公司开发,涵盖了期刊、会议纪要、论文、学术成果、学术会议论文等大型网络数据库。

万方数据资源系统的数据库有百余个,应用最多的主要包括专业文献库、中国科技引文库、中国学位论文库、中国期刊会议论文库等。

拓展阅读
4-4-1

2. 国际著名检索系统简介

SCI、EI、ISTP、ISR 是世界四大重要检索系统,对于国家、单位和科研人员来说,其中的论文收录情况已经成为评价其能力和水平的重要依据之一。

拓展阅读
4-4-2

任务 4.4.2 掌握知网文献数据库检索方法

中国知网（简称“知网”）的主页如图 4-16 所示。为方便用户使用,知网提供了多种查询方式和丰富的检索内容。

1. 检索方式

知网提供了 3 种检索方式,即文献检索、知识元检索以及引文检索。

微课 4-4

图 4-16 知网主页

2. 文献检索

在文献检索方式中,用户需要确定检索内容的属性,即主题、篇名、关键词、摘要、全文、篇名、作者、单位、中图分类号等。将鼠标移动到输入框左侧的属性名称(默认方式为"主题")位置时,会弹出下拉菜单,用户根据需要选择其中的选项即可。然后在编辑框中输入相应的查询内容,单击"查询"按钮即可完成查询操作。此外,在检索过程中,还可以设定其他检索内容。

(1)选择查询数据库

在检索时,可以对查询的数据库范围进行选择。数据库范围分为跨库和单库两种,如图 4-17 所示。跨库检索可以同时选择多个选项内容进行同时查询,单库检索则只能选择其中的一种类型的数据库进行查询。

图 4-17 跨库检索和单库检索

(2)出版物检索

如果想对文献的出版物情况进行查询,可以选择"查询"按钮右侧的"出版物检索"选项,打开"出版来源检索"页面,如图 4-18 所示。

拓展阅读
4-4-3

图 4-18 "出版来源检索"页面

3. 知识元检索

所谓知识元,是显性知识的最小可控单位,即不可再分割的、具有完备知识表达的知识单位,能够表达一个完整的事实、原理、方法、技巧等。从类型上分,又包括概念知识元、事实知识元和数值型知识元等。

4. 引文检索

拓展阅读
4-4-4

引文,就是通常所说的参考文献。引文检索是指对文章的参考文献进行的检索,是从学术论文中引证关系入手进行检索的一种方法。引文检索有利于了解文献之间的内在联系,发现所涉及的各个学科领域的交叉联系,协助研究人员迅速掌握科学研究的历史、发展和动态,把握研究趋势。

拓展阅读
4-4-5

任务 4.4.3　认识维普文献数据库

维普网网址为 http://www.cqvip.com,系统主页选项如图 4-19 所示,主要用于期刊类文献内容的检测。维普其他产品还包括论文检测系统、期刊大全、机构智库等,相关内容如图 4-20 所示。

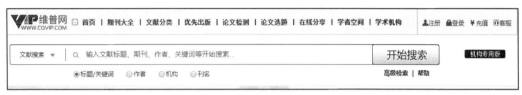

图 4-19　维普网主页

图 4-20　维普主要产品及服务

在使用维普检索系统时,需先进行注册以保证检索方法能够正常使用。维普网提供的检索方法包括直接检索、高级检索、检索式检索、期刊导航等。

【实训项目】掌握文献数据库的检索方法

情境描述　▶

人工智能目前已经成为技术发展的热点。为了加深对人工智能方面的了解,老师要求同学们查询并阅读人工智能方面的文章。李明想使用专业文献数据库进行文献资料查询。

项目要求　▶

使用知网文献数据库进行文献检索。

项目实现　▶

1) 打开知网首页(https://www.cnki.net/)。

2) 选择"文献检索"的"主题"选项。

3) 在检索框中输入检索词"人工智能"并进行检索。

4) 根据目前学习情况选择不同的层次。李明属于入门阶段,可以将鼠标移至窗口左上方"科技"菜单的下方,得到展开的下拉菜单(窗口左侧的菜单选项都具备此项功能),选中"行业技术发展与评论"及"高级科普"复选框,如图 4-21 所示,然后单击左侧的"确定"按钮,可得到相应的检索结果。

5) 默认状态下文章时间以降序排列,即最新发表的文章在最上方,根据时间提示即可得到所需要的文献。

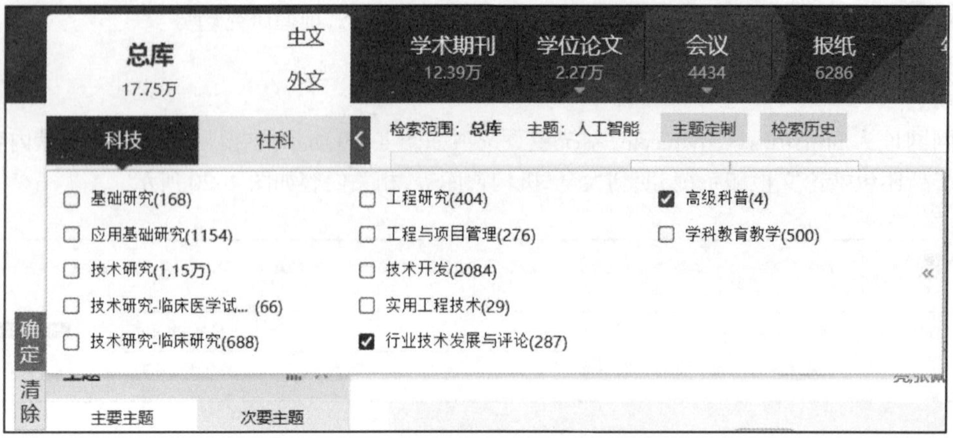

图 4-21　"科技"选项的弹出菜单

🔨【探索实践】掌握维普文献数据库检索方法

请根据知网数据库的检索方法,使用维普文献数据库进行相应检索操作。

≫ 本章小结

本章主要引领同学们了解信息检索的相关知识与应用方法,介绍了常用的布尔逻辑检索、截词检索、位置检索和限制检索。通过知识学习和实训项目,同学们可以熟悉使用搜索引擎、门户网站、微信公众号和文献数据库与检索系统进行信息、专利、商标、音视频和专业文献的检索技巧,在面对网络世界的海量信息时,能够快速、精准地检索和获取所需的信息,助力自己的学习和未来工作。

≫ 课后习题

⊙习题答案

一、选择题

1. 以下不属于按存储与检索的对象进行的信息检索分类方式是(　　　)。
　　A. 文献检索　　　　B. 数据检索　　　　　C. 事实检索　　　　　D. 图像检索
2. 按存储的载体和实现查找的技术手段进行的信息检索分类结果是(　　　)。
　　A. 手工检索　　　　B. 智能检索　　　　　C. 机械检索　　　　　D. 计算机检索
3. 检索词主要包括(　　　)。
　　A. 形容词　　　　　B. 叙词　　　　　　　C. 标题词　　　　　　D. 自由词
4. 布尔逻辑检索中不包括(　　　)运算符。
　　A. 与　　　　　　　B. 或　　　　　　　　C. 取余　　　　　　　D. 非
5. 位置检索的位置运算符是(　　　)。
　　A. N　　　　　　　B. W　　　　　　　　C. F　　　　　　　　　D. B
6. 常用的文献数据库不包括(　　　)。
　　A. 维普　　　　　　B. 百度　　　　　　　C. 万方　　　　　　　D. 知网

二、填空题

1. 在百度搜索框中输入两个检索词,中间用空格连接,体现的是布尔逻辑中的_____关系。
2. 在截词检索中,根据词语的截取位置的不同,可将截词方式分为左截断、右截断、_____和_____ 4 种方式。

三、简答题

1. 常用的检索方法有哪些?
2. 在计算机检索中,布尔逻辑运算符有哪几个?

3. 常用的文献数据库及检索系统有哪几个？

4. 结合实际应用，试说明还有哪些常用网络搜索引擎。比较其各自的优缺点并进行说明。

四、实践操作题

1. 目前我国的高铁、核电、基建等已经成为代表中国特色的"名片"，网络中也有很多的相关报道。请使用百度搜索引擎检索"中国名片"的相关网络资源，并根据检索结果制作最能体现中国特色的"中国名片"幻灯片。

2. 请根据各自专业，在文献数据库中检索能够代表专业最新科技动态的期刊文章。

第5章

新一代信息技术概述

💻 PPT-5

当今时代,以大数据、云计算、物联网、人工智能、移动通信、区块链、量子信息等为代表的新一代信息技术加速发展与普及应用,成为推动社会生产方式变革、创造人类生活新空间的重要力量。以新一代信息技术为主要动力驱动的数字经济,已成为我国经济增长的核心关键力量,对 GDP 增长的贡献度也不断增加。面对新一代信息技术,同学们需要全面了解其特征及融合应用方式,开拓视野、创新思维,更好地适应未来职业发展的需要。

【学习目标】
1) 理解新一代信息技术及其主要代表的基本概念。
2) 了解新一代信息技术各主要代表的技术特点。
3) 了解新一代信息技术各主要代表的典型应用。
4) 了解新一代信息技术与制造业等产业的融合发展方式。

拓展阅读
5-1-1

新一代信息技术是以云计算、大数据、人工智能、物联网、量子信息等为代表的新兴技术的统称。新一代信息技术是当今世界创新最活跃、渗透性最强、影响力最广的技术领域,正在全球范围内引发新一轮的科技革命,并以前所未有的速度转化为现实生产力,引领科技、经济和社会快速发展。因此,新一代信息技术也被国务院确定为七个战略性新兴产业之一。

微课 5-1

5.1 极速倍增的大数据 ⟫⟫

在当今这个数据量极速膨胀的时代,大数据(Big Data)已成为炙手可热的名词,受到公众的广泛关注。大数据是一系列和海量数据相关的抽取、集成、管理、分析、解释等技术。大数据既是信息技术融合应用的新节点,也是信息产业持续高速增长的新引擎。

任务 5.1.1 了解大数据

人们对大数据耳熟能详,但业内对大数据还没有统一的定义。国际权威研究机构 Gartner 认为:大数据是指需要新处理模式才能具有更强的决策力、洞察力和流程优化能力的海量、高增长率和多样化的信息资产。麦肯锡全球研究所给出的定义是:大数据是一种规模大到在获取、存储、管理、分析方面大大超出了传统数据库软件工具能力范围的数据集合。

综上所述,大数据是以容量大、类型多、存取速度快、应用价值高为主要特征的数据集合,正快速发展成为对数量巨大、来源分散、格式多样的数据进行采集、存储和关联分析的新一代信息技术和服务业态。

任务 5.1.2 理解大数据的特性

大数据具有 4V 特性,指的是它的体量、多样、价值和速度。

1) 规模性(Volume)。随着信息化技术的高速发展,数据开始爆发性增长。大数据通常处理的数量级已经从太字节(TB,1 TB=1 024 GB)级别发展到拍字节(PB,1 PB=1 024 TB)甚至艾字节(EB,1 EB=1 024 PB)级别。

2) 多样性(Variety)。大数据的多样性主要表现在数据来源多、数据类型多及数据之间关联性强 3 个方面。多样性对数据的处理能力提出了更高的要求。

3）价值性（Value）。大数据背后潜藏的价值巨大，但其中有价值的数据所占比例较小，而大数据真正的价值恰恰体现在从海量的各种类型的数据中，挖掘出对未来趋势与模式预测分析有价值的数据。如何通过强大的挖掘算法迅速地完成数据的价值"提纯"，是大数据时代亟待解决的问题。

4）高速性（Velocity）。处理速度快、时效性要求高是大数据高速性的重要体现，这也是大数据区分于传统数据挖掘最显著的特征。

拓展阅读
5-1-2

任务 5.1.3 探索大数据的应用场景

大数据价值创造的关键在于大数据的应用。随着大数据的极速倍增和其技术的飞速发展，大数据应用已经融入各行各业，深入到人们日常生活的方方面面。大数据产业正快速发展成为新服务业态，即对数量巨大、来源分散、格式多样的数据进行采集、存储和关联分析，并从中发现新知识，创造新价值，提升新能力。

1）金融领域：大数据在金融创新领域可以发挥重要作用，如高频交易、社会情绪分析和信贷风险分析等。

2）医疗领域：利用大数据技术，可以实现电子病历、实时的健康状况告警、患者需求预测以及医疗诊断分析。

3）电信领域：借助大数据技术实现客户离网分析，及时掌握客户离网倾向，出台客户挽留措施。

4）能源领域：伴随智能电网的发展，利用大数据技术可以掌握海量的用户用电信息，分析用户用电模式，改进电网运行模式，合理设计电力需求响应系统，确保电网运行安全。

5）制造领域：利用工业大数据可以提高制造业水平，包括产品故障诊断与预测、工艺流程分析、生产工艺改进、生产能耗优化、供应链分析与优化、生产计划与调度等。

6）安全领域：可以利用大数据技术构建起强大的国家安全保障体系，企业可以利用大数据抵御网络攻击，公安系统可以借助大数据来预防犯罪。

7）商业领域：借助大数据技术，可以分析客户行为，进行精准的商品推荐和针对性广告投放。

8）交通领域：利用大数据和物联网技术促进自动驾驶技术的发展成熟，使自动驾驶汽车早日进入人们的日常生活，方便交通出行，实现智慧交通。

9）体育娱乐：大数据可以帮助训练球队，预测比赛结果，还可以促进电子竞技或竞技游戏的快速发展。

10）个人生活：大数据可以应用于个人生活，利用互相关联的"个人大数据"，分析个人生活行为习惯，为需求者提供更加周到的个性化服务。

大数据的价值远远不止于此，其对各行各业的渗透，大大推动了社会的发展和人民生活水平的提高，未来还将产生更加重大和深远的影响。图 5-1 展示了部分大数据的应用场景。

【探索实践】寻找身边大数据的应用案例

上网查询资料并观察身边有哪些大数据的实际应用案例，从辩证角度探讨分析大数据对个人生活和社会发展的可能影响。

例如，网络购物平台通过收集海量用户的购买习惯和个人喜好，实现商品信息的主动精准投送。

5.2 触手可及的云计算 ▶▶▶

云计算（Cloud Computing）将计算作为一种公共设施，让人们能在任何地方使用它们，就像使用水电一样。作为日常生活中不可或缺的一部分，云计算已经深刻改变了人们的工作与生活环境。

微课 5-2

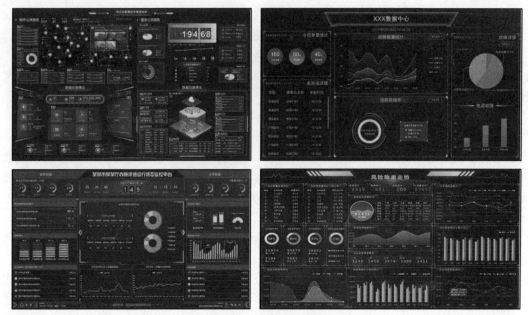

图 5-1 大数据应用场景

任务 5.2.1 了解云计算

云计算是一种通过网络访问可扩展的、灵活的物理或虚拟共享资源池,并可按需自助获取和管理资源的技术模式。它是一种基于互联网的计算方式,通过这种方式,共享的软硬件资源和信息可以按需提供给计算机各种终端和其他设备。云计算通过网络"云"将巨大的数据计算处理程序分解成无数个小程序,然后通过由多部服务器组成的系统处理和分析这些小程序,得到结果并返回给用户。

通俗地说,云计算是以互联网为中心,通过网络上提供的快速且安全的计算服务与数据存储,让每一个互联网用户都可以使用的基于网络的庞大计算资源与数据中心。

任务 5.2.2 理解云计算的特点

云计算具有超大规模、虚拟化、高可靠性、通用性、按需服务以及极其廉价 6 个特点。使用云计算服务,通常只要花费几百元、几天时间就能完成以前需要数万元、数月时间才能完成的计算任务。

云计算具有 5 个基本特征,即按需自助服务(On-Demand Self-Service)、无处不在的网络接入(Ubiquitous Network Access)、与位置无关的资源池(Location Independent Resource)、快速弹性(Rapid Elastic)和按使用付费。

"云"其实是网络、互联网的一种比喻说法。对于云计算用户,不需要了解"云"中基础设施的细节,不必具有相应的专业知识,也不需要直接进行控制。计算与信息处理过程在"云"中某处或多处运行,用户无须了解,也不用考虑应用运行的具体位置,只需要一台个人计算机或一部智能手机,就可以通过网络来实现所需要的一切服务,甚至包括超级计算这样的任务。所以说,云计算是触手可及、非常方便的。

任务 5.2.3 探索云计算的应用领域

云计算的应用非常广泛,目前多数企业,无论规模大小,几乎都会使用与云计算相关的技术,日常生活中也处处能看见云计算的影子。通过一个终端网页或一个 App,就可以让人们尽享"云"的便捷。

1)金融云:利用云计算的模型构成原理,将金融信息、产品、服务分散到庞大分支机构所对应的云网络当中,提高金融机构迅速发现并解决问题的能力,改善流程,提升工作效率,以及降低运营成本。

2)制造云:将云计算延伸与发展到制造业信息化领域并落地实现,用户通过网络和终端就能随时随地按需获取制造资源与能力服务,便捷地完成制造全生命周期的各类活动。

3)医疗云:在医疗卫生领域采用云计算、物联网、大数据、5G 通信以及多媒体等新技术基础上,结合医疗技术,用云计算的理念来构建医疗健康服务云平台。

4) 教育云:将云计算迁移到教育领域,应用教育信息化所必需的硬件计算资源,将这些资源经虚拟化之后,向教育机构、从业人员和学习者提供一个良好的云服务平台。目前,网络上流行的各类在线教育平台、教育 App 等,绝大多数是基于教育云的产品。

5) 云会议:基于云计算技术建立一种高效、便捷、低成本的会议形式,使用者通过互联网界面,进行简单易用的操作,快速高效地与全球各地团队及客户同步分享语音、数据文件及视频。云会议平台很多,常见的有腾讯会议、飞书、移动云视讯、钉钉视频会议等。

6) 云存储:通过集群应用、网格技术或分布式文件系统等功能,将网络中数量庞大的各种不同类型的存储设备通过应用软件集合起来协同工作,形成共同对外提供数据存储和业务访问功能的系统。日常工作中经常使用的腾讯微云、百度网盘等,就是云存储技术的典型代表。

7) 云交通:在云计算之中整合现有资源,使之能够针对未来的交通行业发展提供所需求的各种硬件、软件和数据。

8) 云安全:通过大量客户端对网络中软件的异常行为进行监测,捕获互联网中木马、恶意程序的新信息,推送到服务器端进行自动分析和处理,并把病毒和木马的解决方案分发到相关客户端。

9) 云社交:提供一种物联网、云计算和移动互联网交互的虚拟社交应用模式,以建立“资源分享关系图谱”为目的,开展网络社交。微信、QQ、钉钉等都是常见的云社交的应用形态。

10) 云游戏:提供以云计算为基础的游戏方式,在云游戏运行模式下,所有游戏都在服务器端运行,将渲染完毕后的游戏画面压缩后通过网络传送给用户。

拓展阅读
5-2-1

🎓【探索实践】探讨云计算与大数据之间的关系

广泛收集相关资料,结合对大数据和云计算的学习,探讨两者之间的关系,梳理生产、生活中的大数据应用产品。同时展望二者未来的发展前景,综合研讨成果和专业应用场景并编写研究文稿。

5.3　感知万物的物联网　>>>

微课 5-3

物联网(Internet of Things,IoT)是新一代信息技术的重要组成部分,也是信息化时代的重要发展阶段。物联网的发展,促进了社会的进步,改变了人们的工作与生活方式。

任务 5.3.1　认识物联网

物联网,顾名思义,就是物物相连的互联网。物联网通过射频识别(RFID)、传感器、全球定位系统、激光扫描等信息感知设备,按约定的协议,将任意物体与互联网连接,进行信息交换和通信,以实现智能化识别、定位、跟踪、监控和管理。物联网把时间、地点、主体、内容这四者联系起来,为人们的生产和生活提供便捷。

通常认为,物联网具有以下三大特征:

1) 全面感知。感知是指对客观事物的信息直接获取并进行认知和理解的过程。物联网利用传感器、RFID 技术、二维码等获取和采集物体的信息。

2) 可靠传递。数据传递的稳定性和可靠性是保证物—物相连的关键。物联网通过无线通信与互联网的融合,将物体的信息实时准确地传递给用户。

3) 智能处理。物联网可以实现对各个物品进行智能化识别、定位、跟踪、监控和管理等功能。物联网通过云计算、人工智能等技术,对海量数据进行分析和处理,对物品实施智能化的控制。

物联网的本质概括起来体现为 3 个方面:一是互联网特征,即对需要连网的物体要能够实现互连互通;二是识别与通信特征,即纳入物联网的物体要具备自动识别及物物通信的功能;三是智能化特征,即网络系统应具有自动化、自我反馈及智能控制的特点。

任务 5.3.2　初识物联网架构及关键技术

物联网的架构分为 3 层,分别是感知层、网络层和应用层,对应不同层的关键技术如下。

1）感知层：利用 RFID、传感器、二维码等自动识别技术随时随地、及时准确地获取物体的信息。

2）网络层：通过各种电信网络与互联网的融合技术（如蓝牙、ZigBee、Wi-Fi、GPS 等），将物体的信息实时准确地传递与交互。

3）应用层：把感知层采集到的信息通过软件和算法进行处理，实现智能化识别、定位、跟踪、监控和管理等实际应用。

📖 知识
小贴士：
RFID

> RFID（射频识别）是一种非接触式的自动识别技术，通过射频信号自动识别目标对象并获取相关数据，识别工作无须人工干预，可工作于各种恶劣环境。RFID 技术可识别高速运动物体并可同时识别多个标签，操作快捷方便。
>
> RFID 是一种能够让物品"开口说话"的技术，也是物联网感知层的一个关键技术。

任务 5.3.3　了解物联网的应用场景

物联网的应用领域涉及方方面面。其在工业、农业、交通、物流、环境、安保等领域的基础设施建议方面的应用，有效地推动了这些领域的智能化发展，使得有限的资源得到了更加合理的分配和使用，从而提升了效率和效益；而在家居、医疗健康、教育、金融与服务业、旅游业等与生活息息相关领域的应用，则涉及从服务范围、服务方式到服务质量等诸多方面，使得人们的生活更加便捷，大大提高了人们的生活质量，如图 5-2 所示。

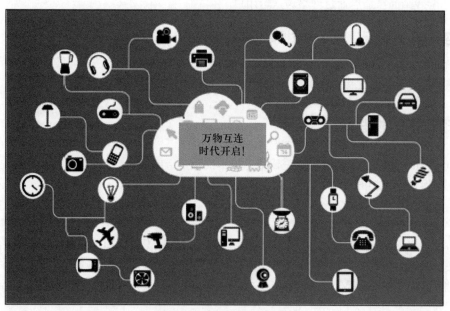

图 5-2　万物互连应用场景

1．智能家居

智能家居是利用计算机技术、物联网技术、通信技术等，并运用智能硬件（Wi-Fi、ZigBee、BlueTooth），将家居生活的各种子系统有机地结合起来，通过统筹管理，让家居生活更舒适、方便、有效和安全。

智能家居是物联网在家庭中的基础应用。随着互联网宽带业务的普及，智能家居产品提供的服务不断完善。即使家中无人，也可以利用手机等客户端远程操作智能空调，调节室内温度，甚者还可以让设备自主学习用户的使用习惯，从而实现全自动的温控操作；通过客户端实现智能灯泡的开关、亮度和颜色调控等；插座内置 Wi-Fi，可实现遥控插座定时通断电流；智能体重秤可以监测用户的运动效果，内置可以监测血压、脂肪量的微型传感器，可以根据用户身体状态提出健康建议；智能摄像头、窗户传感器、新风系统、烟雾探测器、智能报警器等也是家庭不可缺少的安全监控设备，主人即使出门在外，也能在任意时间、任意地点实时查看家中的状况。看似烦琐的种种家居生活因为物联网而变得更加轻松、美好。智能家居场景如图 5-3 所示。

2. 智慧交通

智慧交通是将智能传感技术、信息网络技术、通信传输技术和数据处理技术等有效地集成并应用到交通系统中，在更大的时空范围内发挥作用的综合交通体系。智慧交通以智慧路网、智慧出行、智慧装备、智慧物流、智慧管理为主要内容，是以信息技术高度集成、信息资源综合运用为主要特征的新型交通发展模式。

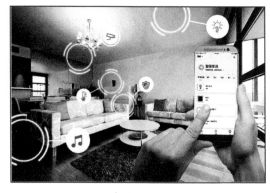

图 5-3　智能家居场景

3. 工业物联网

工业物联网是将具有感知、监控能力的各类采集、控制传感器或控制器，以及移动通信、智能分析等技术融入工业生产过程各个环节，从而大幅提高制造效率，改善产品质量，降低产品成本和资源消耗，最终实现将传统工业提升到智能化的新阶段。从应用形式上，工业物联网的应用具有实时性、自动化、嵌入式（软件）、安全性和信息互通互联性等特点。

拓展阅读
5-3-1

4. 农业物联网

农业物联网，即通过各种仪器仪表实时显示或作为自动控制的参变量参与到自动控制中的物联网，可以为温室精准调控提供科学依据，达到增产、改善品质、调节生长周期、提高经济效益的目的。

🔧【探索实践】探讨物联网的应用形态

收集物联网实际应用案例的相关资料，可以是图片、视频等资料，进行研讨交流。

以车联网为例，探讨车—车、车—基础设施、车—互联网、车—行人等的关系；或以农业物联网、工业物联网、智慧校园等为例，结合实际应用探讨物联网的应用模式。

5.4　引领未来的人工智能　>>>

微课 5-4

进入 21 世纪的第 2 个 10 年，随着大数据、云计算、物联网技术的迅猛发展，人工智能（Artificial Intelligence，AI）技术也迈入了新的阶段。从 AlphaGo 在围棋对战中战胜世界冠军，到科大讯飞语音识别能力超越人类，人工智能的概念逐渐被普通公众关注和熟知。人工智能不仅出现在尖端科技领域，也走进了人们的日常生产、生活中，并发展成为当今最热门、最具发展前景的技术领域之一。

任务 5.4.1　了解人工智能

人工智能是研究、开发用于模拟、延伸和扩展人的智能的理论、方法、技术及应用系统的一门技术学科，其研究旨在了解智能的实质，并产生出一种新的能与人类智能相媲美的方式做出反应的智能机器。通俗地说，人工智能就是通过计算机程序来呈现人类智能的技术。

人工智能需要通过一个载体来表现，这个载体可以是机器人，也可以是一台计算机。其主要应用领域包括机器人、语言识别、图像识别、自然语言处理和专家系统等。人工智能自从诞生以来，理论和技术日益成熟，应用范围也不断扩大。可以设想，未来人工智能带来的科技产品，将成为人类智慧的"容器"。人工智能可以实现对人的意识、思维等信息过程的模拟，即人工智能虽不是人的智能，但却能像人那样思考，并可能在某些方面"超越"人的智能。

拓展阅读
5-4-1

　人工智能不仅涉及计算机科学、心理学、哲学和语言学等学科，还深入到几乎自然科学和社会科学的所有学科，其范围已远远超出了计算机科学的范畴。人工智能与思维科学的关系是实践和理论的关系，人工智能处于思维科学的技术应用层次。从思维观点看，人工智能不仅限于逻辑思维，还要考虑形象思维、灵感思维才能促进人工智能的突破性发展。

🖥️ 提示：
**人工智能
涉及的领
域**

任务 5.4.2　认识人工智能的关键技术

人工智能的核心在于构造智能的人工系统。人工智能利用机器模仿人类完成一系列的动作,实现理解、思考、推理、解决问题等高级行为,进而实现运算、感知和认知的智能。人工智能主要依赖以下关键技术的支持。

1. 机器学习、神经网络和深度学习

机器学习是一种自动将模型与数据匹配,并通过训练模型对数据进行"学习"的技术。机器学习是人工智能最常见的形式之一。数据的爆炸式增长使得采用机器学习来全面理解这些数据变得可行和必要。

机器学习也是一种用于设计复杂模型和算法并以此实现预测功能的方法,即计算机有能力去学习,而不是依靠预先编写的代码。它能够基于对现有结构化数据的观察,自行识别结构化数据中的模型,并以此来输出对未来结果的预测。

神经网络是机器学习的一种更为复杂的形式,是一种模拟人脑的网络。它根据输入、输出、变量权重或将输入与输出关联的"特征"来分析问题。

最复杂的机器学习形式是深度学习,即通过很多等级的特征和变量来预测结果的深度神经网络模型。深度学习的实质,是通过构建具有很多隐藏层的机器学习模型和海量的训练数据来学习更有用的特征,从而最终提升分类或预测的准确性。

2. 自然语言处理

自然语言处理(Natural Language Processing,NLP)是指利用人类交流所使用的自然语言与机器进行交互通信的技术,即通过对自然语言的处理,使计算机能够读取并理解自然语言所表达的信息。实现人机间自然语言通信意味着要使计算机既能理解自然语言文本的意义,也能以自然语言文本来表达给定的意图、思想等,前者称为自然语言理解,后者称为自然语言生成。

自然语言处理的目的在于用计算机代替人工来处理大规模的自然语言信息。由于语言是人类思维的证明,故自然语言处理是人工智能的最高境界,被誉为"人工智能皇冠上的明珠"。

自然语言处理主要应用于机器翻译、舆情监测、信息抽取、文章摘要、文本分类、问题回答、文本语义对比、情感倾向分析、评论观点抽取、语音识别、中文 OCR 等方面。

3. 基于规则的专家系统

专家系统是一种基于知识的计算机知识系统,它从人类领域专家那里获得知识,并用来解决只有领域专家才能解决的困难问题。因此,可以这样来定义专家系统:专家系统是一种具有特定领域内大量知识与经验的程序系统,它应用人工智能技术,根据某个领域一个或多个人类专家提供的知识和经验进行推理和判断,模拟人类专家求解问题的思维过程,以解决该领域内的各种问题。

📖 知识
小贴士:
if-then

> 20 世纪 80 年代,人工智能的主导技术是基于"if-then"规则集合的专家系统,并开始广泛应用于商业领域。如今人们往往认为它不够先进,但是 2017 年所做的"了解认知"调查显示有近半数的引入人工智能的公司使用了该技术。

专家系统要求人类专家和知识工程师在特定知识领域中构建一系列规则,但当规则的数量很大(如超过几百条)且规则之间产生相互冲突时,会导致系统崩溃。如果知识领域发生了变化,那么更改规则通常也是很困难、很耗时的。目前,研究人员已经开始尝试"自适应规则引擎"。该引擎将基于新的数据或规则与机器学习组合来不断修改规则,使专家系统更聪明,达到甚至超过人类专家的水平。

4. 机器人

通常认为,机器人是一种能够通过编程和自动控制来执行诸如作业或移动等任务的机器。这种机器具备一些与人或动物相似的智能与能力,如感知能力、规划能力、动作能力和协同能力,是一种具有高度灵活性的自动化机器。

随着人们对机器人技术智能化本质认识的加深,机器人技术开始源源不断地向人类活动的各个领域渗透。结合这些领域的应用特点,人们发展了各式各样的具有感知、决策、行动和交互能力的特种机器人和智能机器人。从本质上说,机器人是自动执行工作的机器装置。它既可以接受人类指挥,又可以运行预

先编排的程序,也可以根据以人工智能技术制定的原则纲领行动。机器人的任务是协助或取代人的工作,它是高级整合控制论、机械电子、计算机、材料和仿生学的产物,在工业、农业、医学、教育、商业、服务、生活甚至军事等领域均有重要用途。不同形态的机器人如图 5-4 所示。

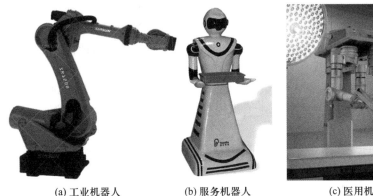

(a) 工业机器人　　　　(b) 服务机器人　　　　(c) 医用机器人

图 5-4　不同形态的机器人

机器人流程自动化是另一种“机器人”形态的人工智能,是通过特定的、可模拟人类在计算机界面上进行操作的技术,按规则自动执行相应的流程任务,代替或辅助人完成相关的计算机操作。与通常所认为的物理实体“机器人”不同,机器人流程自动化本质上是一种能按特定指令完成工作的软件系统,通过模拟人对计算机等信息设备的操作来实现办公操作的自动化。机器人流程自动化也被形象地称为数字化劳动力,因为其综合运用了大数据、人工智能、云计算等技术,通过操纵图形用户界面(GUI)中的元素,模拟并增强人与计算机的交互过程,从而能够辅助执行以往只有人类才能完成的工作,或者作为人类高强度工作的劳动力补充。

任务 5.4.3　体验人工智能的典型应用

人工智能应用的范围很广,包括计算机、机械工程、自动控制、金融贸易、医疗卫生、交通运输、现代通信、娱乐游戏、影视音乐等诸多方面。

下面介绍几种人工智能的典型应用。

1. 机器视觉

在许多人类视觉无法感知的场合,机器视觉可以发挥重要作用,如精确定位感知、危险场景感知、不可见物体感知等,机器视觉都能展示其优越性。

目前,机器视觉已在很多领域得到应用,如零件识别与定位、产品的检验、移动机器人导航、遥感图像分析、监视与跟踪、国防军事系统等。

2. 人脸识别

人脸识别是利用分析比较人脸视觉特征信息进行身份鉴别的人工智能技术,即基于人的脸部特征,对输入的图像或视频进行判断。首先识别人脸,提取每张人脸中所蕴含的身份特征,并将其与已知的人脸进行对比,从而识别每个人的身份或状态,如图 5-5 所示。

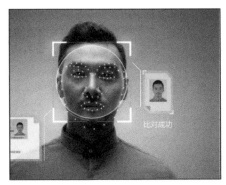

图 5-5　人脸识别

人脸识别是一个热门的计算机技术研究领域,尤其是人脸大数据,无论是在日常生活中,还是在商业运作方面,都是继语音、动作之后最重要的数据之一。它能够最大化整合个人大数据,甚至重建信用体系规则。

3. 智能控制

智能控制是指在无人干预的情况下能自主地驱动智能机器,实现控制目标的技术。随着人工智能和计算机技术的发展,目前已经能够把自动控制和人工智能以及系统科学的某些分支(如系统工程、系统学、运筹学、信息论)结合起来,建立一种适用于复杂系统的控制理论和技术。智能控制正是在这种条件下产生的,它是自动控制的最新发展阶段。

智能控制有很多研究和应用领域,它们既具有独立性,又相互关联。目前比较典型的应用包括智能机器人规划与控制、智能过程规划、智能过程控制、专家控制系统、语音控制以及智能仪器。

4. 专家系统

专家系统是人工智能的一个重要和活跃的应用领域,它实现了人工智能从理论研究走向实际应用,从一般推理策略探讨转向运用专门知识的重大突破。

新一代专家系统已开始采用大型多专家协作、多种知识表示、综合知识库、自组织解题机制、多学科协同解题与并行推理、人工神经网络知识获取及学习机制等最新人工智能技术来实现具有多知识库、多主体的专家系统。

近年来,新一代专家系统技术逐渐成熟,广泛应用在工程、科学、医药、军事、商业等方面,并取得了丰硕成果,在某些应用领域达到甚至超过了人类专家的智能与判断。

5. 虚拟个人助理

虚拟个人助理(Virtual Personal Assistance,VPA)是一种能替个人执行任务或服务的软件代理。它像一个导演一样将其他的一般服务进行集成,以便能够最有效地满足人们的需要。这些程序有权代表主人行事,就像人类代理。除了协调服务,VPA 也是能够理解人类主人的亲密伙伴。

拓展阅读
5-4-2

人工智能涉及面很广,涵盖感知、学习、推理与决策等各方面的能力。从实际应用的角度来说,人工智能最核心的能力是根据给定的输入做出判断或预测。例如,在语音识别中,它可以根据人说话的音频信号,判断说话的内容;在医疗诊断中,它可以根据输入的医疗影像,判断疾病的成因和性质;在电子商务网站中,它可以根据一个用户购买的历史记录,预测该用户对什么用品感兴趣,从而让网站做出相应的推荐;在金融应用中,它可以根据一只股票过去的价格和交易信息,预测它未来的价格走势,等等。

📖 知识
小贴士:
图灵测试

> 为判断"机器能否拥有智能",计算机科学家设计了"图灵测试"实验项目。
>
> 图灵测试的核心思想是:要求计算机在没有直接物理接触的情况下接受人类的询问,并尽可能把自己伪装成人类。
>
> 具体测试过程是:在测试人与被测试设备隔开的情况下,通过一些装置(如键盘、语音识别设备等)向被测试设备随意提问。问过一些问题后,如果被测试设备超过一定比例的答复不能使测试人确认对方是人还是机器,那么被测试设备就通过了图灵测试,被认为具有人类智能。

🔨【探索实践】编写人工智能应用场景体验报告

观察日常所使用的信息系统并上网收集资料,找寻都有哪些场景应用了人工智能。在广泛收集相关资料的基础上,结合对人工智能知识的学习与理解,探讨这些人工智能应用是如何实现的,最后撰写人工智能应用场景体验报告。

例如,对于手机的拍照识物功能,了解通过什么 App 支持该功能,具体的操作过程与方法是什么,并通过查询资料分析该功能的实现原理,形成人工智能应用场景体验报告。

5.5 沟通世界的移动通信 ▷▷▷

移动通信的普及使世界以前所未有的形式连接在了一起。第五代移动通信(5th Generation Wireless

System,5G)技术彻底打破了时间和空间的限制,让越来越多的场景实现了"异地无感知"的远程互动。5G时代的到来,深刻地影响和改变着人们的生活方式。

任务 5.5.1 了解移动通信

移动通信(Mobile Communication)是移动体之间或移动体与固定体之间的通信,是一种进行无线通信的现代化技术,这种技术是电子计算机与移动互联网发展的重要成果。移动通信技术经过第一代到第四代的发展,目前已经迈入第五代,而第六代也在研究中,成为改变世界的重要技术之一。

移动通信技术是利用移动台、基站、移动交换等技术,对通信网络内的移动终端设备进行连接,以实现语音和数据传输。移动通信的发展对人类社会的政治、经济和文化都产生了深刻影响。在移动通信技术,特别是移动互联网技术的支持下,人们随时随地的音视频通信、网上购物、在线影视观看乃至自动驾驶等,均已成为现实。

5G 是最新一代蜂窝移动通信技术,传输的是极高频电磁波(毫米波)。5G 并不是独立的、全新的无线接入技术,而是对现有无线接入技术(包括 2G、3G、4G 和 Wi-Fi)的演进,以及新增的补充性无线接入技术集成后解决方案的总称。从某种程度上讲,5G 是一个真正意义上的融合网络,以融合和统一的标准,提供人与人、人与物以及物与物之间高速、安全和自由的联通。

微课 5-5

拓展阅读
5-5-1

任务 5.5.2 认识 5G 的技术特点

2019 年 6 月,工信部正式向中国电信、中国移动、中国联通、中国广电发放 5G 商用牌照,这也标志着我国正式进入 5G 商用元年。到 2021 年底,我国已初步建成了全球最大规模的 5G 移动网络。

> 华为是全球首个部署 5G 并完成测试的企业。2019 年 3 月,基于巴龙 5000 基带与双 160 MHz 基站技术,华为成功完成了全球首个 2.6 GHz NR 160 MHz 频谱宽带下的双载波聚合测试。在此测试下,基于华为终端、无线以及端到端的 5G 解决方案,成功实现了单用户下行最高可达 2.2 Gbit/s 的传输速率。

📖 知识
小贴士:
华为 5G
技术全球
领先

5G 之所以引发世人的高度关注,源于其技术具有以下特点:

1)高速率。5G 技术的通信数据传输速率高,其平均传输速率可以达到 1 Gbit/s,峰值速率甚至可以达到 10 Gbit/s,相当于能够在 1 s 内下载 1 部超高清电影。高传输速率对一些技术是必要条件,如虚拟现实需要 150 Mbit/s 以上的带宽才能实现高清传输,因此只有借助 5G 技术,虚拟现实产业才能实现突破。

2)泛在网。在 3G 和 4G 时代,使用的是宏基站,其特点是功率大、体积大、不能密集部署,导致了距离近信号强,距离远信号弱。5G 时代使用微基站,即小型基站,能覆盖末梢通信,使得任何角落都能连接网络信号。它包括两个层面:一是广泛覆盖,即指人类足迹可延伸到的地方,都需要被覆盖,如高山、峡谷等特殊地理环境,可以大量部署传感器,进行环境、空气质量甚至地貌变化、地震的监测;二是纵深覆盖,即指人们生活中已有的网络部署,需要进入更高品质的深度覆盖,如卫生间、地下车库等狭小深层空间,都可以实现效果良好的 5G 网络覆盖。

3)低功耗。为了支持大规模物联网应用,5G 产品可以大幅降低能耗,使低功率电池续航时间提高 10 倍以上。让大部分物联网产品一周甚至一个月充一次电,极大地改善用户体验,可以促进物联网应用的快速普及。

4)低时延。3G 网络的时延约 100 ms(毫秒),4G 网络的时延为 20~80 ms,5G 网络的时延下降到 1~10 ms。5G 对于时延的终极要求是 1 ms。人与人之间进行信息交流,140 ms 的时延是可以接受的,但是这种时延对于无人驾驶、工业自动化却是不够的。5G 的低延时正是对这些领域高可靠连接的必要条件。

5)万物互联。随着时代的进步,不仅手机、计算机等设备需要使用网络,越来越多的智能家电设备、可穿戴设备、电灯等公共设施,以及自动驾驶汽车等不同类型的设备都需要联网,在联网之后才能实现实时的管理和智能化控制。5G 的互联性可以使这些设备成为智能设备。目前,5G 通信网络能够支持每平方千米 600 万个设备的接入。

6)重构体系。传统的互联网安全机制比较薄弱,信息不加密就直接传送。5G 时代的智能互联网必须保证安全。因此,在 5G 的网络构建过程中,从底层解决安全问题,引入安全机制、信息加密、网络管控等。否则,无人驾驶系统可能被黑客攻破,像电影剧情一样,道路上的汽车都被黑客控制,横冲直撞;智能健康系统被攻破,大量用户的健康信息被泄露;智慧家庭被入侵,门窗大开……后果不堪设想。

任务 5.5.3　探索 5G 的典型应用

由于 5G 网络速率的提高和延时的降低,其网络基础设施的使用将极大推动物联网、人工智能、在线游戏、虚拟 / 增强现实、智慧城市、智慧农业、远程医疗、智能家居、无人驾驶、远程操控的发展。5G 展示的发展空间巨大,它将给人类社会带来多方面、深层次的影响。

1. 车联网与自动驾驶

车联网技术经历了利用有线通信的路侧单元(道路提示牌)以及 2G/3G/4G 网络承载车载信息服务的阶段,目前正在依托新一代信息技术,逐步步入自动驾驶时代。根据中国、美国、日本等国家的汽车发展规划,依托传输速率更高、时延更低的 5G 网络,将在 2025 年全面实现自动驾驶汽车的量产,预计市场规模将达到万亿美元的级别。

5G 最终成为将自动驾驶汽车和无人机推向公共领域的重要支撑技术。有人形象地把 5G 比喻为自动驾驶汽车的“氧气”。借助 5G 的传输速率和实时计算能力,它能够以 4G 所无法做到的方式连接其他车辆、人、路灯以及周边建筑,极大地提升汽车的智能性和安全性,这些汽车可以避免事故、重新更改路线、评估到达时间,并保护道路的安全。当然,这在很大程度上也同时依赖于利用物联网所构建的更智能、更互联的道路和城市概念。

当物与物之间能够自主“沟通”时,目前正在大力探索的物联网、车联网、智慧物流等重大项目,其智能化水平将会得到大幅提升。

2. 远程手术

5G 技术将开辟许多新的应用领域,以前的移动数据传输标准对这些领域来说还不够快。5G 网络的传输速率和较低的延时可以满足远程呈现甚至远程手术的要求。

2019 年 1 月,我国一名外科医生利用 5G 技术实施了全球首例 5G 远程外科手术测试。由于延时小于 0.1 s,这位外科医生用 5G 网络远程控制手术设备,成功切除了 50 千米外手术室中一只实验动物的一片肝脏。

5G 可以让医生在异地进行手术。因为 5G 的可靠传输性,医生知道在手术过程中不会出现意外的故障或延迟时间,这可能会彻底改变生活在偏远地区人们的医疗保健状况。

3. 智能电网

众所周知,电力能源与社会发展息息相关,尤其对于工业生产来说,其价值和作用更是十分关键。所谓智能电网,就是利用各种前沿技术实现电网建设、管理与运维的信息化和智能化。这其中,5G 对于智能电网的推动作用令人瞩目。由于电网具有高安全性要求与全覆盖地域广泛的特性,智能电网必须在海量连接以及广覆盖的测量处理体系中,做到 99.999% 的高可靠度。5G 可以适应超大数量末端设备的同时接入、小于 20 ms 的超低时延以及终端深度覆盖、信号平稳等安全工作的基本要求。

5G 智能电网可以成功实现 5G 智能分布式配电、变电站作业监护及电网态势感知、5G 基站削峰填谷供电等多个新应用。有了 5G 智能电网,电力工作人员通过超高清摄像头监控输电线路和配电设施,能够及时发现故障隐患,节省 80% 的现场巡检人力、物力。过去,电力系统故障识别和定位时间较长,需要断电的范围也较大,恢复供电的周期以天为单位。通过 5G 技术的超低时延和超高可靠性,停电时间可以从分钟级缩短到毫秒级,电网线路故障能够快速定位、隔离和恢复。

5G 时代的到来,极大地加速了社会的数字化变革。当人与人、人与物、物与物相互连接之时,一个基于 5G 的万物互联时代将正式开启,其所带来的改变将超出所有人的想象。

🔬【探索实践】探讨 5G 对未来发展的影响

分组收集 5G 在不同方面的应用案例,进一步深入探讨 5G 的应用领域,展望 5G 对未来生产、生活方式的影响。

5.6　信用的基石——区块链　▶▶▶

当今世界是一个以科技为支撑的信息化时代,区块链技术的出现,消解了现实社会与网络空间之间的壁垒,可以实现真实的价值交换,为社会信用体系建设带来新机遇。把区块链作为核心技术自主创新的重要突破口,可以有效促成社会朝着建设诚信社会方向推进。

微课 5-6

任务 5.6.1　初识区块链

近年来,随着数字货币的出现,区块链逐步被大众所认知,并成为社会的关注焦点。所谓区块链,是指分布式数据存储、点对点传输、共识机制、加密算法等计算机技术的一种新型应用模式。

狭义而言,区块链是一种按照时间顺序将数据区块以顺序相连的方式组合成的一种链式数据结构,并以密码学方式保证不可篡改和不可伪造的分布式账本。

广义而言,区块链技术是利用块链式数据结构来验证与存储数据,利用分布式节点共识算法来生成和更新数据,利用密码学方式保证数据传输和访问的安全,利用由自动化脚本代码组成的智能合约来编程和操作数据的一种全新的分布式基础架构与计算方式。

通俗地说,可以把区块链理解为一个去中心化的分布式账本,其本身是一系列使用密码学而产生的具有相互关联的数据块。

任务 5.6.2　了解区块链的特性

区块链具有去中心化、不可篡改、全程留痕、可以追溯、集体维护、公开透明等特点。

1) 去中心化。区块链是分布式存储的,不存在中心点,任意节点的权利和义务都是均等的。节点与节点之间通过网络互相联系、互相影响,呈现了数据的公开性,各个节点实现了信息自我验证、传递和管理。去中心化是区块链最突出、最本质的特征。

2) 开放性。区块链是一个开放的系统,除了交易各方的私有信息被加密外,所有数据对其上每个节点都公开透明,任何人都可以通过公开的接口查询区块链数据,整个系统信息高度透明。

3) 独立性。区块链采用基于协商一致的规范和协议,整个区块链系统不依赖第三方。所有节点能够在系统内自动安全地验证、交换数据,由对“人”的信任变成了对机器的信任,任何人为的干预都不起作用。

4) 安全性。信息一旦经过验证并添加到区块链,就会被永久地存储起来,无法改变。除非同时控制系统中超过 51% 的节点,否则单个节点上对数据库的修改是无效的。这使得区块链本身变得相对安全,具有高度可靠性和不可篡改性,避免了主观人为的数据变更。

5) 准匿名性。区块链上面没有个人的信息,因为这些都是加密的。各区块节点的身份信息不需要公开或验证,信息传递可以匿名进行。

上述特点使区块链不同于传统集中记账方式,因此得到金融领域的极大关注,同时引起了各个领域的相关机构的浓厚兴趣。

区块链技术实现了三大功能:第一,保障了数据不可篡改、不可伪造,提高了数据的公信力和可信性;第二,实现了交易的追溯,做到溯源监管和责任追踪;第三,智能合约基于契约自动执行,提高了工作效率,降低了运营成本。

任务 5.6.3　探索区块链的应用领域

1. 数字货币

我国早在 2014 年就开始数字人民币的研发,并于 2019 年底开始启动试点测试。数字人民币是由中国人民银行发行的数字形式的法定货币,其概念有两个重点:一个是数字人民币是数字形式的法定货币;另一个是和纸钞及硬币等价。此外,数字人民币还有着一个极为巨大的作用,就是实现人民币国际化。

2. 金融领域

区块链技术天然具有金融属性,在国际汇兑、信用证、股权登记和证券交易所等领域有着巨大的潜在应用价值。将区块链技术应用于金融行业中,能够省去第三方中介环节,实现点对点的直接对接,可以大大降低金融资产交易结算成本,快速完成交易支付。

3. 物流领域

区块链技术融入物流领域可以降低物流成本,追溯物品的生产和运送过程,并提高供应链管理的效率。区块链通过节点连接的散状网络分层结构,能够在整个网络中实现信息的全面传递,并能够检验信息的准确程度,从而提高物联网交易的便利性和智能化。

4. 保险领域

目前,保险机构主要负责资金的归集、投资、理赔,管理和运营成本都很高。在保险理赔方面,可以通过区块链的智能合约应用,实现保单自动理赔。既无须投保人申请,也无须保险公司批准,只要触发理赔条件即可完成理赔,大大提高效率。

5. 服务领域

区块链技术可以解决城市、能源、交通等公共管理和服务领域的信息中心化带来的问题。区块链提供的去中心化分布式 DNS 服务,通过网络各个节点之间的点对点数据传输服务,实现域名的查询和解析,确保重要的基础设施的操作系统和固件不会被篡改,随时监控软件的状态和完整性。

2020 年 4 月,国家发改委重新定义了新型基础设施的概念,明确将区块链纳入我国数字经济下新技术基础设施的重要组成部分。区块链作为数字经济时代社会信用的基石,其具备的数据共享、数据安全、数据可信、数据确权四大优势,具有广阔的发展空间,必将发挥出巨大作用。图 5-6 所示为区块链示意图。

拓展阅读
5-6-1

图 5-6　区块链示意图

【探索实践】探讨区块链技术对社会信息体系建设的意义

收集区块链实际应用的案例及相关资料,从辩证角度分析区块链技术对信用体系发展的影响,探讨区块链应用社会信息体系建设的重要意义。

5.7　东方的曙光——量子信息 ≫≫≫

微课 5-7

21 世纪以来,全球科技创新进入空前密集活跃的时期,新一轮科技革命和产业变革正在重构全球创新版图、重塑全球经济结构。作为新一代信息技术中一缕从东方冉冉升起的曙光,量子信息技术已经成为当今世界科技实力和创新能力的重要体现,并将深刻影响未来信息产业发展和经济社会面貌。

任务 5.7.1　了解量子信息

1. 量子的概念

一个物理量如果存在最小的不可分割的基本单位,则这个物理量就是量子化的,并把最小单位称为量子。通俗地说,量子是能表现出某物质或物理量特性的最小单元。

量子具有量子并行、量子纠缠、量子不可克隆、叠加性、相干性等特性。

2. 量子信息的概念

量子信息(Quantum Information)是关于量子系统"状态"所带有的物理信息。它是通过量子系统的各种特性,进行计算、编码和信息传输的全新信息方式,也是走在时代前沿的量子力学与信息科学的交叉领域。

基于量子特性的量子信息技术将突破经典信息系统的极限,在信息安全、运算速度、信息容量、检测精度等方面获得更高性能的突破,具有无与伦比的优势和前景。

> "薛定谔的猫"是一个思想实验,由奥地利物理学家埃尔温·薛定谔于 1935 年提出。薛定谔试图用它说明将量子力学应用于日常宏观物体时会产生的问题。该试验场景中展示了一只假想的猫,它能够同时处于活着和死亡的状态,这种状态被称为量子叠加态。
>
> "薛定谔的猫"这一思想实验也经常出现在关于量子力学各种诠释的理论讨论中,薛定谔在描述该思想实验的过程中创造了"纠缠"这一术语。

📧 知识小贴士: **薛定谔的猫**

任务 5.7.2　展望量子信息的发展方向

科学研究发现,如果把传统的表征信息的基本物理单元替换成符合量子力学规律的微观量子系统,从而将量子力学基本原理运用到数据计算、加密、传输等信息处理过程中,将能完成一些传统信息技术无法想象的任务,这些领域统称为量子信息。

量子信息的 3 个主要发展方向是量子计算、量子加密与量子传输。

1. 量子计算

量子计算是利用量子独特的"量子态叠加性"实现的。量子力学和经典物理的最大不同,在于它认为事物状态并不是唯一确定的,而是各种可能性的"叠加"。电子计算机处理信息的最小单位为比特,只有 0 或 1 两种状态;但在量子力学中,一个量子比特可以既是 0 又是 1,也就是处于 0 和 1 的叠加态。量子计算机就是利用量子比特的这种性质进行计算的,由于处理的是处于叠加态的量子比特,所以可以采用同步并行的方式进行。通俗地说,电子计算机一次只能处理一个信息,而量子计算机一次可以处理多个信息的叠加,计算效率大大提高。以破解密码为例,目前流行的加密方式是使密码足够长,用世界上最强大的超级计算机,也未必能够算出结果。然而,一旦量子计算机成功运作,现行加密体系将面临失效。当然,不是在所有问题上,量子计算机的效率都高于传统计算机。由于目前研究成功的量子算法有限,因此只在破解密码、深度学习等特定问题上,量子计算机才具有明显优势。

2. 量子加密

量子加密是利用"量子不可克隆"这一特性实现的。量子力学认为,不可能把一个粒子的状态信息精确"复制"而不改变它本身。利用这种量子不可克隆性,可以进行一种理论上绝对安全的加密,即在实践中用光子的偏振方向来"编码"随机产生密钥信息,一旦这些光子在传输途中被人窃听,由于不可克隆性,它们的初始状态必定会被破坏,发送方和接收方很容易通过比较发现,从而重新更换密码。只有当双方确认接收到的密码未被窃听之后,才会发送加密过的正文,确保内容传输的绝对安全。可以把量子加密比喻成一块无比坚固的盾牌,在理论上永远不可能被攻破。

3. 量子传输

量子传输是利用"量子态纠缠性"实现的。所谓"量子纠缠",指的是两个粒子的状态会产生量子力学系统所特有的奇特关联。可以想象成抛两枚硬币,一旦它们"纠缠"在一起,就一定会抛出同样的结果。神奇的是,哪怕这两枚硬币后来相隔万里,甚至飞到宇宙两端,它们之间的"纠缠"也仍然可以继续存在。利用这一特性,可以把一个粒子的状态原封不动地"传送"到另一个粒子身上。目前的技术水平已可以实现传送原子、光子等微观状态。凭借量子加密和量子传输"绝无仅有"的安全性,量子信息技术将为解决信息安全传输问题提供强有力的支撑。

任务 5.7.3　探索量子信息的应用场景

1. 量子通信

量子通信的基本思想主要包括量子密钥分发（Quantum Key Distribution）和量子态隐形传输（Quantum Teleportation）。量子密钥分发可以建立安全的通信密码，通过一次一密的加密方式可以实现点对点方式的安全通信。现有的量子密钥分发技术可以实现百千米量级的密钥分发，辅以光开关等技术，还可以实现量子密钥分发网络。量子态隐形传输是基于量子纠缠态的分发与量子联合测量，实现量子信息的空间转移而又不移动量子态的物理载体，这如同将密封的信件内容从一个信封内转移到另一个信封内而又不移动任何信息载体自身。基于量子态隐形传输技术和量子存储技术的量子中继器可以实现任意远距离的量子密钥分发及网络。

通俗地说，量子通信的实现是基于量子态传输。为便于传输，现有的量子通信实验一般以光子为量子态载体，其表现形式即为光子态传输，量子信息的编码空间以光偏振为主。

量子通信技术被认为是保障未来信息社会通信机密性和隐私的关键技术。美国、德国、法国、日本等发达国家及众多国际大公司都在竞相发展这项技术。目前，中国在量子通信技术领域的研究处于世界领先地位。

📖 知识
小贴士：
BB84 协议

> 1984 年，物理学家 C.H.Bennett 和密码学家 G.Brassard 提出了利用"量子不可克隆定理"实现密钥分发的方案，后称 BB84 协议。所谓协议，就是完成通信或服务所必须遵循的基本规则和约定。BB84 协议也是中国已建或在建的所有量子通信工程的技术基础。

美国在 2005 年建成了 DARPA 量子网络，连接美国 BBN 公司、哈佛大学和波士顿大学 3 个节点。我国在 2008 年研制了 20 km 级的 3 方量子电话网络；在 2009 年构建了一个 4 节点全通型量子通信网络，大大提高了安全通信的距离和密钥产生速率，同时保证了绝对安全性。

2014 年，我国远程量子密钥分发系统的安全距离扩展至 200 km，刷新世界纪录。

2016 年 8 月 16 日，我国发射量子科学实验卫星"墨子号"，实现了世界上首次卫星和地面之间的量子通信，构建起天地一体化的量子保密通信与科学实验体系，如图 5-7 所示。量子卫星的成功发射和在轨运行，将有助于我国在量子通信技术实用化整体水平上保持和扩大国际领先地位。

图 5-7　量子科学实验卫星"墨子号"

2. 量子计算机

量子计算是一种遵循量子力学规律调控量子信息单元进行计算的新型计算模式。相对于传统的通用计算机，量子计算机的理论模型是用量子力学规律重新诠释的通用图灵机。

一般认为，量子计算机由包含导线和基本量子门的量子线路构成，导线用于传递量子信息，量子门用于操作量子信息。量子计算机有望突破传统计算瓶颈，拥有指数级的计算能力。

2015 年 5 月，IBM 在量子运算上率先取得两项关键性突破：一项是开发出四量子位原型电路（Four Quantum Bit Circuit）；另外一项是可以同时发现两种量子的错误形态，分别为比特翻转（Bit-

Flip）与相位翻转（Phase-Flip），不同于过往在同一时间内只能找出一种错误形态，使量子计算机运作更为稳定。2016 年 8 月，美国马里兰大学学院公园分校发明世界上第一台由 5 量子比特组成的可编程量子计算机。

2020 年 12 月，中国科学技术大学等单位构建的 76 个光子的量子计算原型机"九章"正式发布，实现了具有实用前景的"高斯玻色取样"任务的快速求解，如图 5-8 所示。根据现有理论，该量子计算系统处理高斯玻色取样的速度比目前最快的超级计算机快 100 万亿倍（"九章"用 1 min 完成的特定任务，超级计算机需要 1 亿年）。2021 年 5 月，该团队又研制成功了 62 比特可编程超导量子计算原型机"祖冲之号"。上述成果使得我国成功达到了量子计算研究的第一个里程碑——量子计算优越性。

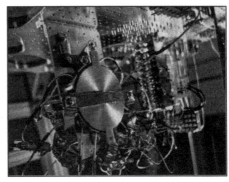

图 5-8　"九章"量子计算原型机

　　发展"量子通信"的意义，是为了确保未来"量子计算"时代的信息安全。"量子计算"和"量子通信"虽然是两个概念，但同属于量子力学应用的范畴，两个概念相辅相成，也相互制衡。
　　如果把"量子计算"比作计算机，那么"量子通信"就是网络。人们既要使用计算机来处理日常工作，又要通过网络连接外部。

知识
小贴士：
"量子通信"与"量子计算"的关系

3. 量子雷达

量子雷达属于一种新概念雷达，是将量子信息技术引入经典雷达探测领域。这种雷达利用光子的量子特性来对目标进行成像，由于任何物体在接收到光子信号之后都会改变其量子特性，所以这种雷达能轻易探测到隐形飞机，而且几乎是不可被干扰的。可以通过光子的量子属性来获得先进的反隐身技术，进而提升雷达的综合性能。

量子雷达具有探测距离远、可识别和分辨隐身平台及武器系统等突出特点，未来可进一步应用于导弹防御和空间探测，具有极其广阔的应用前景。根据利用量子现象和光子发射机制的不同，量子雷达主要可以分为 3 个类别：一是量子雷达发射非纠缠的量子态电磁波，对返回光子状态的测量提取出目标信息；二是量子雷达发射纠缠的量子态电磁波，根据探测光子和成像光子的纠缠关联提高雷达的探测性能；三是雷达发射经典态的电磁波，在接收机处使用量子增强检测技术以提升雷达系统的性能。

2008 年，美国麻省理工学院首次提出了量子远程探测系统模型。2013 年，意大利科学家在实验室中达成量子雷达成像探测，证明其有实战价值的可能性。2016 年 8 月，我国首部基于单光子检测的量子雷达系统由中国电子科技集团公司第十四研究所研制，中国科学技术大学、中国电子科技集团公司第二十七研究所以及南京大学协作完成。

2018 年，我国基于单光子检测的量子雷达系统研制成功，一举突破同类雷达的探测极限，在国际上首次实现量子层次的远程雷达探测，如图 5-9 所示。

拓展阅读
5-7-1

图 5-9　量子雷达

【实训项目】编写新一代信息技术与相关产业融合发展分析报告

情境描述 ▶

李明作为一名制造专业的高职学生,对信息技术与制造产业融合非常感兴趣。他想编写一份物联网、人工智能等新一代信息技术与制造业融合的分析报告。

项目要求 ▶

收集汇总大数据、云计算、物联网、人工智能等新一代信息技术的相关资料,结合所学专业,在交流研讨的基础上,以文、图、表多样化的方式,同学间合作编辑完成新一代信息技术与相关产业融合发展分析报告。

项目实现 ▶

以装备制造大类专业为例,可结合我国加快推进新一代信息技术与制造业深度融合,加快制造业数字化、网络化、智能化步伐,加速"中国制造"向"中国智造"转型等内容,编写分析报告。

1) 新一代信息技术与生产要素融合,形成数字化、网络化的生产环境。

2) 搭建工业互联网平台,实现数据采集、流动、集成、分析、应用等闭环管理。

3) 建设高度自动化工厂,通过"数字孪生"实现对物理工厂的控制、预测和协同优化。

4) 通过数字化转型,提升对市场的响应速度和抗风险能力,提高能源利用效率和企业竞争力。

5) 通过制造系统的自感知、自学习、自决策、自执行和自适应能力来实现智能制造和绿色制造。

拓展阅读
5-7-2

【探索实践】探索量子信息的未来发展

广泛收集量子信息相关资料,研讨并展望量子信息未来的发展前景和对信息技术带来的影响。

▶▶ 本章小结

本章简要介绍了大数据、云计算、物联网、人工智能、移动通信、区块链和量子信息等相关知识,展示了新一代信息技术的特点和典型应用,帮助同学们充分认知新一代信息技术的融合发展与应用为社会发展所提供的强大创新动力,同时为后续相关拓展模块的学习奠定了基础。

▶▶ 课后习题

习题答案

一、选择题

1. 大数据的最显著特征是(　　　)。

　　A. 数据类型多样　　B. 存取速度快　　　　　C. 应用价值高　　　　　D. 数据规模大

2. 当今社会中,最常见的大数据环境是(　　　)。

　　A. 物资仓库　　　　B. 互联网　　　　　　　C. 矿山资源　　　　　　D. 办公中心

3. 云计算的服务模式主要有(　　　)。

　　A. IaaS　　　　　　B. PaaS　　　　　　　　C. DaaS　　　　　　　　D. SaaS

4. 需要云计算服务的是(　　　)。

　　A. 电力部门　　　　B. 政府机构　　　　　　C. 教育系统　　　　　　D. 三者均需要

5. RFID 属于物联网的(　　　)层。

　　A. 业务　　　　　　B. 应用　　　　　　　　C. 网络　　　　　　　　D. 感知

6. 光敏传感器接收(　　　)信息,并将其转换为电信号。

　　A. 声　　　　　　　B. 力　　　　　　　　　C. 光　　　　　　　　　D. 电

7. 人工智能的基础是(　　　)。

　　A. 哲学　　　　　　B. 计算机科学　　　　　C. 语言学　　　　　　　D. 心理学

8. 专家系统是以(　　　)为基础;以推理为核心的系统。

　　A. 软件　　　　　　B. 专家　　　　　　　　C. 文件　　　　　　　　D. 知识

9. 下列属于 5G 特性的有(　　　)。

A. 超高速率　　　　B. 超低时延　　　　　C. 超高时延　　　　　D. 超低密度

10. 5G 是指（　　　）。

A. 5G 网络　　　　B. 5G 互联网　　　　C. 5G 智能手机　　　　D. 第五代移动通信技术

11. 以下不是区块链特性的是（　　　）。

A. 不可篡改　　　　B. 去中心化　　　　　C. 高升值　　　　　D. 可追溯

12. 比特币使用的区块链属于（　　　）。

A. 公有链　　　　B. 联盟链　　　　　C. 私有链　　　　　D. 公有链和私有链

13. 量子信息的三大基本原理是（　　　）。

A. 量子比特　　　　B. 量子叠加　　　　C. 量子纠缠　　　　D. 量子对抗

14. 量子信息是指把量子系统"状态"所带有的物理信息进行（　　　）的全新信息方式。

A. 计算　　　　B. 编码　　　　　C. 传输　　　　　D. 放大

二、简答题

1. 大数据现象是怎样形成的?

2. 简述大数据技术的特点。

3. 简要说明云计算的基本特征。

4. 列举你所知道的云计算服务商。

5. 简述物联网的特征。

6. 简述物联网在本专业的应用。

7. 举例说明什么是机器学习。

8. 简述人工智能在家庭生活中的应用。

9. 普通用户怎么才能使用 5G 服务?

10. 简述 5G 关键技术。

11. 简述区块链建立公信力的两大特点。

12. 举例说明区块链技术的应用。

13. 什么是量子比特?

14. 量子通信的特点有哪些?

第 6 章

信息素养与社会责任

近年来,随着信息技术的快速发展与普及应用,其与人类社会的生产、生活深度交汇融合,也推动社会进入了发展的新阶段——信息社会和智慧社会。在我国,由信息技术推动的数字经济占 GDP 比重已超过四成,连续数年位居世界第二,电子商务交易额、移动支付交易规模居全球第一。网络化、数字化、智能化已成为新时代的重要特征,新技术、新产业、新模式、新业态不断涌现,引发了生产组织结构与社会运行方式的重大变革,同时也改变着人们的思维与行为方式。作为身处信息社会的新型职业人才,要在充分掌握信息技术应用的相关知识、技能的基础上,注重培养与社会发展同步的信息素养和社会责任意识,以奠定个人职业成长与未来发展的良好基础,并为网络强国、数字中国建设贡献力量。

【学习目标】
1）了解信息素养的基本概念,理解信息技术学科核心素养要求。
2）了解信息技术发展史,树立正确的职业理念。
3）了解信息安全及自主可控的要求。
4）掌握信息伦理知识,了解相关法律法规,能有效识别虚假信息。
5）了解不同行业发展信息素养的途径和方法。

PPT–6 ## 6.1 信息素养

任务 6.1.1 了解信息素养的概念

信息素养是人们在应用信息技术的过程中需要具备的一种基本能力,包括信息文化素养、信息意识和信息应用技能等层面的内容。具备信息素养的人能够判断什么时候需要信息,并且懂得如何去获取信息,以及如何去甄别和有效利用信息。

信息素养是一种综合能力的体现,涉及各方面的知识与能力,包含人文、技术、经济、社会、法律等诸多因素,与多学科有着紧密的联系。信息素养涉及信息内容的传播、分析、检索以及评价等方面,是一种了解、收集、评估和利用信息的知识结构,既需要熟练的技术应用,也需要通过完善的调查方法、鉴别和推理得以体现。可以说,信息素养是信息能力的集中展现,信息技术的应用能力是展现信息素养的重要指标。

任务 6.1.2 认识信息素养的核心要素

高等职业院校的学生,应具备的信息素养主要包含 4 个方面的核心要素:信息意识、计算思维、数字化创新与发展、信息社会责任。

1. 信息意识

信息意识是指对信息的敏感度和对信息价值的判断力,具体体现在能够了解信息及个人信息技术运用能力在现代社会中的作用与价值,能主动寻求恰当的方式捕获、提取和分析信息,以有效的方法和手段判断信息的可靠性、真实性、准确性和目的性,会对信息可能产生的影响进行预期分析,自觉地充分利用信息解决生活、学习和工作中的实际问题,具有团队协作精神,善于与他人合作、共享信息,实现信息的更大价值。

信息意识是人们产生信息需求,形成信息动机,进而自觉寻求信息、利用信息、形成信息兴趣的动力和源泉。信息意识主要表现为:关注信息技术的发展,多层面了解信息技术的相关知识,主动寻找用于生产、生活中需要解决问题的信息资源和技术工具,善于运用合适的信息技术工具来获取、处理和分析信息,通过与他人的共享协作,优化问题解决的流程,提高问题解决的效率。

信息意识的本质是自觉、有效运用信息技术的积极态度和行动。例如,在职业岗位上接手一个新的工作任务时,首先应判断是否可以运用信息技术手段来助力任务的完成,同时思考有哪些可用的应用系统、软件平台和信息资源可以为任务完成提供支持;信息资源从何处采集,以何种方式收集,如何甄别其可靠性、真实性、客观性;怎样通过团队合作和分享信息来提高工作效率。

2. 计算思维

计算思维是指在问题求解、系统设计的过程中,运用计算机科学领域的思想与实践方法所产生的一系列思维活动。具体体现在能采用计算机可以处理的方式界定问题、抽象特征、建立模型、组织数据,能综合利用各种信息资源、科学方法和信息技术工具解决问题,并将这种解决问题的思维方式,迁移运用到职业岗位与生活情境的其他问题解决过程之中。

计算思维是一种思维过程,可以脱离计算机、互联网、人工智能等技术独立存在。这种思维是人的思维而不是计算机的思维,是人用计算机等信息技术设备可以处理和实现的方式来思考问题的解决办法,通过运行信息技术设备、软件等资源,从而高效、快速地完成单纯依靠人力无法完成的任务,解决计算机问世以前很难处理的问题。计算思维已成为信息时代人们认知、思考的常态化思维方式。

计算思维的本质是抽象和自动化,即用计算机程序化的运行方式来解决问题。计算思维的方法可分为分解、模式识别、抽象、算法4个方面,并延伸至建模、评估、泛化等方面。

1) 分解:将事物拆分为多个组成其基本结构的部分,即将大的整块问题细分成相对较小的部分,逐一寻求解决方案,以有利于降低问题解决难度,并提升问题解决的效率,在系统设计中是一种自上而下的分析方法。

2) 模式识别:设法找到事物的特征,通过分析总结特征模式得出可行的逻辑方案。模式匹配用于寻找事物之间的相同之处与不同之处,以找寻解决问题的方式方法。

3) 抽象:剔除在模式识别过程中发现的差异,以关注重点细节。抽象可以帮助去除不适合或无用的信息,聚焦于探索问题的解决方案。

4) 算法:在概念上是完成一项任务的程序步骤列表,即在问题解决的过程中,通过创建一系列步骤,形成解决问题的自动化方案。算法有不同的描述方式,流程图是其中一种简洁直观的描述方法。表 6-1列出了在算法流程图中常用的基本符号。任何复杂的算法都可以由顺序结构、选择结构和循环结构等基本控制结构组合而成,如图 6-1 所示。

表 6-1　算法流程图使用的基本符号

图形符号	符号名称	说明
	起始、终止框	表示算法的开始和结束
	输入 / 输出框	标明输入 / 输出的数据内容
	处理框	标明处理的过程动作
	判断框	标明判定条件及判定后两种结果的流向
	流程线	表示从某一框到另一框的流向
	连接点	表示算法流向出口或入口连接点

5) 建模:对当前一类问题及具体算法的提炼、再封装,形成可靠稳定的整套解决方案,用于解决同一类别的问题。

6) 评估:在已有可行解决方案的基础上,使用相应的方法对方案进行分析评价,确定方案是否正确有效,是否有改进空间让效率或结果更好、更可靠,以及如何实施方案更加科学。

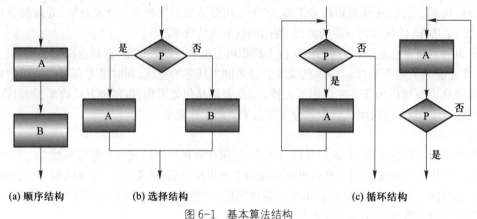

(a) 顺序结构　　　　　　(b) 选择结构　　　　　　　　(c) 循环结构

图 6-1　基本算法结构

7) 泛化：调整和优化现有的问题解决模型，以便适用于新的问题解决，或将某个具体问题的解决方案迁移至一类问题的解决过程，实现举一反三。泛化需要总结归纳解决问题的规律，把类同的问题一般化，迁移运用至跨领域的其他问题解决。具备跨界融合的泛化问题解决能力，是信息素养的重要体现。

3. 数字化创新与发展

数字化创新与发展是指综合利用相关数字化资源与工具，完成学习任务并具备创造性地解决问题的能力。具体体现在能够理解数字化学习环境的特点，能从信息化角度分析问题的解决路径，并将信息技术与所学专业技术相融合，通过创新思维和具体实践使问题得以解决；能运用数字化资源与工具，养成数字化学习与实践创新的习惯，实现自主学习、协同工作、知识分享与创新创业实践，形成可持续发展能力。

数字化创新与发展能力的培养，需要在信息技术及其他课程的学习与实践过程中，掌握使用网络和数字化工具辅助学习方法，会选用合适的信息技术工具进行学习资源的检索处理、研究内容的分析验证、学习成果的交流分享、基于网络的协作学习环境搭建以及创新创业实践。在职业能力的培养过程中，应充分运用数字化学习平台和虚拟仿真技术进行专业能力训练，善于运用数字化工具进行专业领域复杂信息的加工和处理，进而建构知识、表达思想、分享成果，培养主动运用信息技术进行学习与实践探索的思维模式和行为习惯。

4. 信息社会责任

信息社会责任是指在信息社会中，在文化修养、道德规范和行为自律等方面应尽的责任。体现于能在现实世界和虚拟网络空间中都能遵守相关法律法规，信守信息社会的道德与伦理准则；具备较强的信息安全意识与防护能力，能有效维护信息活动中本人与他人的合法权益，维护公共信息安全；关注信息技术创新所带来的社会问题，对信息技术创新所产生的新观念和新事物，能从社会发展、职业发展的视角进行理性的判断和负责任的行动。

培养信息社会的责任感，要以社会主义核心价值观为引领，在与信息技术相关的知识技能学习和实践活动中，多角度了解信息社会的特征以及相关的文化、道德和法律常识，对信息技术的发展与应用对个人和社会的影响有正确的认知，树立弘扬先进文化、保护信息安全、尊重知识产权的意识。要了解信息安全规范，合法使用信息资源，保护好个人及他人的信息隐私，正确区分现实世界与网络虚拟空间身份角色的差异，深入了解日常生活与职业岗位情境中开展信息活动应遵循的行为规范和准则，合法使用信息资源和信息技术工具，能客观认识并主动适应新技术所引发的生产、生活方式变革的影响，评估可能存在的风险，采取负责任的行动。

🧪【探索实践】评估个人的信息素养水平

分组交流研讨，从个人日常生活中主动运用信息技术处理问题的频次，熟练掌握的软件与平台的种类、数量，解决问题方式与计算思维模式的契合度，学习中使用网络和数字化工具进行知识检索、内容处理分析、成果分享发布的覆盖比例，以及判断信息活动行为是否符合规范等方面，尝试以等级指标的量化数据来分析和评估个人信息素养水平。通过个人自评和同学互评，对比相互差异，查找个人在信息素养方面还有哪些提升空间。

6.2　信息技术发展史　》》》

任务 6.2.1　回顾人类社会的五次信息革命

物质、能源和信息是人类赖以生存的三大资源要素。人类的生存与社会的发展离不开信息,促使人们一直在探索更有效、更快捷的信息获取与处理手段,信息技术的发展与应用也成为标志人类文明发展过程的重要指标。人类社会发展所经历的五次信息革命如图 6-2 所示。

微课 6-1

| 1. 语言的出现
信息可以分享 | 2. 文字的出现
信息可以记录 | 3. 印刷术的发明
信息的传播
范围扩大 | 4. 广播、电视、
电话的使用
信息可以远距离
实时传播 | 5. 现代信息技术
的普及应用
信息的交互突破了时空
的限制,改变了人们传
统的生产、生活方式 |

图 6-2　人类社会的五次信息革命

任务 6.2.2　了解现代信息技术的发展进程

1. 计算机的发展

现代信息技术与电子计算机(通常简称为计算机)的发明密不可分。1946 年,世界上第一台真正意义上的通用电子计算机(ENIAC)诞生,计算速度是每秒 5 000 次加法或 400 次乘法。今天人们普遍使用的计算机的基本工作原理都沿用于 ENIAC。

计算机的发展可分为电子管、晶体管、中小规模集成电路、大规模和超大规模集成电路 4 个阶段。计算机的发展表现为 4 种趋向:巨型化、微型化、网络化和智能化。

2. 互联网的发展

互联网是计算机网络与网络之间使用通信协议(如 TCP/IP)相连,形成逻辑上的单一巨大国际网络。互联网与计算机被并称为 20 世纪最伟大的发明之一。

拓展阅读
6-2-1

互联网始于 1969 年。当年 10 月,世界上的第一封电子邮件通过互联网发送。1989 年,出现了可在互联网上浏览呈现文字、图形、动画、声音、表格、链接等信息的超文本标记语言(HTML)。1993 年,第一个可以读取 HTML 文件的程序 Mosaic 浏览器问世,网页浏览开始进入人们的视野。

1987 年 9 月,从北京大学向德国发出的第一封电子邮件,标志着中国开始接触互联网。1994 年 5 月,中国正式全面接入互联网。至 2020 年底,中国网民规模已接近 10 亿,互联网普及率超过七成,建成了全球规模最大的光纤网络和 4G/5G 移动通信网络,由互联网拉动的数字经济核心产能增加值占 GDP 比重接近 8%,在线服务指数在全球排名提升到第 9 位。

互联网对人类社会的巨大影响不仅表现在信息的获取、处理与传递方式上,更表现为构建在网络之上的新型产业形态、社会经济、思维模式、人际交往方式、生活方式和新型文化,以及衍生出虚拟生活这一从未在人类社会出现并超越前人最大胆想象的生活形态。

"互联网 +"是在信息社会、知识社会创新背景推动下,利用信息通信技术以及互联网平台,通过互联网与传统行业所进行的深度融合,创造出的新发展生态。"互联网 +"表现为五大特征:连接一切,跨界融合,创新驱动,重塑结构,开放生态。

知识
小贴士:
互联网 +

3. 人工智能的发展

人工智能(AI)作为信息技术的一个重要分支,是通过计算机系统和模型(算法、数据)模拟人类心智的技术体系与实现方法的集合。1956 年,人工智能的概念被首次提出。1959 年,第一台工业机器人被制造出来。1965 年,人们开始研究"有感觉"的机器人。1968 年,世界上第一台智能机器人诞生。1986 年,"深度神经网络理论"等人工智能算法取得重大突破。2002 年,吸尘器机器人开始进入家庭。2006 年,深度学习人工智能算法在图像识别、语音识别、机器翻译等多个领域取得重大进展。2014 年,聊天机器人程序"尤金·古斯特曼"通过图灵测试。2016 年,围棋机器人 AlphaGo 战胜人类围棋世界冠军,标志着人工智能发展新阶段的到来。

近年来,人工智能技术发展迅猛,与 5G、物联网、数字孪生、云计算、边缘计算等技术群形成聚变效应,推动万物互联迈向万物智能,带动了"智能 +"时代的到来。基于深度学习的人工智能认知能力将达到人类专家顾问级别;人工智能技术进入大规模商用阶段,人工智能产品全面进入消费级市场,可购买的智慧服务及产品层出不穷。借助人工智能技术,推动传统产业转型升级,"智能 + 制造""智能 + 交通""智能 + 医疗""智能 + 教育""智能 + 农业""智能 + 金融""智能 + 商业""智能 + 物流""智能 + 文旅""智能 + 政务"……不断改变着原有的生态,展现出新的发展图景。

【探索实践】探究信息技术的发展趋势和对未来人类社会可能的影响

结合信息技术的发展历史,探讨分析信息技术从古至今的发展趋势和对人类社会的影响。同时展开想象,探讨未来信息技术发展的可能前景,从辩证角度分析信息技术对人类社会发展的正反两方面的影响。在探究学习的基础上,综合研讨成果,分组制作图文并茂的展示文档。

任务 6.2.3 探查知名信息技术企业的发展轨迹

拓展阅读
6-2-2

现代信息技术兴起以后,曾出现过许多知名的信息技术企业,这些企业相继推出过诸多划时代的技术和产品。但随着时代的更替,一些企业湮没于历史的长河中,一些企业则持续保持着良好的发展态势,不断引领着技术的发展与进步;还有一些新兴企业,以其创新的技术和运营理念,迅速成长为耀眼的时代明星。这些企业兴衰更替的历程,既有技术发展演变的客观因素影响,也有企业自身运营理念等主观因素的作用。

【探索实践】从信息技术企业的兴衰进程中领悟发展更迭的脉络

对比知名的信息技术企业的发展轨迹,从网上收集资料,探查这些信息技术企业的兴衰变化,如 AT&T、IBM、Intel、微软、苹果、华为、腾讯、摩托罗拉、SUN、甲骨文、联想、北大方正、科大讯飞、网易、百度、小米等,了解这些企业都曾有过哪些知名的信息技术产品,分析企业成功或没落的主要因素是什么,为什么有些企业会错失发展机遇? 进而思考个人和企业在信息时代应当树立怎样的理念。可制作展示文档,分组进行交流。

6.3 信息安全与自主可控 ▶▶▶

任务 6.3.1 了解信息安全的基本要求

在信息社会,人类的许多活动都是在计算机、手机等智能终端设备和网络等组成的信息系统支持下进行的,在带来便利的同时,也产生了新的安全隐患。随着信息技术的深度应用,特别是数字经济等的发展,信息安全的重要性日益凸显,已成为事关国家安全战略的重要内容。

1. 信息安全问题产生的原因

信息安全是指在信息系统的建设与应用过程中,进行的技术、管理上的安全保护,其目的是保护信息系统硬件、软件、数据不因偶然和恶意的原因而遭到破坏、更改和泄露。

可能产生信息安全问题的原因主要来自以下 3 个方面。

1)信息系统使用者和技术管理人员安全意识不到位。例如,不注意用户口令的安全性,使用弱密码;敏感信息资源的管理不规范,导致易被非法获取;对个人信息保护的意识不强,随意在网站、App 中登记个人详细信息；没有及时为信息系统升级安全补丁的习惯等。

2）因技术原因存在的信息安全漏洞。所谓的信息安全漏洞是指在信息技术、信息产品、信息系统等的设计、实现、配置、运行等过程中，有意或无意产生的安全缺陷。有些漏洞的产生是硬件和软件系统先天的技术缺陷，而有些漏洞则是在技术更新过程中因系统陈旧所导致的安全隐患。

3）来自非法分子的恶意攻击。一些黑客通过利用信息系统存在的安全漏洞，或通过传播恶意程序或病毒等方式，未经允许进入用户的计算机或信息系统窃取资料或破坏软件和硬件，更有甚者会导致整个网络系统出现瘫痪，危害极其严重。

2. 加强信息安全的有效措施

要保护信息安全，需要树立信息安全意识，随时关注最新的信息安全事件，养成良好的信息安全行为习惯，采取必要的信息技术手段防范风险。

拓展阅读
6-3-1

强密码是指不容易被猜到或破解的密码。强密码应具有如下特征：

1）密码长度至少在 8 个字符以上。

2）不包含全部或部分用户名，不是命令名、人名和计算机名。

3）至少包含以下 4 类字符中的 3 类：大写字母、小写字母、数字以及键盘上的特殊符号（如！、@、#）。

4）在字典中查不到。

5）不容易被猜测到，如生日、电话号码等。

6）定期更改，修改前后的密码明显不同。

📖 知识
小贴士：
强密码

💡 【实训项目】构建个人计算机的信息安全基础防线

情境描述 ▶

李明为保证个人计算机的稳定运行和信息资源的安全，希望自己的计算机具有防范病毒的功能，并保证计算机内的重要的信息资源不被他人非法查看和获取。

项目要求 ▶

了解计算机信息安全设置的基本方法。

实训内容 ▶

为计算机加装防病毒软件，通过创建安全账户和设置文件目录访问权限，保证计算机的重要信息资源的安全。

微课 6-2

项目实现 ▶

步骤 1：安装并应用信息安全软件。

信息安全软件可以帮助用户扫描信息安全漏洞，监控系统运行情况，查杀木马、病毒等恶意程序，在系统底层进行必要的安全防护。用于个人计算机的信息安全类软件的种类较多，如火绒、腾讯电脑管家、360 安全卫士、卡巴斯基等。

1）在互联网上搜索"火绒"等信息安全软件，从其官方网站下载并安装相应软件。

2）打开信息安全软件，进行"病毒查杀""安全防护""漏洞修复"等操作，如图 6-3 所示。

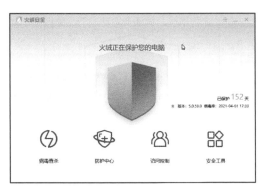
(a) 信息安全软件界面

(b) 查杀病毒等恶意软件

(c) 系统安全防护设置

(d) 扫描漏洞并修复

图6-3 操作信息安全软件

步骤2：创建安全账户。

1）打开"本地用户和组"界面。在 Windows 10 操作系统中，右击"开始"按钮▦，在弹出的快捷菜单中选择"计算机管理"命令，打开"计算机管理"窗口，在左侧导航栏中选择"本地用户和组"选项，如图6-4所示。

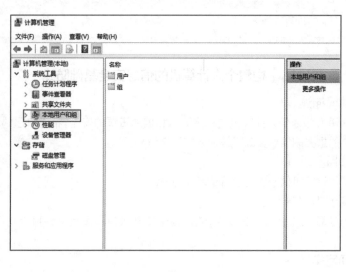

图6-4 在"计算机管理"窗口中选择"本地用户和组"选项

拓展阅读
6-3-2

也可以在系统命令行窗口中输入"lusrmgr.msc"命令，如图6-5所示，直接打开"本地用户和组"界面。

2）创建新用户。在"本地用户和组"界面中间的信息栏内右击"用户"项，在弹出的快捷菜单中选择"新用户"命令，打开"新用户"对话框，填写准备创建的安全账户信息，然后单击"创建"按钮，就可以创新一个新用户，如图6-6所示。注意输入密码时要使用强密码。用户创建完成后单击"关闭"按钮，可以看到在"本地用户和组"界面中间的信息栏内显示出新创建的用户列表，如图6-7所示。

步骤3：设置文件目录仅限于"安全账户"的访问权限。

用户创建后，即具有一定的权限。权限是根据系统设置的安全规则或者安全策略，用户可以访问而且只能访问被授权的资源。如用户只限于访问自己的文件夹，则对其他用户的文件夹是没有访问权限的，如图6-8所示。

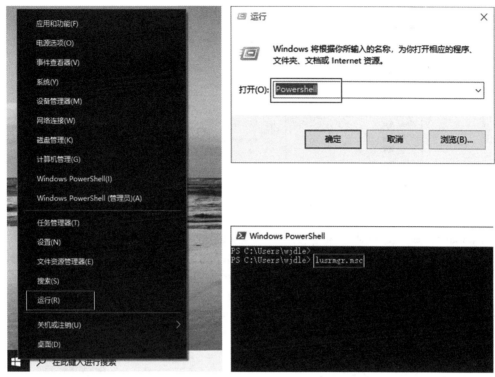

图 6-5　在命令行窗口中输入"lusrmgr.msc"命令

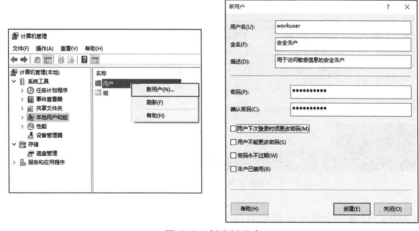

图 6-6　创建新用户

图 6-7　用户列表

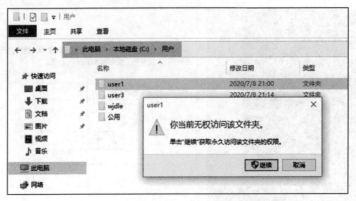

图 6-8　当前用户无权访问其他用户的文件夹

拓展阅读
6-3-3

1) 设置 workuser(安全账户)对"重要信息文档"有全部的操作权限。

使用管理员用户登录系统,打开"文件资源管理器"窗口,找到要设置权限的文件夹,如"D:\重要信息文档",右击文件夹图标,在弹出的快捷菜单中选择"属性"命令。在打开的文件夹的"属性"对话框中选择"安全"选项卡,然后单击"编辑"按钮。在打开的文件夹的"权限"对话框中单击"添加"按钮,打开"选择用户或组"对话框,输入用户名,如"workuser"(安全账户),如图 6-9 所示,然后单击"确定"按钮。

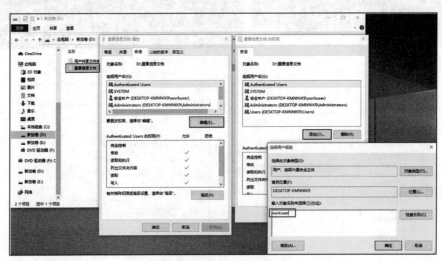

图 6-9　输入要设置文件访问权限的用户

在文件夹的"权限"对话框中选择刚新增的用户名,在权限栏内选中如图 6-10 所示的复选框,设定允许"完全控制"等权限,然后单击"确定"按钮。

2) 取消其他用户对"重要信息文档"的访问权限。

在文件夹的"属性"对话框的"安全"选项卡中单击"高级"按钮,在打开的文件夹的"高级安全设置"窗口中单击"禁用继承"按钮,在弹出的提示对话框中选择"从此对象中删除所有已继承的权限"项,如图 6-11 所示。如果权限栏中还有其他用户,可以依次选择后单击"删除"按钮将其删除,结果如图 6-12 所示,最后单击"确认"按钮。这样,"重要信息文档"文件夹内的文档只能在系统登录为"workuser(安全账户)"时访问,其他用户均无权访问。

任务 6.3.2　认识信息安全的自主可控

在互联网与大数据时代,人类社会的活动几乎都需要借助网络和不同类型的信息系统的支持,信息活动的过程中会随时随地产生大量的信息数据。保护网络、关键信息技术基础设施与系统、相关信息数据的安全,是构造国家安全保障体系的重要组成部分。实现信息安全的自主可控,打造相对安全的信息技术发展与应用环境,使之不受外来侵扰,是确保国家安全和社会稳定的重要基石。

可控性是指对信息和信息系统实施安全监控管理,防止非法利用信息和信息系统,是实现信息安全的

5 个安全目标之一。自主可控技术就是依靠自身研发设计,全面掌握产品核心技术,实现信息系统从硬件到软件的自主研发、生产、升级、维护的全程可控,即核心技术、关键零部件、主要软件等实现国产化,自己开发、自己制造,不受制于人。

图 6-10　设置用户的访问权限

图 6-11　删除选定文件夹所有已继承权限

实现信息技术领域的自主可控是一个全产业链的长期行为,上至法律法规、标准,下至具体的产品或服务,需要产业链上的各单位、企业、机构甚至消费者共同参与才能实现。

当前,在信息技术领域加快推进自主可控的重点涉及 3 个方面:一是国产集成电路芯片(主要是 CPU)和设计与制造;二是操作系统的国产化;三是核心软件的国产化。

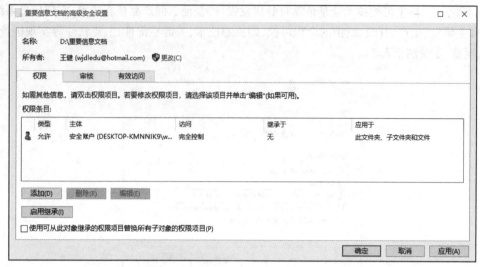

图 6-12　取消其他用户访问权限后的效果

拓展阅读
6-3-4

拓展阅读
6-3-5

除了国产软件之外,使用开源软件也可以在一定程度上实现信息安全的可控。开源软件即开放源代码软件,被定义为描述其源代码可以被公众使用的软件。开源软件在使用、修改和分发时,不受许可证的限制,但需要修改后的程序继续保证开源。相较功能强大且完善的商业软件,开源软件具有很多优点:一是成本较低,开源软件大多是免费的,即使收费也较便宜;二是质量较高,相较于商业软件封闭的开发模式,开放源代码可以让更多的软件开发者对代码和设计进行双重审查,这在一定程度上保证了软件的品质;三是透明,非开源软件可能隐藏着许多 Bug,甚至还可能留有后门,对信息安全的危害极大,而开源软件的源代码对所有人开放,透明机制有效减少了软件私开后门的可能;四是可定制,软件使用者可以根据自己的需要对开源软件进行修改完善或增加功能,当然,修改后的源代码也需要开放。

🔨【探索实践】体验使用国产操作系统,安装应用国产及开源软件

应用开源虚拟机软件,安装 DeepinUOS、银河麒麟等国产操作系统,体验与 Windows 操作系统的异同。结合所学专业,尝试在国产操作系统上安装并应用各种国产或开源软件,对比日常使用的一些国外商业软件,观察其功能和操作习惯上的异同,培养在日常学习和工作中使用国产或开源软件的能力。

6.4　信息伦理与职业行为自律　》》》

任务 6.4.1　理解信息伦理的基本要求

信息伦理是指涉及信息开发、传播、管理和利用等方面的伦理要求、准则和规约等,以及在此基础上形成的新型伦理关系。信息伦理又称为信息道德,是调整人与人之间以及个人与社会之间信息关系的行为规范的总和。

拓展阅读
6-4-1

信息伦理是信息技术发展的产物,是社会自发管理的一种手段,通过内发的约束力在潜移默化中规范人们的信息活动行为。信息伦理从道德的角度,对信息技术的研发以及应用等进行规范和约束,从而保证信息技术朝着有利于人类生存、有利于社会发展的方向进行。随着信息技术的发展应用,传统的社会伦理道德在运用于网络空间、人工智能时显得力不从心,需要与之相适应的伦理道德规范。不同国家、组织都制定过内容不同的信息伦理规则。

拓展阅读
6-4-2

🔨【探索实践】判断相关案例是否符合信息伦理

分析表 6-2 中所罗列的一些案例,判断是否符合信息伦理。如不符合,分析其主要是违背了哪些方面的信息伦理要求,正确的行为方式又该怎样? 可以更广泛地收集现实中的其他案例,进行交流研讨。

表 6-2　信息伦理案例分析

案例	是否符合信息伦理	正确的行动
在网络上发起资助贫困同学的倡议,公示贫困同学的个人信息		
改动开源软件的源代码后,编译为机器代码形式的商业软件进行销售		
在朋友圈转发网络"大 V"发布的热门信息		
推出二维码点餐服务后,取消原有的纸质菜单		
利用人工智能和大数据技术帮助查找"走失儿童"		
为获取学习资料,"翻墙"到境外网站查找收集信息		
在同学朋友圈发布最新软件的破解技巧		

微课 6-3

任务 6.4.2　甄别网络信息

在网络普及应用的时代,人们已经习惯于从互联网中获取各种信息、在网上购物、与网友交流……但网络上的信息千差万别,很多信息不一定是真实的,有些信息甚至是恶意或带有欺诈目的的,这就需要网络用户学会鉴别网络信息,增强对网络信息准确性、客观性的判断力。

要想从网络中获取权威、客观的信息,应通过权威认证、可信度高的官方网站和公众号等进行,如政府网站、官方媒体、学术网站等。对于一些自媒体平台推送的信息,不应轻信,要通过官方媒体平台验证其真实性。在通过"百科"等搜索工具查询一些知识类信息时,也会遇到并非是科学、客观的信息,需要借助权威的出版书籍和公众认可的知识检索平台等进行对比验证。对于可信度相对较低的评论区、"标题党"文章所传递的信息,需要增强辨别能力,即使是一些知名人物或网络"大 V"所发布的信息,也要进行辩证地分析判断。网上传播的一些耸人听闻、比较重大的消息,更需要理智对待,应当先查看官方主流媒体有没有相关报道,是否和该消息有出入,不要信谣,更不能传谣。

拓展阅读
6-4-3

在与网友非接触交流时,要提高安全警惕意识。一是要查证网友的真实身份,不能相信无法确认身份网友所提供的信息;二是即使是了解身份的网友,也要查证在线者是否是其本人,特别是在涉及金钱、会面等事宜时,要判断其真实意图,避免上当受骗。

任务 6.4.3　了解信息技术法律法规

在信息社会,所有现实社会中适用的法律法规在网络虚拟空间中也同样适用。除了一般性法律,世界各国都高度重视与信息技术相关的法律法规建设。我国在信息安全、网络管理和产业发展方面,制定了多部法律法规,并加入了一系列国际公约。我国涉及信息技术的相关法律法规见表 6-3。

表 6-3　我国涉及信息技术的相关法律法规

类别	主要的法律或法规
国家立法	《网络安全法》《数据安全法》《个人信息保护法》《电子商务法》《电子签名法》《密码法》等专项法律,全国人民代表大会常务委员会《关于加强网络信息保护的决定》《关于维护互联网安全的决定》等决定,《刑法》《著作权法》等其他法律涉及信息技术的条款
行政法规	《信息网络传播权保护条例》《互联网上网服务营业场所管理条例》《计算机软件保护条例》《外商投资电信企业管理规定》《互联网信息服务管理办法》《电信条例》《计算机信息网络国际联网安全保护管理办法》《计算机信息系统安全保护条例》《关键信息基础设施安全保护条例》等
部门规章	《网络安全审查办法》《网络信息内容生态治理规定》《儿童个人信息网络保护规定》《区块链信息服务管理规定》《互联网域名管理办法》《互联网新闻信息服务管理规定》《互联网信息内容管理行政执法程序规定》《网络出版服务管理规定》《外国机构在中国境内提供金融信息服务管理规定》等

我国的相关法律法规中,明确规定了开展信息活动时必须遵循的规范,如《网络安全法》就明确规定了公民上网行为的规范。

拓展阅读
6-4-4

任务 6.4.4　把握信息活动中的职业行为自律

在信息技术与人类社会生产、生活深度融合的时代，绝大多数的职业活动已经离不开信息技术的支持，人们需要通过网络、不同类型的信息系统、形式各样的信息终端完成不同的职业任务。这就要求同学们在未来的工作岗位中，不仅要遵从任职岗位所要求的职业规范，同时也要在使用信息技术开展职业活动时，自觉做到职业行为自律。

1）遵守基本的道德规范、信息伦理以及相关的法律法规要求，做到知法、守法，善于运用法律维护个人和单位权益。

2）强化知识产权保护意识。在职业活动中，要使用正版或免费、开源的软件或资源。不得未经所有权人授权，就随意下载、复制他人的信息资源。在职业活动中所生产出或接触到的软件和信息资源，特别是可修改编辑的源文件，未经授权不能私自复制或传输给他人。

3）遵从职业保密的规定、协定。不能随意窥探、转存涉及单位业务和客户机密的信息资源，使用敏感资源时应限于安全可控的职业场所。从岗位离职时，不得带走原企业的资料，即使是由本人所编写开发的，也需要经过离职单位的许可。

4）不得从事危害他人和公众利益的活动。不得利用自己的技术技能，从事构造虚假信息和不良内容、制造传播病毒和恶意软件、故意在提交的产品中留有后门或漏洞、参与盗版和非法解密、黑客攻击等活动。

5）加强信息系统的安全防护。认真分析可能遇到的信息安全风险，养成良好的信息安全行为习惯，运用必要的信息技术手段加强信息安全防护。

6）诚信为本、注意保存过程资料。要杜绝在信息活动中的弄虚作假行为，注意保存反映真实工作信息的过程资料和日志等。不隐瞒、不虚构、不随意修改原始资料，网络日志等留存时间不少于 6 个月。

任务 6.4.5　确立提升信息能力的努力方向

随着信息技术的不断发展与融合应用，新技术、新应用、新业态不断涌现，新型生产方式、新型社会治理结构、新型就业岗位、新型生活方式乃至新的思维理念都在不断重塑传统的方式与形态，并深刻改变着人们的活动行为方式，影响着人们的思维模式、价值观念和道德伦理。作为新时代的职业人才，需要主动适应这种发展和变化，跟随技术与时代发展脉搏，努力提升自己的信息能力，为未来职业生涯发展奠定基础。

信息能力主要是指理解、获取、利用信息的能力，及运用信息技术的能力。

1）理解信息的能力：是指对信息进行分析、评价和决策，具体来说就是分析信息内容和信息来源、鉴别信息质量和评价信息价值、决策信息取舍以及分析信息成本的能力。

2）获取信息的能力：是指通过各种途径和方法，收集、查找、提取、记录和存储信息的能力。

3）利用信息的能力：是指有目的地将信息用于解决实际问题或用于学习和科学研究之中，通过已知信息挖掘信息的潜在价值和意义并综合运用，以创造新知识的能力。

4）运用信息技术的能力：是指使用计算机、网络以及多媒体等工具，收集信息、处理信息、传递信息、发布信息和表达信息的能力。

要培养信息能力，可从信息的收集与判断、处理与分析、创造与表现、发布与传递等维度进行学习和实践。

1. 信息收集与判断

信息收集与判断的能力，是指对于给定的目标，能选择适当的手段，有效收集信息并判断其内容，从中引出适当信息的能力。

收集信息是人们认识问题、理解问题、明确问题的重要环节，是解决问题的条件和前提。收集信息要有明确的目标，要选择一定的信息源，实现信息的有效采集。对于收集到的信息，应进行判断和评价，不仅要判断和识别信息内容的有效性、客观性，还要评估收集信息的方法、效果和采用的手段，并基于评估结果进一步完善信息收集的方法与策略。

在现实工作中,面对客户、市场和技术等的各种各样的信息,需要在理解信息的组织方式和呈现形态的基础上,掌握网络信息高效检索的方法,善于运用不同的信息采集工具便捷地获取大量信息,或从专用的信息系统中导出可供处理和分析的基础信息。常用的网络信息采集工具有问卷星、腾讯问卷、八爪鱼、后羿采集器等。

随着信息技术的广泛应用,信息的发布、修改、传递变得越来越容易。在互联网中存在着来源不同的信息,有些信息不能直接提供人们想要的直接信息,更有不少信息是片面的、不实的、无用的甚至是虚假的。在这种情况下,需要对收集到的信息进行甄别,从众多的原始信息中梳理出真正有价值、客观性的信息内容。

2. 信息处理与分析

信息处理与分析的能力,是指从众多的信息中,通过对原始信息的处理,获取其中隐含的、有意义的信息的能力。

在获取的大量信息中,有许多有意义的内容并不是容易被发现的显性内容。对于这些有意义的内容,需要做进一步处理,才能获取到更为重要、更加深层次的内容。信息的处理和分析可借助于电子表格、大数据工具或专用分析程序,通过对原始数据的计算、排序、筛选、分类汇总、数据透视和图表可视化,进行数据清洗梳理和建模抽象,以分析其中蕴含的规律趋势,提取有价值的关键信息。

3. 信息创造与表现

信息创造与表现的能力,是指基于个人的认识和思考以及职业岗位的业务需求,去创造信息内容,并采取一定的形式有效表达信息的能力。

信息社会是创新型的社会,创造信息对个人、企业和社会的发展具有重要意义。原创性是信息创造的重要标志,具有原创性的内容和独特的表现形式,更容易获得受众的关注。

信息的可视化与媒体化是信息创造与表现的一种重要形态。相较于枯燥的文字和数据,通过图形、图像、视频、交互媒体等表现形式,可以让受众更多地关注和理解所要表达的信息内涵。近年来风靡网络的小视频,就是信息可视化与媒体化的一种广受大众欢迎的形态。

要提升个人的信息创造与表现能力,除了必要的技术能力外,还需要在其他方面提升自身素养。一是要强化创新思维,针对具体的业务问题有独到的见解和创意,所创造和表现的信息能有效助力问题的解决;二是要熟悉业务规范,了解不同场景下信息表达的方式与规则,以及受众对信息表现形式的喜好趋势,更大程度发挥信息的价值;三是要加强跨界能力和培养,不仅熟悉专业领域和信息技术方面的知识技能,还要在文学、艺术、心理学、工程学等多方面提升自己的修养;四是要掌握更丰富的信息处理技能,如图文编辑、数据处理、数字媒体创意、程序设计等,根据业务场景的不同,综合选用多类型平台、最适用的工具软件,提升信息创造与加工的效率。

4. 信息发布与传递

信息发布与传递的能力,是指能面向信息接收者——受众的立场,在信息处理的基础上,对信息进行发布与传递的能力。

互联网的发展为人们提供了更加丰富的发布信息、传递信息的手段。从网页、讨论组、贴吧,到博客、微博、朋友圈,再到小视频、网络主播、交互媒体"元宇宙",每一次信息分享新形态的出现,都引发了受众关注的热潮。应当随时关注互联网受众的喜好趋势,选择发布及传递信息的最佳手段和形式。在发布信息时,要保证信息的客观性、真实性,遵从法律法规和信息伦理的要求,以负责任的态度发布客观真实的信息。

【实训项目】制定个人信息技术能力提升行动计划

在信息技术课程的学习过程中,同学们已经掌握了不少的信息技术知识和技能,已具备了运用信息技术手段解决日常学习、生活所遇到各种问题的能力。请同学们根据个人未来职业成长的规划,结合个人实际与专业能力发展要求,梳理一下个人在信息技术能力方面还有哪些欠缺,应从哪些方面加以提升。通过梳理自己已经熟练掌握的信息技术软件工具,以及未来还想学习和使用的工具,编制形成个人信息技术能力提升行动计划,见表 6-4。

表 6-4　信息技术软件平台和工具学习规划表

能力提升方向	已经掌握的平台和工具	待学习的平台和工具
信息收集与判断		
信息处理与分析		
信息创造与表现		
信息发布与传递		
其他方面		

【探索实践】思考在工作岗位中应注意哪些职业行为的自律要求

上网查询与信息技术相关的职业道德、职业规范和法律法规要求,分组交流研讨,探讨在今后的专业工作岗位中,应从哪些方面加强职业行为自律,使自己在职业行为中的信息活动更加符合企业和社会的规范要求。

▶▶▶ 本章小结

本章主要介绍了信息素养的概念和要素,信息技术发展史及知名企业的兴衰变化过程,信息安全及自主可控的相关知识,信息伦理和职业自律的相关要求,帮助同学们梳理了之前各章学习过程中需要从思维与行为角度深入理解和把握的一些内涵元素,并提出了信息技术能力培养与提升的途径与方法。

▶▶▶ 课后习题

习题答案

一、选择题

1. 高职信息技术学科核心素养包括信息意识、(　　)、(　　)、信息社会责任。
   A. 数字化创新与发展　　　　　　　　　　　B. 数字化学习与创新
   C. 计算思维　　　　　　　　　　　　　　　D. 创新意识

2. 复杂算法都可以由顺序结构、选择结构和(　　)等基本控制结构组合而成。
   A. 分支结构　　　　B. 堆栈结构　　　　　　C. 树表结构　　　　　　D. 循环结构

3. 智能化是指计算机模拟人的记忆、(　　)、语言、学习、(　　)和规划等能力。
   A. 感知　　　　　　B. 探索　　　　　　　　C. 思考　　　　　　　　D. 推理

4. 鸿蒙操作系统是由(　　)公司研发的。
   A. 微软　　　　　　B. 腾讯　　　　　　　　C. 华为　　　　　　　　D. 百度

5. 信息系统用户口令一般应使用(　　)。
   A. 弱密码　　　　　B. 便于记忆的密码　　　C. 强密码　　　　　　　D. 空密码

6. 下列中不属于国产 CPU 的是(　　)。
   A. 龙芯 3000A　　　B. 飞腾 2000/4　　　　　C. 酷睿 11600 K　　　　D. 麒麟 9000

7. 下列属于国产操作系统的是(　　)。
   A. Windows　　　　B. Mac OS　　　　　　　C. Ubuntu　　　　　　　D. UOS

8. 下列属于开源软件的是(　　)。
   A. Oracle　　　　　B. GMIP　　　　　　　　C. AutoCAD　　　　　　D. VMware

9. 我国于 2021 年颁布实施的《中华人民共和国数据安全法》属于信息技术领域的(　　)。
   A. 国家立法　　　　B. 行政法规　　　　　　C. 部门规章

10. 大数据的清洗梳理属于(　　)维度信息能力的体现。
    A. 信息收集与判断　　　　　　　　　　　　B. 信息处理与分析
    C. 信息创造与表现　　　　　　　　　　　　D. 信息发布与传递

二、简答题

1. 简述计算机发展的趋向特征。

2. 简述华为的成功有哪些因素。

3. 简述从信息伦理的角度出发,应从哪几个方面规范个人的信息活动行为。

拓展篇

开篇小剧场 ▶▶▶▶▶

教务处张老师组织召开不同专业学生代表座谈会，请大家畅谈信息技术课程拓展模块的选修意向。

我是工程管理专业的学生，我觉得项目管理对我未来的职业发展最重要。程序设计是信息技术达人的必选内容，我想成为一名编程大咖！

陈鹏

我来自财会专业，机器人流程自动化对现在的财务工作来说实在是太重要了，可以帮助我们减少大量的事务性工作，使工作效率成倍提高。当然，区块链是金融财会领域重要的技术基础，我也要下工夫学好。

王丽

我是计算机专业的学生，云计算、物联网、大数据、人工智能这些新一代信息技术的应用在引领着时代的进步和发展。作为未来的IT精英，我可不能落在人后，这些知识必须掌握熟练。

刘巧

身为一名旅游专业的学生，我觉得数字媒体和虚拟现实技术正在为游客们带来全新体验，未来的"元宇宙"更将开启在虚拟现实中畅游美景的新空间，我得学好用好这部分内容。

李明

第7章 »»»

信 息 安 全

»»»»

信息技术已经走入千家万户,人们可以通过信息终端进行网上办公、通信、购物、娱乐等各种活动,信息技术及网络的应用已经成为人们日常生产、生活的常态。但随着信息技术的发展与普及应用,因网络等原因产生的信息安全问题也日益凸显。可以说,信息安全已经成为信息技术发展不可或缺的组成部分,也被视为信息技术普及应用的重要保障。

【学习目标】

1) 了解网络的基础知识、网络的分类及接入方法。

2) 了解信息安全的基本概念,建立信息安全意识。

3) 掌握信息安全的基本要素及个人防范措施。

4) 了解常用的网络安全设备及其功能。

5) 了解计算机病毒的概念、特征、分类与防范。

6) 掌握操作系统的安全设置方法。

7) 掌握常用的第三方信息安全工具的使用方法。

7.1 互联网基础 »»»

PPT-7

关于"网络"的概念,有很多不同的解释,最直观的就是由若干"节点"和连接节点的"链路"所组成的网状结构。而平常所说的"互联网",从字面意思理解就是相互连接的网络,即人们日常上网所使用的就是由无数个大大小小的网络相互连接形成的网络。

任务 7.1.1 了解网络的基础知识

1. 互联网的由来与发展

当前人们所使用的互联网是由 ARPANet 逐步发展而来的。ARPA(Advanced Research Project Agency)是美国国防部高级研究计划署的英文简称,因为互联网最早来源于军事通信需要,高生存性就成为其最根本的设计出发点,以保证战时能够在部分节点发生故障的情况下,通信指挥可以正常进行。后来随着 TCP/IP 协议簇的应用推广以及更多网络的接入,逐步演变成为当今的互联网。

2. 网络的分类

网络的分类方法有很多,可以按照逻辑功能、覆盖范围、拓扑结构、传输介质等进行分类。从覆盖范围的角度分类,计算机网络可以分为局域网(LAN)、城域网(MAN)和广域网(WAN)。

3. 计算机网络的标准化

随着网络范围的不断扩大,不同操作系统、不同类型或型号的主机之间的互连已经成为阻碍网络发展的一大障碍,网络互连的标准化成为必然选择。目前存在两种国际网络互连标准:理论上的国际标准——OSI 参考模型,以及事实标准——TCP/IP 参考模型。

任务 7.1.2 接入互联网

在接入网络时,需要先对接入主机的 IP 地址、DNS、子网掩码等参数进行设置,然后才能够通过网络设

拓展阅读
7-1-1

拓展阅读
7-1-2

拓展阅读
7-1-3

拓展阅读
7-1-4

拓展阅读
7-1-5

拓展阅读
7-1-6

拓展阅读
7-1-7

微课 7-1

📖 知识
小贴士：
判断网络
故障

备连接互联网。

1. IP 地址

如同人们在地址中使用门牌号码一样，IP 地址是用来标识计算机网络中的主机位置的，即在网络中的每一台主机都会有一个独一无二的地址标识以确保连接和通信能够正常进行。

2. DNS

域名是为了便于人们记忆而引进的表示网站地址的方法，而在上网过程中对主机的访问是通过 IP 地址来进行的。DNS（Domain Name System，域名系统）的作用就是用来对用户输入的域名进行解析，转换成该服务器的 IP 地址以达到访问的目的。在网络中负责该项职责的设备就是 DNS 服务器，如果 DNS 服务器发生故障，将会出现域名不能转换为 IP 地址而导致网络接入异常的情况。

💡【实训项目】接入校园网络

情境描述 ▸

李明和同宿舍的其他 3 名同学为了学习，每个人都买了一台新计算机，但宿舍内只有一个网络接口。李明想让宿舍同学们全部接入校园网络，并可以使用智能手机通过校园网访问互联网。

实训内容 ▸

掌握常用网络接入设备的使用方法，熟悉操作系统的网络配置，会使用常用的网络命令进行网络连接测试，会判断常见的网络故障并进行调整。

需要相应准备的硬件包括可上网的个人计算机、网线、交换机或路由器等网络连接设备。

> 如果系统桌面右下角的网络图标为灰色，或图标上出现黄色叹号或红色叉号，则说明当前网络连接存在故障，需检查网络连接或 IP 地址等配置信息。

7.2 信息安全技术 ▸▸▸

互联网等信息技术的广泛应用，在给人们带来便利的同时也带来了巨大的安全隐患。如何在开放的信息环境中保证自身信息的安全，已成为伴随着信息技术的使用及推广过程出现的一个全新课题。

随着社会重要基础设施的网络化和信息化建设的开展，国防通信、电力系统、金融系统等社会命脉遭受攻击的风险也越来越大。如何保障信息安全已经成为政府、企事业单位及每个人都需要高度重视的严峻问题。

我国对网络信息安全问题高度重视，深刻意识到没有信息安全就没有国家安全，并相继制定了《网络安全法》《数据安全法》和《个人信息保护法》等一系列与信息安全密切相关的法律法规，有效维护了网络空间主权、国家安全和社会公共利益，为保证公民、法人和其他组织在信息安全方面的合法权益提供了有力保障。

任务 7.2.1　了解信息安全概念

信息安全是指信息产生、制作、传播、收集、处理、选取等过程中的信息资源的安全。树立信息安全意识、了解信息安全相关技术、掌握常用的信息安全技术策略，是现代信息社会对高素质人才的基本要求。

任务 7.2.2　树立信息安全意识

人工智能、大数据等信息技术在不知不觉中影响并改变着人们的日常生活。但相比日新月异的信息技术发展，人们的信息安全意识却落后很多，并没有真正认识到很多的个人信息在无意识的状态下正曝露在各种环境之中。用户在各种不规范网站中随手登记的手机号码、身份证号、地址信息等正在泄露着个人信息，并将自身陷于潜在的信息诈骗或信息骚扰的威胁之中，个人信息安全正在面临着比以往任何一个时期都要更为严峻的阶段。

相对于传统意义上的安全来说,信息安全更加具有隐蔽性和迷惑性,犯罪分子常借助于各种高科技手段,或者利用各种网络漏洞,在不与人面对面接触的条件下实施诈骗行为,让人防不胜防。因此,树立信息安全意识、掌握一定的信息安全防护措施、建立良好的信息安全环境已成为信息社会每一个成员都应具备的基本素质。

任务 7.2.3　认识信息安全对象

从信息安全防范的角度来看,信息安全对象包括办公区域安全、Wi-Fi 使用安全、个人计算机安全、日常交流安全、移动设备安全以及电子邮件安全等。

拓展阅读
7-2-1

任务 7.2.4　理解信息安全的基本要素

信息安全的基本要素有 5 个,分别为保密性、完整性、可用性、可控性及不可否认性。

1) 保密性:信息只允许被授权用户、实体或过程进行查看或使用。

2) 完整性:数据或信息只能被授予相应权限的对象修改,其他对象修改数据后可快速发现并做出判断。

3) 可用性:保障授权对象对其权限内的数据或服务完全可用。

4) 可控性:授权用户被严格控制在其权限范围内,不允许出现授权范围之外的操作。

5) 不可否认性:也称为可审查性,是指对非授权用户进行的操作可提供有效的审查依据,使其不可否认。

任务 7.2.5　掌握信息安全防范措施

常见的信息安全防范措施有数据加密、数据备份和恢复、身份认证、访问控制、入侵检测、防火墙、网络隔离、病毒防范、VPN 技术、网络安全审计技术等。根据其实施角度,可以将防范措施分为实体安全、系统安全、运行安全、应用安全和管理安全 5 个方面。

拓展阅读
7-2-2

7.3　网络安全防范 >>>

信息安全与网络之间存在着天然的密切联系,网络安全是指一个网络系统不受任何威胁与侵害,能正常地实现资源共享功能。由于计算机网络的用途主要在于通信及信息资源共享,因此网络安全所涉及的问题主要集中在计算机网络中的通信安全问题和信息资源安全问题。

任务 7.3.1　了解网络安全

1. 网络安全的分类

网络安全有很多种分类方式,以下仅介绍其中的两种主要方式。

根据网络安全的性质,可以将其分为信息安全和控制安全两类。根据国际标准化组织(ISO)的定义,信息安全即信息的完整性、可用性、保密性和可靠性,控制安全则是指身份认证、不可否认性、授权和访问控制。

> 本章所提到的“信息”是指一种具有一定价值的资产,包括知识、数据、专利和消息等。目前,信息、物质和能源被称为人类赖以生存的三大资源,信息资源的安全已经成为直接关系到国家安全的战略问题。

提示:
信息资源

从网络安全所涉及内容的物理特性角度来看,可以将网络安全分为软件安全和硬件安全。软件安全包括操作系统、网络协议、设备驱动、应用软件等方面的安全,硬件安全则主要包括网络设备和网络连接等方面的安全。

2. 网络安全的内容

从网络安全应对问题的表现形式上看，其内容主要包括计算机病毒植入、网络入侵、网络监听、拒绝服务、非法控制、占据资源、信息泄露等。

从信息本身的角度来看，网络安全主要包括信息传输的保密性、信息内容的完整性、信息来源的真实性和信息发送者的不可否认性等内容。

任务 7.3.2　认识网络安全设备

拓展阅读
7-3-1

目前常用的网络安全设备包括防火墙、入侵防御系统（IPS）、Web 应用防火墙（WAF）、防毒墙、网闸、蜜罐等。

任务 7.3.3　了解计算机网络病毒

拓展阅读
7-3-2

根据《中华人民共和国计算机信息系统安全保护条例》中的定义，计算机病毒（Computer Virus），是指编制或者在计算机程序中插入的破坏计算机功能或者毁坏数据，影响计算机使用，并能自我复制的一组计算机指令或者程序代码。根据其依附的媒体类型，可以将计算机病毒分为网络病毒、文件病毒、引导型病毒。在本节中主要介绍网络病毒。

网络病毒是通过网络传播的一种计算机病毒，网页、电子邮件、QQ、BBS 等都可以是计算机网络病毒传播的途径。

任务 7.3.4　掌握个人网络安全防范策略

在越来越多的网络安全问题面前，个人该如何进行安全防护，降低自己的安全风险呢？从计算机使用的角度来看，可以从以下几个方面进行防范：

1）为计算机安装防病毒软件和防火墙，并及时升级。

2）定期使用防毒软件扫描计算机系统并安装系统补丁文件。

3）不要随意登录未知网站，使用浏览器浏览页面时，不要轻易运行其中的 ActiveX 代码。

4）不要轻易安装从网上下载并未经杀毒软件检查的软件工具。

5）不要随意接入陌生的无线网络，不要轻易打开来源不明的文件或陌生邮件中的链接。

6）提高安全意识，不要随意在网站中填写个人信息，如身份证号、家庭地址等。

7）接入移动存储设备（如移动硬盘和 U 盘）前，需要先进行病毒扫描。

8）在公共计算机上登录前要重启计算机，上网结束时，要将自己的聊天记录、登录账号等信息及时删除。

📖 知识
小贴士：
ActiveX
控件

> ActiveX 控件是浏览器的一种插件，如 Flash 播放器就是一个 ActiveX 控件。ActiveX 本身是浏览器内嵌的一种小程序，在运行过程中存在较为明显的安全问题。当用户安装运行某个 ActiveX 控件后，该控件就有权在用户计算机上进行很多操作，如安装恶意程序、窃取账号及密码等。

🔨【探索实践】认识网络安全的重要性

每年世界各地都会出现各种网络安全问题，请检索一下近 3 年发生的网络安全事件及其所造成的危害，思考对于个人来说，在以后的工作中该如何进行防范才能尽量避免网络安全问题的发生。

任务 7.3.5　了解网络诈骗情况

根据公安部公布的资料，2020 年以来，全国公安机关在打击电信网络诈骗犯罪活动中共破获电信网络诈骗案件 25.6 万起，抓获犯罪嫌疑人 26.3 万名，拦截诈骗电话 1.4 亿个、诈骗短信 8.7 亿条，网络诈骗的人均损失呈逐年增长趋势，并已成为目前最为主要的诈骗方式之一。

从网络诈骗的方式上来看，贷款诈骗、刷单诈骗、冒充客服诈骗、杀猪盘诈骗这 4 类案件呈多发高发的情况,其他如网络赌博诈骗、网购诈骗、身份冒充诈骗、游戏诈骗、交友诈骗和兼职诈骗等也是常见的诈骗方式。从受理案件中受害者的年龄结构上来看,18 岁至 22 岁人群举报量最高,其次为 80 后和 90 后群体。因此,青年学生更应高度重视网络诈骗问题,提高警惕,以免受骗上当。

拓展阅读
7-3-3

7.4　操作系统安全设置　>>>

Windows 安全中心是 Windows 操作系统的安全设置模块,属于系统的内置安全软件。在 Windows 10 系统中,其基本防护功能包括病毒和威胁防护、账户保护、防火墙和网络保护、应用和浏览器控制、设备安全性、设备性能和运行状况、家庭选项等。

微课 7-2

任务 7.4.1　打开系统安全中心

单击系统桌面左下角的"开始"按钮,在"开始"菜单中选择"设置"命令 ,打开系统设置窗口,选择"更新和安全"项,在打开的窗口的左侧列表中选择"Windows 安全中心"项,如图 7-1 所示。

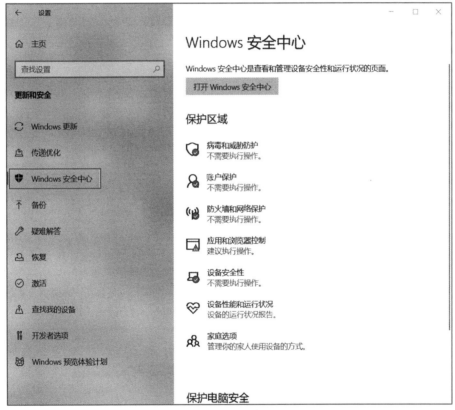

图 7-1　Windows　安全中心

单击窗口右侧的"打开 Windows 安全中心"按钮,进入"安全性概览"窗口,如图 7-2 所示。

任务 7.4.2　查看设备性能和运行状况

选择"设备性能和运行状况"项,在打开窗口中可以查看当前计算机硬件设备的运行情况和操作系统的更新情况。如图 7-3 所示。各项前面的绿色对勾图标代表运行正常,其他图标表示出现异常情况,需要进行相应处理。

图 7-2　"安全性概览"窗口

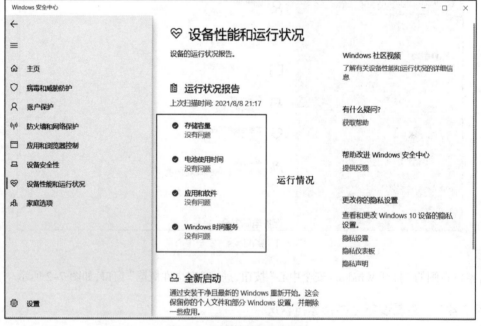

拓展阅读
7-4-1

图 7-3　设备性能和运行状况

7.5　安全工具软件应用　>>>

　　Windows 操作系统自带的防火墙及病毒防护功能相对于专业安全防护软件来说，其功能还略有不足，因此，很多用户选择使用第三方防护工具进行系统防护。目前常用的安全工具软件有火绒安全、360 安全卫士、腾讯电脑管家、金山毒霸以及卡巴斯基等。

拓展阅读
7-5-1

微课 7-3

拓展阅读
7-6-1

第8章 ▶▶▶
项目管理

在日常生活和工作中,随处可见大大小小的项目。项目管理已成为一项通用技能,广泛应用于各行各业。有效的项目管理离不开信息技术的支持,项目管理工具被广泛应用于项目进度计划编制、资源调度、成本控制、图形报表生成和沟通管理等方面。

本章以 Project 2016 为例,带领同学们理解项目管理的内涵,熟悉项目管理工具的基本操作,以及运用项目管理工具进行有效项目管理的方法。

【学习目标】

1)了解项目和项目管理的内涵。

2)熟悉项目管理工具的基本操作。

3)掌握项目工作分解和进度计划编制。

4)掌握运用项目管理工具进行资源管理的方法。

5)掌握运用项目管理工具进行项目质量与风险管理的方法。

💻 PPT-8
8.1 项目和项目管理 ▶▶▶

拓展阅读
8-1-1

任务 8.1.1 认识项目

人类有组织的活动可分为两类:一类是重复性、连续性的工作,称为作业或运作(Operation),如产品的生产活动;另一类是一次性、临时性的工作,称为项目(Project),如研制神舟十四号载人飞船、建设港珠澳大桥、举办中国国际进口博览会等。所谓项目,就是在一定的约束条件下(主要为资金、时间等资源),创造独特的产品或服务,实现特定目标的一次性任务。

任务 8.1.2 理解项目管理

1. 项目管理的内涵

项目管理,是在一定的约束条件下,运用知识、技能、工具和技术对项目全过程进行计划、组织、指挥、协调、控制、评价,以实现预定目标的管理活动。图 8-1 展示了项目管理的内容。

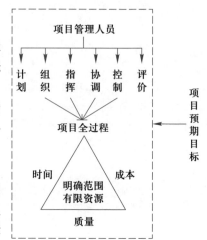

图 8-1 项目管理的内容示意图

拓展阅读
8-1-2

范围、质量、成本、时间是项目管理的 4 个基本要素。这 4 个要素相互影响、相互制约,当有一个要素发生变化时,其他要素中至少有一个也会发生变化。

2. 项目管理的阶段划分

虽然项目的规模、类型、复杂程度等各不相同,但可根据生命周期理论将项目管理分为概念、规划、实施和结束 4 个阶段。不同阶段投入的资源、存在的风险、变更的代价等都是不同的,并呈现出一定的规律性,如图 8-2 所示。

拓展阅读
8-1-3

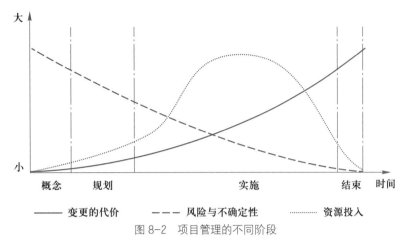

图 8-2 项目管理的不同阶段

拓展阅读
8-1-4

3. 项目管理过程

项目管理过程贯穿于项目生命周期的各个阶段,具体可分为启动、规划、执行、监控和收尾。项目管理过程的最终目标是完成本阶段预定交付目标。

任务 8.1.3　了解项目范围管理

项目管理人员面临的首要工作是确定项目范围。确定项目范围,就是要划定项目工作边界,确定项目目标与主要的可交付成果,从而确保项目范围内的工作按预定目标完成。项目中的范围一般包含产品范围和项目范围两种,如图 8-3 所示。项目范围管理的内容包括范围规划、范围定义、工作分解结构、范围确认和范围变更控制等。

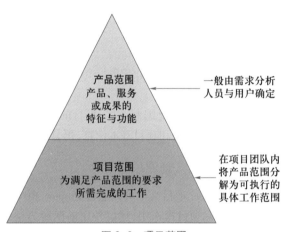

图 8-3　项目范围

拓展阅读
8-1-5

8.2　项目管理工具 >>>

任务 8.2.1　了解项目管理的常用工具

项目要素间存在较为复杂的关系。大型项目中如果仅靠人工管理,信息沟通效率低,很难全面掌控项目情况,数据统计核算的准确性不高且管理效率低。信息技术的应用可以解决上述问题。目前市面上有大量的项目管理工具,如 Microsoft Project、JIRA、Worktile、Edraw Project、腾讯 TAPD 等。

任务 8.2.2　认识 Project 2016

Microsoft Project 在项目管理中应用非常广泛,其包含 Standard、Professional 和 Online 版本。本节以 Project 2016 的 Professional 版本为例,介绍其在项目管理中的具体应用。

Project 2016 的工作窗口与 Office 2016 的其他组件类似,主要由标题栏、功能区、工作区和状态栏组成。其窗口视图分为任务视图和资源视图两种。常用的任务视图有"甘特图""网络图"和"任务分配状况"等,常用的资源视图有"资源工作表"和"资源使用状况"等。其中,甘特图视图是 Project 2016 的默认视图。在"甘特图"视图中,工作区分为任务工作表区和条形图区,如图 8-4 所示。

拓展阅读
8-2-1

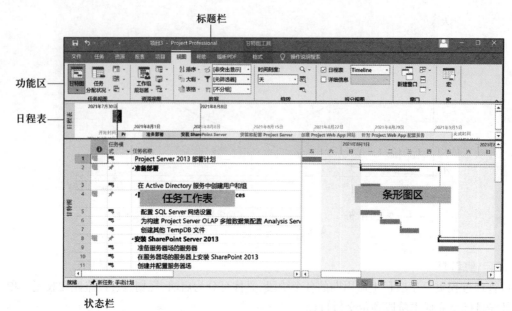

图 8-4　Project 2016 工作窗口

8.3　项目进度计划编制 》》》

项目实施前,需要编制详尽、可行的项目进度计划,即项目时间表。编制项目进度计划首先需要创建项目文件,设置日历和项目基本信息,再分解并创建项目任务,建立任务间的联系。

任务 8.3.1　创建项目文件

新建 Project 项目文件可以通过 Project 2016 内置模板、现有项目文件和从空白项目开始创建 3 种途径进行。在实际项目操作中,建议使用前两种方法编制项目进度计划。只有在既没有可参照的项目计划模板也没有类似项目文件时,再从空白项目开始编制项目进度计划。

项目基本信息设置主要包含日程排定方法、项目开始 / 完成时间、优先级、日历的设置等。

1. 日程排定方法

Project 中的日程排定方式有两种,一种是 "项目开始日期",即设定项目开始时间,系统按从前往后的顺序推算出项目的完成日期;另一种是 "项目完成日期",即设定项目完成时间,系统按从后往前的顺序推算出项目的开始日期。选择何种日程排定方式,取决于项目实际情况。

例如,冬奥会比赛场馆建设项目,由于项目完成时间有明确要求,可采用 "项目完成时间" 方式,根据项目完成时间向前倒排各项任务的工期。

2. 优先级

优先级是指在多个项目或多个任务间调配资源时,将资源调配至当前项目任务的优先等级。Project 中优先级用 0~1 000 的数字表示,数字越高,优先级越高。优先级为 1000,代表项目中的资源将不会被调配至其他项目使用。需要调配资源时,先考虑项目优先级再考虑任务优先级。

3. 设置日历

设置日历是编制项目进度计划时一项重要的工作,指项目的工作时间与非工作时间的设置。

Project 中的日历分为项目日历、任务日历和资源日历 3 类。其中,项目日历是项目中所有任务默认遵循的日历;当个别任务或资源的日历与项目日历有冲突时,要设置独立的任务日历或资源日历。每类日历均包含标准、24 小时和夜班 3 种基准日历。当实际工作时间与基准日历设定时间不一致时,可单击 "项目" → "属性" 组中的 "更改工作时间" 按钮修改。

拓展阅读
8-3-1

任务 8.3.2　分解与创建任务

工作分解结构(Work Breakdown Structure,WBS)是以可交付成果为导向,将项目工作逐步逐层分解为更小、更易管理的工作单元。它组织并定义了整个项目范围,未列入工作分解结构的工作将被排除在项目范围之外。

可以说 Project 2016 中创建项目任务的过程就是将项目分解为包含项目摘要任务、摘要任务、子任务、里程碑任务的层次列表,即工作分解结构的编制过程,如图 8-5 所示。

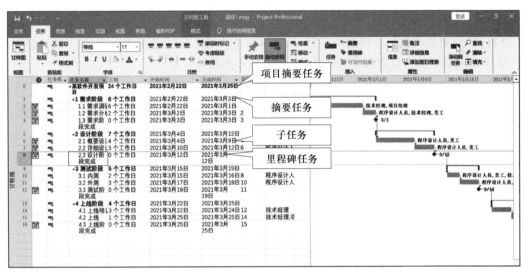

图 8-5　任务类型

1)项目摘要任务:一般显示在任务列表的顶部,类似于文章标题,处于任务的最高层次,包括整个项目的工期、工时和成本等汇总信息。

2)摘要任务:类似于章节标题,可以有多级。它由子任务组成,并对子任务进行汇总。任务级别可单击"任务"→"日程"组中的升降级按钮 和 进行设置。

3)子任务:创建 WBS 的核心。它是需要直接分配资源、确定所需时间且要得到可交付成果的任务,又分为固定单位、固定工时和固定工期任务 3 类。

4)里程碑任务:标记项目中主要事件的参考点。Project 中工期为 0 的任务自动标记为里程碑。

任务 8.3.3　设定任务工期

Project 2016 中工期单位有 5 类:月(mo)、周(w)、天(d)、小时(h)、分钟(m),默认工期单位为天。设定任务工期可单击"任务"→"任务"组中的"自动安排"按钮 或"手动安排"按钮 实现。自动安排时,系统默认显示工期为 1 个工作日,并从当前日期起排定的建议开始/完成时间。在设定工期时,按照实际调整开始/完成时间,系统自动计算出工期。手动安排时,系统不会显示建议工期、开始时间和完成时间安排,需要手动输入。

任务 8.3.4　设置任务链接

Project 2016 中任务间的链接包含完成—开始(FS,A 完成后 B 再开始)、开始—开始(SS,A 开始后 B 随时可开始)、完成—完成(FF,A 完成后 B 随时可完成)、开始—完成(SF,A 开始后 B 才可完成)4 种。在"甘特图"视图中可通过拖动任务条形图、前置任务列设置、任务信息选项卡设置 3 种方式实现。

8.4　项目资源管理 ▶▶▶

项目进度计划编制完成后,就要开始资源计划的编制与管理。项目进度与资源管理互相制约。资源

拓展阅读
8-3-2

拓展阅读
8-3-3

拓展阅读
8-3-4

微课 8-1

是指具体执行项目任务的人员、设备、材料及费用等。Project 关注资源的可用性和成本,其中可用性决定了资源何时能用于任务、可以完成多少工作,成本是指使用资源支付的费用。

任务 8.4.1　了解资源类型与约束条件

项目资源分为工时资源、材料资源和成本资源 3 类。

1) 工时资源:包含人员和设备资源,可理解为按照时间计算费用的资源。一般情况下,人力费用、大型设备或场地的租赁费都是按时间来计算的。工时资源在使用时往往受到时间、人员职能或设备功能、成本等的约束。

2) 材料资源:完成项目任务所需的工具,可理解为按数量来计算费用的资源,如工程项目中的混凝土、钢筋等,会展项目中的会议资料等。材料资源受到成本的约束最大。

3) 成本资源:项目相关的费用,也可认为是项目的财务债务,如机票、资金占用成本等。

任务 8.4.2　创建项目资源

拓展阅读
8-4-1

1. 创建资源的方法

在 Project 2016 中,资源的建立要在"资源工作表"视图下进行。对于个人用户而言,需要利用手动输入方式创建资源,具体操作方法为:单击"视图"→"资源视图"组中的"资源工作表"按钮 ,在资源工作表中录入资源信息。

2. 创建工时资源

工时资源是项目管理过程中最重要的资源。创建工时资源包含如下工作:

1) 录入资源名称。工时资源可细分为 4 种类型,参考资源名称见表 8-1。

表 8-1　工时资源示例

工时资源	资源示例
以名字区分的单个人员	赵艺,钱江
以职务或职能区分的单个人员	项目经理,技术经理
具有共同技能的一组人	程序员,美工
设备	会议室,服务器

2) 设置资源日历。资源日历只用于工时资源,不用于材料或成本资源。

3) 设置成本信息。工时资源的成本信息包含标准费率、加班费率、每次使用成本、成本累算等内容。

4) 设置资源可用性。Project 中默认资源在项目全程均可投入工作,"开始可用"和"可用到"值均为"NA"。当某项资源仅可在某一时间段投入项目工作时,则需要在"资源信息"对话框中设置可用时间。

拓展阅读
8-4-2

5) 设置资源最大单位。如最大单位为 50%,表示该资源在可用时间内有 50% 的时间用于项目工作。当分配的任务超过他能付出的最大单位时,该资源被过度分配。

3. 创建材料资源

在 Project 中使用材料资源主要是为了跟踪消耗率和相关的成本,掌握材料资源的消耗速度。创建材料资源的操作较工时资源简单,需要输入资源名称,选择资源类型,设置材料标签(即材料计量单位)和成本信息。成本信息不可设置加班费率,且标准费率没有时间单位。

4. 创建成本资源

成本资源不工作,设置也相对简单,仅需要输入成本资源的名称、资源类型,其他属性均无法设置也不需要设置。

任务 8.4.3　分配项目资源

创建完资源后,就可以为项目任务分配资源了。可选用以下任一方法分配资源:

1) 在"甘特图"视图任务工作表区域的"资源名称"列中直接输入资源。

2）选中任务，单击"资源"→"工作分配"组中的"分配资源"按钮 👥，在弹出的"分配资源"对话框操作。

3）双击拟分配资源的任务，在弹出的"任务信息"对话框的"资源"选项卡中进行操作。

任务 8.4.4　管理项目资源

1. 资源分配情况分析

单击"视图"→"资源视图"组中的"资源使用状况"按钮 📊，可以查看未分配资源的任务以及各资源分配状况，如图 8-6 所示。

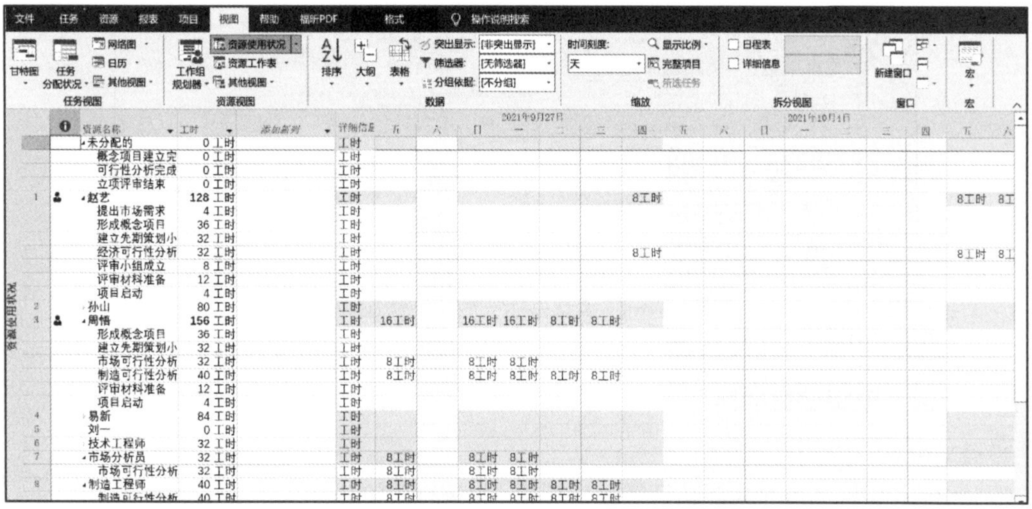

图 8-6　查看资源分配情况

被过度分配的资源出现"👤"标记，且用红色字体标识出了资源具体在哪个时间段被过度分配了。

2. 资源冲突解决

任务执行受到资源的约束。在分配资源时，资源冲突或过度分配可归结为两种情况：一种是资源被重复分配；另一种是资源工时总量大于它的需求可用量。

Project 中只对出现冲突的工时资源进行调配。解决冲突可采用将并行任务改为串行、增加资源量、安排人员加班等方法，可通过自动调配和手工调配两种方式在"甘特图"视图下实现。

8.5　项目监控　>>>

Project 中可通过设置基线、关注关键任务和关键路径、跟踪甘特图、查看报表等方式监控项目质量和风险。在配置了 Project Server 的情况下，项目管理人员还可通过项目中心监控。

任务 8.5.1　了解项目质量控制

确保交付成果的质量是项目质量控制的目标。质量控制需要分级实施，项目各阶段、各任务均要严格进行质量控制，保证前续工作不影响后续工作；同一任务的质量由不同人员分别监控，形成质量自检互检控制制度，确保最终项目成果交付时达到质量目标。

任务 8.5.2　认识项目风险控制

项目风险可以理解为影响项目目标实现的不利事件发生的不确定性。风险控制是项目管理中非常重要的一项工作。项目风险一般分为技术、性能和质量风险，项目管理风险，项目组织风险，以及外部环境风险。风险管理的工作内容包含风险识别、风险评估、风险应对和风险监控。

拓展阅读
8-4-3

微课 8-2

拓展阅读
8-5-1

任务 8.5.3　确定关键任务和关键路径

项目由存在各种链接和约束的一系列任务组成。项目执行过程中,若任务发生延误,将直接影响项目工期,此类任务称为关键任务。由关键任务组成的路径称为关键路径。

Project 中将关键任务理解为在项目完成日期不延迟的情况下,可延迟时间量为 0 的任务。关键路径就是决定项目完成日期的任务组成的路径。查看关键任务及路径的操作为:选中"甘特图工具　格式"→"条形图样式"组中的"关键任务"复选框,如图 8-7 所示。关键任务条以粉色显示。"网络图"视图对于关键路径和关键任务的展现更为清晰。

拓展阅读
8-5-2

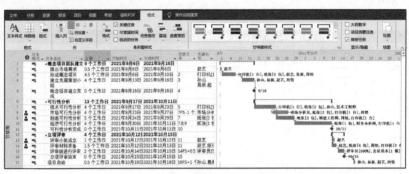

图 8-7　查看关键任务和关键路径

任务 8.5.4　跟踪检查项目

1. 设置基线

在项目运行过程中,需要把实际执行情况与基准计划进行比较,比较项目现行状态与基线的差异。在完成项目进度计划编制后,单击"甘特图工具　格式"→"条形图样式"组中的"基线"按钮,在下拉列表选择"设置基线",完成基线设置。也可在项目执行中根据实际情况设置其他时段的基线,如中期计划等,比较项目执行情况与基线的差异。

2. 项目状态更新

项目执行时,可通过输入项目"完成百分比"的方式更新项目状态。具体操作为:在"甘特图"视图下,在任务工作表列标题"添加新列"的下拉列表选择"完成百分比",在各子任务中输入百分比,摘要任务自动更新百分比,同时任务条中心出现深色进度条显示项目进度,如图 8-8 所示。

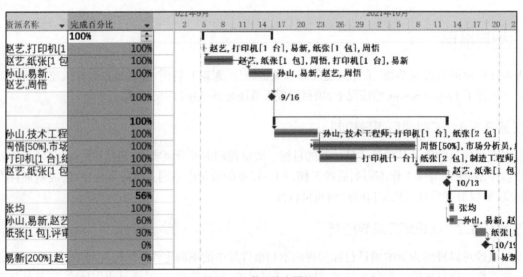

图 8-8　项目状态更新

3. 项目跟踪

选择"视图"→"任务视图"组中的"甘特图"下拉列表中的"跟踪甘特图"选项,可实现对项目计划和进度的监控,如图 8-9 所示。

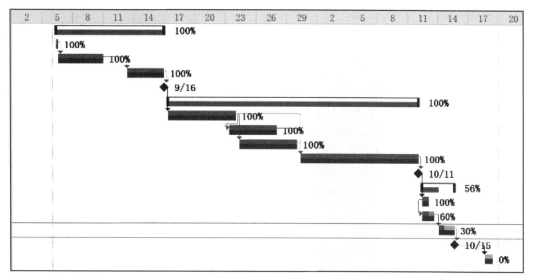

图 8-9 跟踪甘特图

选择"报表"→"查看报表"组中的不同报表,可实时查看项目工时、成本、进度、资源状况,监控影响项目目标实现的因素,采取合适的应对措施,降低项目风险。

【探索实践】风险应对的方法

请结合实训项目与所学知识,思考面对项目中出现的风险,有哪些应对方法?

从损失控制、风险回避、风险转移、风险保留的角度分别举出实例。

拓展阅读
8-5-3

微课 8-3

📖 提示:

拓展阅读
8-6-1

第 9 章

机器人流程自动化

机器人流程自动化技术是助力企业数字化转型的一门关键技术,是未来的发展方向。其主要原理是以软件机器人和人工智能为基础,通过模仿用户手动操作的过程,让软件机器人自动执行大量重复的、基于规则的任务。企事业单位的税务申报、金融类企业的现金对账、电子商务企业的辅助客服以及商品自动上下架等工作,都可以通过机器人流程自动化技术准确、快速地完成。

本章主要介绍机器人流程自动化的基础知识,技术框架和功能,以及软件机器人的部署模式、常用开发工具、创建和运行等内容。

【学习目标】

1) 了解机器人流程自动化的基本概念及发展历程。
2) 熟悉机器人流程自动化的技术框架和功能、部署模式。
3) 了解常用的机器人流程自动化工具。
4) 掌握软件机器人的创建和运行过程。

🖥PPT-9 9.1 机器人流程自动化简介 >>>

微课 9-1

使用计算机获取和处理大量的重复数据,可以采用人工方法或编程的方式。人工方法耗时多且易出错,但不需要专业知识,一般人就可以胜任;编程效率高且数据准确,但需要专业的编程知识,普通人无法胜任。机器人流程自动化技术提供了第 3 种解决方案,无须过多的专业编程知识储备,仅需要借助专门的工具,就可以自动完成如抓取电子商务网站上的商品信息后保存到 Excel 表中这类烦琐和大量的重复性工作,且无须编写专业程度较高的爬虫程序,普通的操作人员同样能够胜任。

任务 9.1.1 了解 RPA 技术

机器人流程自动化(Robotic Process Automation,RPA)也称为数字化劳动力,是以软件机器人和人工智能(AI)为基础,通过模仿用户的手动操作过程,让软件机器人自动执行大量重复性、基于规则、枯燥烦琐任务的一门技术。

拓展阅读
9-1-1

RPA 能够将人力从大量的重复工作任务中解放出来,节省时间和精力去做更有价值的工作,因此成功部署 RPA 可以为企业带来以下好处:

1) 数据标准化、规范化。成功部署 RPA,需要规范公司内部数据的管理要求,制定统一标准,这样软件机器人才能自动处理数据。

2) 提高工作效率。使用 RPA 软件机器人代替员工部分工作,可以降低员工的工作压力,加快工作流程的执行速度。一般情况下,RPA 的处理速度约为人工的 5 倍,可以实现 500% 的效率提升。

3) 降低企业成本。由于 RPA 软件机器人比人工便宜,可以 7 × 24 小时不间断工作,所以能够大大降低企业的劳动力成本。

4) 增强准确性。员工长时间工作会疲劳,准确性没有保障;不同员工完成工作的准确率也不同,对员工经验有一定的要求。而使用 RPA 软件机器人,可以有效避免人为失误,对工作人员经验的依赖性较低,大大提高了准确性。

5）可扩展性强。RPA 可以连接不同的业务系统，而不需要重新开发原有的业务系统，因此能够快速响应业务需求，根据业务的变更随时进行调整，扩展性较强。

【探索实践】寻找身边 RPA 的应用案例

上网查询资料并进行交流，观察身边有哪些 RPA 技术的实际应用案例，从辩证角度探讨分析 RPA 技术对企业发展的可能影响。

例如，七鱼微信智能机器人能够 7×24 小时全天候在线服务，高效处理 90% 的重复问题，提升企业 86% 的服务效率。

任务 9.1.2　探寻 RPA 的发展历程

任何技术的发展都不是一蹴而就的，而是一个长期的过程，RPA 也不例外。其发展主要经历了工业自动化、业务流程自动化和机器人流程自动化 3 个发展阶段，每个阶段的具体内容如下。

（1）生产流程自动化

RPA 发展的前期是生产流程自动化，主要的时间节点和事件如图 9-1 所示。

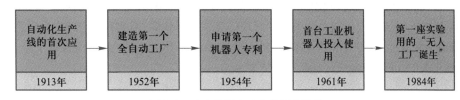

图 9-1　生产流程自动化的历史沿革

（2）业务流程自动化

到了 20 世纪 70 年代，随着工业自动化技术的成熟和信息技术的发展，很多企业的业务实现了信息化，流程化管理模式也应运而生。20 世纪 90 年代后，学术界和商业界都开始使用业务流程管理（BPM），将业务流程看作企业组织的运作核心。随着大型科技公司的加入，很多企业实现了自动化管理，即业务流程自动化（Business Process Automation，BPA）。

（3）机器人流程自动化

随着 BPA 的不断发展，各种流程自动化技术日趋成熟，而 RPA 则是企业用于流程自动化任务的一种方法，也可以说 RPA 是 BPA 的一种新的流程自动化管理方式。

拓展阅读
9-1-2

9.2　RPA 的技术框架和功能

近几年 RPA 的市场热度稳步攀升，应用不断扩大。根据知名信息技术研究和分析公司 Gartner 的最新研究显示，预计到 2022 年底，85% 的大型和超大型组织将部署某种形式的 RPA。RPA 是企业数字化转型需要使用的关键技术，而企业要成功部署自己的 RPA 就需要熟悉 RPA 软件的技术框架和部署模式。

微课 9-2

任务 9.2.1　认识 RPA 技术框架

不同的企业研发 RPA 产品的技术框架不尽相同，如云扩科技公司的 RPA 技术框架包含云扩 Spark、RPA 编辑器、RPA 控制台、RPA 机器人、云扩流程银行、云扩 AI Hub、云扩 DocReader 以及云扩低代码 ViCode；来也科技公司的 RPA 技术框架则包含创造者 Creator、劳动者 Worker、指挥官 Commander 以及魔法师 Mage。但不管各公司的 RPA 框架怎么变化，都必须包含 RPA 管理中心、RPA 编辑器和机器人三大核心模块，其关系如图 9-2 所示。

三大核心模块的主要功能如下。

1）RPA 管理中心：也称为 RPA 控制平台，主要功能是运行管理每一个机器人，编排机器人工作计划，并监视分析其活动。

2）RPA 编辑器：也称为 RPA 设计器，主要功能是创建机器人，定义机器人执行业务流程需要走的每一个步骤指令，并将指令发布到 RPA 控制平台上。

拓展阅读
9-2-1

3）机器人：负责执行操作，位于虚拟或实体客户端、云服务器、SaaS 中，直接与业务系统、办公软件、图片、语音、邮件处理软件等交互来决策分析处理程序，根据应用场景又可分为无人值守机器人和有人值守机器人两种。

图 9-2　RPA 技术框架三大核心模块

任务 9.2.2　了解 RPA 的部署模式

用户在购买 RPA 产品后，需要部署 RPA 机器人和 RPA 管理中心，才能使 RPA 机器人正常稳定的工作。主要的部署方式有以下 3 种。

1）本地部署：将 RPA 机器人和 RPA 管理中心部署在企业的内部网络中，运行在企业内部的服务器或 PC 上。

2）云端部署：将 RPA 机器人和 RPA 管理中心部署在公有云端，方便 RPA 的管理、运行、监控和维护，但是此时 RPA 机器人需要远程访问企业内部的管理信息系统等软件，因此有一定的安全隐患。

3）混合部署：将 RPA 机器人部署在本地，RPA 管理中心部署在云端。这样既保证了企业内部数据的安全性，又方便了 RPA 的管理、运行、监控和维护。

📖知识
小贴士：
RPA 卓
越中心

> RPA 卓越中心（Center of Excellence，COE）是企业创建的用于管理 RPA 项目实现的小组、部门或机构。COE 的核心是机器人操作团队，该团队由一组明确定义的角色和职责组成，负责在整个企业中尽可能快速、高效和安全地实施和管理自动化项目。因此，许多企业在开展 RPA 项目之初就构建了 COE。

9.3　常用 RPA 开发工具　≫

微课 9-3

RPA 能够提高企业效率，入门门槛低。不管是专业编程用户还是非专业编程用户，从底层开始写代码实现企业流程自动化都是令人头疼的事，而如果能够使用工具进行快速开发，则会大大加快 RPA 软件的开发速度。因此各大软件公司、RPA 公司都开始进军这一领域，开发出了适应广大用户的专业 RPA 开发工具。

任务 9.3.1　了解常用 RPA 开发工具

近年来，我国在 PRA 技术的开发与应用上涌现了诸多经典产品，并逐渐成为全球 RPA 创新中心。2001 年，"按键精灵"软件出现，比 Blue Prism 公司的 RPA 产品还要早两年，因此被视作国内 RPA 的先驱。2011 年，阿里巴巴自研的阿里云 RPA（码栈）在淘宝上开始应用。同年，上海艺赛旗软件股份有限公司研发的 is-RPA 上线，是国内首家提供 RPA 产品的专业厂商。此后，由于受到各界的青睐，各大企业也都纷纷加入 RPA 开发工具的研发中。例如，上海云扩信息科技有限公司自研的 RPA 开发工具云扩 RPA，上海学仁软件技术公司开发的 Saas 级傻瓜式 RPA 机器人程序 xRPA，上海容智信息技术有限公司研发的 iBot，上海弘玑信息技术有限公司自主研发的融合 AI、NLP 等先进技术的 Cyclone RPA，来也科技研发的 UiBot 等。目前国内的 RPA 厂商已有数十家。

拓展阅读
9-3-1

任务 9.3.2　认识 UiBot

UiBot 是由来也科技研发的一款 RPA 可视化开发软件，使用方便灵活，对专业性要求不高。下面分别从 UiBot 平台的组成、UiBot Creator 工具两个方面进行介绍。

（1）UiBot 平台组成

用户使用 UiBot 平台，可以根据业务场景，通过绘制流程图、配置动作和参数的方式，定制自动化流程场景,此时可以使用可视化视图。如果有一定的编程能力,也可以使用源代码视图编写程序,编程语言是来也科技自主研发的 BotScript 语言。两种视图可以随意切换,在其中一种视图下的操作,切换到另一种视图后会被保留,因此使用非常灵活,这也是 UiBot 平台的一大优势。

前面介绍过,一般的 RPA 平台至少会包含编辑器、机器人和管理中心 3 个核心模块。在 UiBot 中,也包含这 3 个模块,分别被命名为 UiBot Creator、UiBot Worker 和 UiBot Commander。另外,UiBot 还添加了 UiBot Mage,用来实现 RPA 的 AI 能力。下面分别介绍这 4 部分的功能。

1) UiBot Creator:RPA 机器人开发工具,支持可视化编程与专业模式,支持浏览器、桌面、SAP 等多种控件抓取,支持 Python、C/C++、Lua、.NET 等多种编程语言的扩展接口和第三方 SDK 接入。

2) UiBot Worker:RPA 机器人工作平台,支持人机 Robot、无人 Robot 双模式,支持定时启动、重复执行、条件触发等多种执行方式,支持 Windows、Linux、Mac OS X 等多种操作系统。

3) UiBot Commander:RPA 机器人管理中心,支持日志追踪与实时监控,能够对机器人工作站进行综合调度与权限控制。

4) UiBot Mage:RPA 机器人的 AI 能力平台,内置 OCR、NLP 等多种 AI 能力;提供预训练的模型,即使用户没有 AI 经验,也能够使用 UiBot Mage;与 UiBot Creator 无缝衔接,在 UiBot Creator 中通过拖拽即可为软件机器人添加 AI 能力。

(2) UiBot Creator 工具介绍

使用 UiBot Creator 创建软件机器人就是创建一个流程,每个流程都可以用一张流程图来表示。UiBot Creator 提供了"流程开始""辅助流程""流程块""判断块""子流程"和"结束"6 种组件来创建流程图,这些组件使用箭头连接起来,箭头的方向指明了组件的执行顺序,如图 9-3 所示。

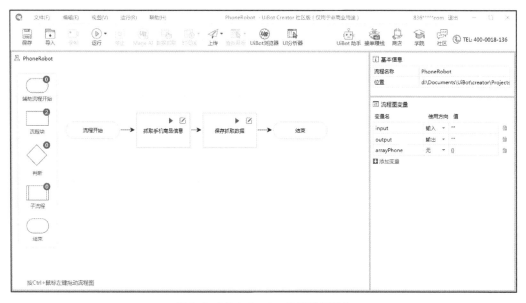

图 9-3 UiBot Creator 的流程图组件

拓展阅读
9-3-2

9.4 软件机器人的创建和运行 >>>

 【设定项目】抓取京东网站的手机商品信息并保存到 Excel 文件中

项目描述 ▶

李明同学在假期的时候在某电子商务公司找到了一个兼职工作。上班的第一天,领导让他把京东网站搜索到的前两页手机商品信息(包括商品名称、价格、商家名称)保存到 Excel 表中,方便公司手机商品的定价、描述,提高企业竞争力。小明为了提高工作效率,决定使用 RPA 技术创建一个软件机器人。

实训目标 ▶

了解使用 UiBot Creator 工具创建软件机器人的方法。

项目要求 ▶

1）安装 UiBot Creator。

2）创建商品信息抓取机器人流程。

3）添加并编辑商品信息抓取流程块。

4）添加并编辑信息保存流程块。

5）添加商品信息抓取机器人结束流程。

6）保存并运行商品信息抓取机器人。

项目分解 ▶

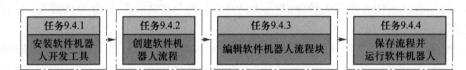

拓展阅读
9-4-1

微课 9-4

拓展阅读
9-5-1

第10章 ▶▶▶

程序设计基础

　　当今时代,信息技术的应用已经融入人类社会生产、生活的各个方面,智慧工厂、网络购物、外卖点餐、在线教育、线上办公、远程医疗、智慧出行、网络社交、视频分享等,构成了现代社会的日常形态。这些功能强大、丰富多彩的数字化形态产品,归根结底都是由计算机程序驱动产生的。

　　计算机程序(Computer Program)简称程序(Program),是一组指示计算机或其他信息技术设备执行动作或做出判断的指令,通常由某种程序设计语言编写,并运行于某种信息技术设备的体系结构之上。设计、编制和调试程序的方法与过程称为程序设计,一般包含需求分析、架构设计、编码调试、测试发布等阶段。能够熟练运用程序设计的方法为工作、学习与生活赋能,是体现个人信息技术能力的重要标志之一。

【学习目标】

1) 了解程序设计的基本知识。

2) 集成开发环境的安装、配置与使用。

3) 学习 Python 的基础语法。

4) 完成简单程序的编写与调试。

10.1　程序设计入门 ▶▶▶

PPT-10

　　自计算机诞生以来,程序设计就是一项十分重要的工作内容,它承担着人类与计算机沟通交流的重任:一方面,人通过程序把想法传递给计算机,使之按预定的指令执行操作;另一方面,计算机把执行指令的动态情况和最终结果向人进行反馈。

任务 10.1.1　了解程序设计语言

1. 程序设计语言的分类

　　程序是基于某种编程语言,按约定的语法规则编写的一组指令集合。程序设计语言多种多样、各具特点,适用于不同的工作领域和数据对象。总体上,可将程序设计语言的发展归结为三大类,即机器语言、汇编语言和高级语言。

　　随着信息技术的快速发展和广泛应用,程序设计语言也在不断进化,可视化编程、图形化编程、模块化编程、声明式编程、动态语言、多范式以及多核状态下的并发编程等成为编程语言的主要发展方向。

拓展阅读
10-1-1

2. 程序设计的两种思想

　　在使用高级语言开发程序的实践中,逐渐形成了两种设计思想:一种是面向过程的结构化程序开发;另一种是面向对象的程序开发。和这两种开发设计思想相对应,早期的高级语言仅支持面向过程开发,如Basic、C 等,也被称面向过程的程序开发语言;面向对象开发的语言很多,如 Java、Python、C++ 等。

　　面向对象的程序设计语言和人类使用的自然语言之间的差距最小,易于学习和掌握。Python 就是面向对象语言的优秀典型,其特点是语法简单、拓展功能库强大、应用广泛。因此,本章将采用 Python 作为程序设计的编程语言。

拓展阅读
10-1-2

【探索实践】查找资料,了解高级程序设计语言

　　搜集程序设计语言的相关资料,了解程序设计语言的应用领域和主要特点,将搜集整理的相关信息填写在

表 10-1 中。

表 10-1　高级程序语言分类与特征

语言类别	主要特征	典型的编程语言(1~2 种)
结构化程序设计语言	结构化程序设计主要特点是将程序中的数据与处理数据的方法分离。以模块化设计为中心,将待开发的软件系统划分为若干个相互独立的模块。其设计思想是自顶向下、逐层细化	Fortran、Basic、C
面向对象程序设计语言	面向对象程序设计语言的三个基本特征:封装、继承、多态。应用面向对象语言进行程序设计具有维护简单、可扩充性和代码重用等优点	Java、C#、Python、C++
数据库语言	主要用于操作数据库的非过程化编程语言,允许用户在高层数据结构上直接工作	SQL、QBE、NDL
人工智能语言	适应于人工智能和知识工程领域的、具有符号处理和逻辑推理能力的程序设计语言	LISP、Prolog、Smalltalk、Java、Python
网页编程语言	用来编写静态或动态网页的编程语言。网页中还经常嵌入脚本语言实现动态网页功能	HTML、PHP、ASP、JSP

任务 10.1.2　理解程序设计流程

编写程序的目的是节省人力、简化操作并提高工作效率。因此在进行程序设计时,需要先把待解决的现实问题抽象(转换)成数学问题(数学模型),然后利用程序设计语言编写指令解决这些数学问题,从而实现应用程序解决实际问题。

例如,编程实现将 A、B 两个杯子内盛放的不同溶液(A 杯牛奶、B 杯可乐)进行互换(A 杯可乐、B 杯牛奶),如图 10-1 所示。

图 10-1　两杯不同溶液进行互换

首先分析任务需求,显然要实现两个杯子内溶液的交换,必须借助于第 3 个空杯。先将 A 杯中牛奶倒入空杯 C 中,再将 B 杯中可乐倒入 A 杯中,最后将 C 杯里的牛奶倒入 B 杯,这样实现了 A、B 两个杯子内溶液的互换。

通过上述的分析,已经明确了要解决的问题和解决步骤。如果问题复杂,则可以借助流程图等工具,进一步理清思路。

接着就可以使用特定的程序设计语言,快速写出程序代码。这里使用变量 A 和 B 分别代表 A、B 两个杯子,编写程序代码如下:

```
A=" 牛奶 "
B=" 可乐 "
C=A; A=B; B=C
```

程序运行后,可应用指令对 A、B 两个变量的值进行检测,发现两个数值已经交换。至此,实现了应用程序方式模拟解决实际问题的效果。

在程序设计中除了考虑解决问题的方法以外,也要考虑数据的存取问题。有人总结为程序设计 = 数据结构 + 算法,很好地说明了程序设计中应考虑的内容。

一般来讲,程序设计的流程包括如图 10-2 所示的几个步骤。

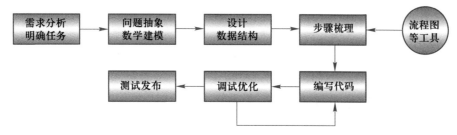

图 10-2　程序设计流程

计算机中所有的程序和数据都是以二进制形式存在的。应用高级语言编写的程序,是不能直接在计算机中运行的,需要通过编译或解释,才能以二进制机器语言的形式在计算机中运行。

使用编译器将高级语言程序代码转换为目标代码的过程称为编译,如图 10-3 所示。编译器编译源代码后会生成二进制目标代码,运行时计算机以机器语言方式运行,程序执行速度快、效率高。

通过解释器将高级语言程序代码转换为可执行代码并同时逐条执行的过程称为解释,如图 10-4 所示。解释器对源程序的翻译与执行是同时进行的。源代码被一条一条地解释成机器语言代码,发送给计算机执行。每次程序运行都要执行这样的翻译过程,所以这样的程序运行起来效率不是很高。

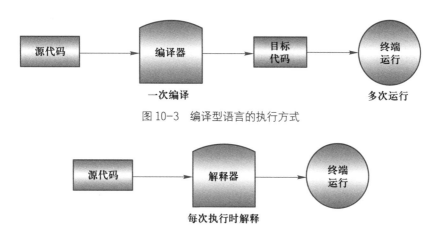

图 10-3　编译型语言的执行方式

图 10-4　解释型语言的执行方式

Python 是一种先编译后解释的程序设计语言,用 Python 语言编写的源程序会先被编译成字节码文件,然后在 Python 虚拟机中逐条解释并执行字节码文件。

10.2　编程工具应用 >>>

使用编程语言进行程序开发,离不开语言支持和集成开发环境。好的编程开发环境,能帮助程序设计者显著提高开发效率,达到事半功倍的效果。

任务 10.2.1　安装 Python 语言环境

进行 Python 程序开发,需要首先安装 Python 语言环境。Python 语言基本开发与运行环境可以从官方网站下载获得,按照提示信息即可快速完成环境安装。

任务 10.2.2　了解集成开发环境

集成开发环境(Integrated Development Environment,IDE)是专门用于软件开发的程序工具集合。通常 IDE 会集成或设计专门针对某种开发语言的工具组件,应用这些工具组件可以一站式完成项目构建、代码

微课 10-1

拓展阅读
10-2-1

编写、调试、编译、运行测试、打包发布、版本控制等工作,极大地方便开发人员,提升程序开发效率。尤其是 IDE 中精心设计的代码编辑器,大多提供了代码着色、语法提示、自动补全、代码封装等功能,使程序设计人员能集中精力进行代码设计,减小语法压力,降低编程难度。

拓展阅读
10-2-2

集成开发环境有很多种,业内比较知名的有 Eclipse、Atom、Emacs、Vim、VS Code 等,这些 IDE 均需要安装专门的 Python 插件并进行配置后才能支持 Python 开发;而 IDLE、PyCharm、Anaconda 等则是专门为 Python 开发设计量身定制的集成开发环境,软件的功能设计更具针对性,操作简单、使用便捷,对提升开发效率有很大帮助。IDLE 是 Python 语言环境自带的工具,能进行简单程序的开发,尤其是交互状态下命令输入后能直接查看运行结果,适合 Python 初学者入门,但进行较为复杂的项目开发时,推荐使用 VS Code、PyCharm 等更为方便。

10.3 Python 语言基础 ▷▷▷

微课 10-2

Python 是一种跨平台的高级程序设计语言,在人工智能、大数据分析等方面具有突出优势。它的语法十分简单,上手容易,编程资源异常丰富,具有极强的扩展性和适应性,基本涵盖了其他程序设计语言所能涉及的所有领域。因此,Python 也是目前最受欢迎的编程语言之一。

任务 10.3.1 熟悉 Python 语法规范

Python 是完全开源的程序设计语言。编写 Python 程序时要遵循语言规范,因为只有按照约定的规范,编写出的代码才能更健壮、更易读并避免错误。

1) 标识符命名原则。标识符由数字、字母(大、小写)以及下画线组成,通常用于命名变量、函数、类名称、模块名称等。标识符一般以字母开头,不能以数字开头,不能与系统关键字重名,单、双下画线开头的标识符一般具有特殊意义,通常不使用。

2) 使用空格缩进代表代码层次。不同层次的代码缩进不同,层次相同的代码缩进相同。首次缩进一般使用 4 个空格,不推荐使用制表符(Tab)。

3) 使用空行作为函数或类定义与其他代码的分隔。函数定义之间使用一个空行以示区分,类定义之间使用两个空行分隔。

4) 代码每行最长 80 个字符,代码结束没有标点符号。如果一行代码的长度超过 80 个字符,可以使用小括号、中括号、大括号等将这段代码括起来,实现隐式连接。推荐使用小括号,不推荐使用反斜线连接方式。

5) 使用 "#" 进行代码注释。注释以 "#" 和一个空格开始。一条语句内也可以使用注释,但要求至少要有两个空格与代码分隔开,然后再输入 "#" 和注释内容。

任务 10.3.2 了解 Python 程序结构

Python 程序由包、模块(即一个 Python 文件)和函数组成。包是由一系列模块组成的集合,模块是处理某一类问题的函数和类的集合。

具体到一个 Python 程序,通常由以下几个部分构成:第一个部分是功能性注释和程序说明;第二个部分是模块导入;第三个部分是定义全局变量、常量;第四个部分是函数或类的定义;第五个部分是主程序即执行部分,如图 10-5 所示。以上的各个部分并不都是必需的,可根据实际情况取舍。由于 Python 是脚本语言,它的执行顺序是从前向后依次执行的。

任务 10.3.3 认识常量、变量和数据类型

1. 常量与变量

变量是指在程序运行过程中其值可以发生变化的量。与其他高级语言相比,Python 中的变量比较特殊,采用引用值的方式建立与其他对象的联系。变量本身没有类型,随着引用对象类型的不同,对外呈现的类型也不同。变量是作为操作数据的手段或媒介而存在的,变量中实际保存的是对象的内存地址。变量与引用对象之间的关系如图 10-6 所示。

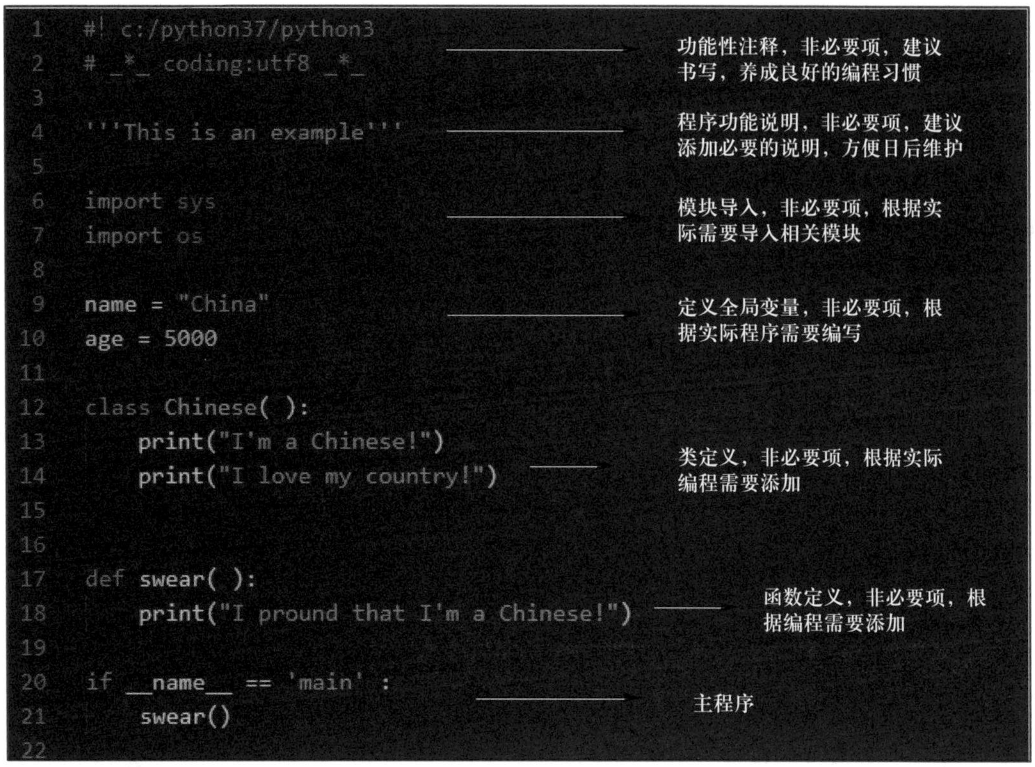

```
1    #! c:/python37/python3                     功能性注释，非必要项，建议
2    # _*_ coding:utf8 _*_                       书写，养成良好的编程习惯
3
4    '''This is an example'''                    程序功能说明，非必要项，建议
5                                                添加必要的说明，方便日后维护
6    import sys                                  模块导入，非必要项，根据实
7    import os                                   际需要导入相关模块
8
9    name = "China"                              定义全局变量，非必要项，根
10   age = 5000                                  据实际程序需要编写
11
12   class Chinese( ):
13       print("I'm a Chinese!")                 类定义，非必要项，根据实际
14       print("I love my country!")             编程需要添加
15
16
17   def swear( ):
18       print("I pround that I'm a Chinese!")   函数定义，非必要项，根
19                                               据编程需要添加
20   if __name__ == 'main' :
21       swear()                                 主程序
22
```

图 10-5　Python 程序结构示意

stu=" 张三 "

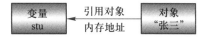

图 10-6　变量与对象关系

常量是在程序运行过程中始终保持原有值不发生任何改变的量。与其他高级语言不同，Python 中并没有专门语法来定义常量，但可以通过其他方式自定义实现常量功能。

2. 常用数据类型

Python 支持的数据类型有整型、浮点型、字符型、布尔型、序列、字典、集合等，其中序列是 Python 中经常使用的数据类型，其最主要的特点就是其内部的构成对象按序排列，序列包括字符串、列表、元组等多种形式，其中字符串是 Python 中最常用和最简单的序列类型。

任务 10.3.4　掌握运算符与内置函数

应用 Python 编程离不开各类运算符，由常量、变量和各类运算符可以构成数据表达式。常用的运算符包括算术运算符、关系运算符、逻辑运算符和赋值运算等。

除了各种常用的运算符外，使用 Python 的内置函数，无须导入任何模块，可以快速实现序列的排序、极值、平均值计算以及完成数据输入、输出等操作，而通过 map( ) 和 range( ) 等函数则可以实现序列映射等复杂操作。

任务 10.3.5　掌控程序流程

Python 程序由一条条的程序语句构成，程序语句按控制方式归纳有 3 种结构，分别是顺序结构、选择结构和循环结构。这 3 种基本的控制结构可以进行各种组合，所有的程序从实质上看都是 3 种控制结构的综合运用。

（1）顺序结构

顺序结构是程序设计中最简单的控制结构，程序中的各条语句按照出现的先后顺序依次执行就构成顺序结构。这种结构的特点是程序运行按代码书写顺序，即自上而下依次执行。所有程序从宏观上看，都是按顺序结构来执行的。

拓展阅读
10-3-1

拓展阅读
10-3-2

拓展阅读
10-3-3

拓展阅读
10-3-4

（2）选择结构

选择结构是最常用的控制结构，也称为分支结构。程序依据条件表达式的结果动态改变走向，使得程序变得更加智慧、更加灵活。选择结构有单分支选择、双分支选择、多分支选择多种形式。

1）单分支选择。适用于较为简单情况，条件表达式成立则执行语句块，不成立就不执行，如图 10-7 所示。命令格式如下：

if <条件表达式>：

　　　<语句块>

其中，条件表达式可以是任意的数值或表达式，值为 True 表示条件成立，值为 False 表示条件不成立。若表达式为数值，则 0 代表 False，其余值均代表 True。

语句块是当条件表达式成立时需要执行的语句行，可以是一句或多句。整个语句块与上一行（if<条件表达式>：）相比，要进行缩进，表示下面的语句均为 if 条件满足时要执行的内容。一旦不再缩进，则表示整个分支结构的语句序列已经完成。例如：

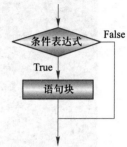

图 10-7　单分支选择结构

```
a = 5; b = 3
if a < b:
    print ("a 小于 b")
```

2）双分支选择。适用于二者选其一的情况，当条件表达式成立时执行语句块 1，不成立时执行语句块 2，如图 10-8 所示。命令格式如下：

if　<条件表达式>：

　　　<语句块 1>

else：

　　　<语句块 2>

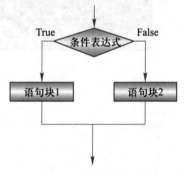

图 10-8　双分支选择结构

例如：

```
a = 5; b = 3
if a < b:
    print ("a 小于 b")
else
    print ("a 大于 b")
```

拓展阅读
10-3-5

（3）循环结构

循环结构是程序中最能发挥计算机特长的控制结构，可以根据控制条件来重复执行某些语句。当有大量重复计算或类似语句需要反复执行时，通常都要将其放入循环结构中，使其在循环结构的控制下自动运行。实现循环结构的语句就称为循环语句，Python 中的循环语句主要有 for 和 while 两种。

1）while 循环。命令格式如下：

while <条件表达式>：

　　　<语句块 1>

［else：

　　　<语句块 2>］

循环结构中的语句块 1 称为循环体，是被循环结构反复执行的程序代码。

循环语句中的条件表达式也称为循环条件，是用来控制能否进入循环结构的开关。当条件表达式结果为 True 时，进入循环结构重复执行循环体中的语句序列；如果表达式结果为 False，则结束循环结构的执行，继续执行方括号中的 else 子句，即语句块 2，如图 10-9 所示。这个 else 子句不是必须项，可以根据实际问题的需要来取舍。

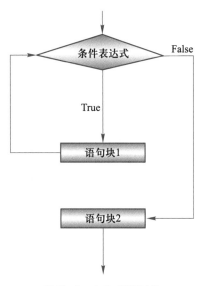

图 10-9　while 循环结构

为了能够控制循环执行的次数,通常在循环条件中使用一个变量,利用这个变量值的变化来控制循环的运行,这样的变量称为循环变量。例如:

```
i = 1
while i < 10:    #i 为循环变量,控制能否进入循环和执行次数
    print ("i =", i)
    i = i + 1    # 循环变量累加
else:            # 非必须项,当循环条件不再成立时,执行下面语句
    print (" 循环结束 ")
```

2) for 循环。命令格式如下:

for < 变量 > in < 序列或可迭代对象 >:

　　< 语句块 1>

[else:

　　< 语句块 2>]

for 语句中的变量就是后面序列或可迭代对象中的每一个元素,当循环结构遍历了序列或可迭代对象的全部元素后,将结束当前循环结构的运行。与 while 语句中的一样,else 子句是可选项,可依据实际问题的情况进行取舍。例如:

```
sum = 0
for i in range (10):    # 程序实现从 0 至 9 的累加,注意 range ( ) 函数的用法
    sum=sum+i
else:
    print ("sum=", sum)
```

3) break 和 continue 语句。break 和 continue 语句都会结束当前循环语句的执行,二者在 while 和 for 语句中都可以使用。但二者还有明显的功能区别:break 语句执行后会彻底跳出当前的循环结构,不再执行循环;而 continue 只是跳过当前循环中未执行的部分语句,重又回到循环语句开头部分,继续进行循环。例如:

```
sum=0
for i in range (100):
    if i%2 == 0:
        continue    # 如果 i 为偶数,则跳过后面的语句,重回循环开头,继续循环
    if i > 10:
```

```
      break    # 如果 i>10, 则跳出整个循环 , 不再执行循环
      sum = sum + i
print ("sum=", sum)    # 输出最终结果
```

任务 10.3.6　学习函数设计

函数是将实现某一特定功能的相关程序代码组织在一起形成的程序单元。Python 中的函数分为 3 类：自定义函数、内置函数以及库函数。系统的内置函数是可以直接调用的函数，如 map（ ）、range（ ）等；库函数是要导入相应的标准库或扩展库才可以调用的函数；自定义函数则是用户按语法规则为实现特定目的而自行定义的函数。

1. 函数的定义

定义函数的语法格式如下：

def　< 函数名 >(< 形参列表 >)：

　　< 语句块 >

　　［return 变量 ］

其中，函数名可以是任何有效的 Python 标识符，通常由有意义的英语单词构成，一般采用小写形式。

形参列表是调用函数时，向函数提供的变量或数值列表，如果不需要进行数值或变量的传递，形参列表可以为空。

语句块也称为函数体，是函数中具体实现功能的语句代码，这些代码也要按缩进规则，进行缩进。

若函数需要有返回值，则使用 return 子句将变量的数值返回。例如：

```
def max (a, b):
   if a > b:
      tmp = a
   else:
      tmp =b
   return tmp
```

2. 函数的调用

函数定义完成之后，就可以进行调用了。调用函数时，只需要写上函数名并携带规定的参数就可以了。调用函数时传递的参数称为实参，一般情况下实参中变量的顺序与定义函数时形参中对应变量的顺序应一致。例如：

```
a = 5; b = 7
c = max (a, b)
```

Python 中关于函数的参数还有很多技巧，前面所介绍的是位置参数，要求实参与形参位置对应，除此之外，还有关键参数、默认值参数、可变参数等更加丰富和灵活的运用，有兴趣的读者可以搜索相关资料进行学习探索。

拓展阅读
10–3–6

任务 10.3.7　访问磁盘文件

文件是计算机持久性存储数据信息的重要载体，也是信息交互传递的重要方式。Python 编写的程序不仅可以读、写磁盘和网络上的文件，也可以将程序运行的结果以文件形式加以保存。使用 Python 程序操作各种文件主要是通过内置函数完成。文件函数的使用和操作步骤如下：

1）打开文件，创建文件对象。例如：

```
fp = open ("test. txt", r)        # 以只读方式打开当前目录下的 test. txt 文件
fp = open ("test. txt", w)        # 以写方式打开当前目录下的 test. txt 文件
```

2）通过文件对象对文件内容进行读、写、删、改操作。例如：

```
fp. write ("I'm a Chinese!")      # 向文件中写入信息
list = fp. readlines ( )    # 从文件中读取每行的文本信息并存入列表中 , 返回该列表
```

3) 关闭并保存文件。例如：

fp.close( ) #关闭文件对象

任务 10.3.8 处理程序异常

Python 中的异常是指程序运行过程中发生的特殊事件(错误),这种错误会影响程序的正常运行。一般情况下,在 Python 无法正常处理程序时就会发生异常。异常也是 Python 中设定的一个对象,一个异常代表是一种类型的错误。

如果程序中出现了异常,没有做任何处理,就会导致程序崩溃。Python 提供了异常处理机制,能够捕获到出现的异常,并给出相应的处理,使得程序在出现错误的情况下依然能给出友好提示,不致崩溃。

拓展阅读
10-3-7

异常处理结构的语法格式如下：

try:

  < 运行时可能出现异常的语句序列 >

except ［异常名称］: #若不带异常名称则捕获所有异常,否则只捕获指定的异常

  < 处理该异常的代码 >

…

［else:< 没有异常发生时执行的代码 >］

［finally:< 无论是否发生异常都要执行的代码 >］

拓展阅读
10-3-8

任务 10.3.9 导入扩展模块

在 Python 中库(模块)是可重复使用的 Python 程序文件,库(模块)内部包含常量、变量、函数和类定义等。通过导入方式可以将库(模块)包含到自己编写的程序当中,直接使用库(模块)内提供的函数,可以增强程序功能,提高程序开发效率。

Python 语言支持标准库和扩展库。

不论标准库还是扩展库,在使用前都需要先将库(模块)导入到用户程序中。导入库(模块)的命令格式主要有以下 3 种：

拓展阅读
10-3-9

import 库(模块)名 ［as 别名］

from 库(模块)名 import 对象名［as 别名］

from 库(模块)名 import*

如果在前两种方式中指定了别名,在程序调用时,就可以使用"别名 . 对象名"的方式使用其中的对象;如果没有指定别名,则在代码中只能使用"模块名 . 对象名"的方式进行访问。第 3 种方式一次性将库(模块)中所有的对象全部导入,在使用时也无须添加模块名可以直接使用对象名调用,虽然这种方式简单有效,但一般不推荐这样使用。

拓展阅读
10-3-10

10.4 编写应用程序 >>>

前面介绍了有关程序设计的基础知识,对高级语言也有了一定的了解,下面通过一个实战项目的开发,进一步熟练 Python 语法,掌握编程的全过程。

【设定项目】编写疫情信息管理应用程序

情境描述 ▶

2020 年爆发了新冠疫情,广大医务工作者白衣执甲、逆险而行,奋战于抗疫一线;全国人民听从党的号唤,团结一心、奋勇抗击,这其中涌现出了无数可歌可泣的感人事迹。作为防疫的一个重要措施,每天都要做好个人的体温和疫情接触信息登记。本项目的任务需求就是学以致用,使用 Python 开发程序,帮助同学完成疫情信息的登记管理,为校园防疫做出贡献。

项目要求 ▸

1) 进行需求分析,明确开发任务。

2) 规划模块结构,设计交互与存储方式。

3) 编写程序代码,完善应用功能。

4) 调试应用程序,修补程序缺陷。

5) 打包发布应用,编写操作文档。

项目分解 ▸

拓展阅读
10-4-1

微课 10-3

拓展阅读
10-5-1

🔨 **【探索实践】完善疫情信息管理应用程序**

源代码

组建程序开发团队,查询 Python 开发资料,针对学校疫情防控检测的实际需要,编写可视化、网络化的疫情信息管理应用程序,以实现开发程序的实用化。

第 11 章 ▶▶▶

大　数　据

▶▶▶▶▶

　　当今时代是数据与人工智能的时代,互联网、大数据和人工智能成为驱动人类行为及活动方式变革的重要动力。大数据作为人类社会信息量爆炸式增长的重要形态,已成为驱动智慧发展的关键要素。本章在第 5 章新一代信息技术概述中"极速倍增的大数据"一节的基础上,带领读者深入了解大数据的发展历程、结构类型、数据来源等知识,并介绍大数据的关键技术,数据分析的基本类型、基本流程、分析算法,以及大数据应用所面临的安全风险和安全挑战等内容。

【学习目标】

1) 了解大数据的概况及其发展历程。
2) 掌握大数据的结构类型及数据来源。
3) 能区分大数据存储与传统数据库工具应用场景的区别。
4) 熟悉大数据在获取、存储和管理等方面的关键技术。
5) 了解数据分析的基本类型、基本流程和基本算法,建立初步的数据分析概念。
6) 了解大数据应用中面临的常见安全问题和风险。

11.1 大数据简介 ▶▶▶

PPT-11

任务 11.1.1　了解大数据的概况

　　在信息时代,数据生产量是衡量一个国家综合实力的重要指标之一。2012 年全球信息化数据量只有 2.8 ZB,其中美国约占 32%,中国占 13%。根据国际权威机构 Statista 的统计和预测,全球数据量在 2019 年约达到 41 ZB,其中中国的数据产生量约占 23%,美国约为 21%。可以说,我国已成为世界上最大的数据生产国。作为未来 10 年内最有潜力的行业领域之一,了解和掌握大数据的基本知识,将有利于同学们职业的选择和职业能力的提升。

　　Statista 在 2019 年 8 月发布的报告显示,预计到 2020 年,全球大数据市场的收入规模将达到 560 亿美元,较 2018 年的预期水平增长约 33.33%,较 2016 年的市场收入规模翻一倍。随着机器学习、高级分析算法等技术的成熟与融合,更多的大数据应用和场景正在落地,大数据软件市场将持续高速增长,并将创造大量的职业和岗位。

任务 11.1.2　探寻大数据的发展历程

　　大数据一词最早出现在 1980 年《第三次浪潮》一书中,而通常所说的大数据技术,则起源于 2004 年前后发表的关于分布式文件系统(DFS)、大数据分布式计算框架 MapReduce 和 NoSQL 数据库系统 BigTable 的 3 篇论文。2009 年,"大数据"成为信息技术行业的热门词;2013 年,"数据就是资产"的观点开始深入人心,这一年也被称为"大数据元年"。

任务 11.1.3　探查大数据的主要来源

　　大数据的获取主要有 4 种来源:管理信息系统、Web 信息系统、物理信息系统以及科学实验系统。大数据最为主要和关键的一个来源渠道就是现存的各个管理信息系统,这也是传统的数据采集和处理

拓展阅读
11-1-1

的中心；Web 信息系统是指基于互联网的网站、手机 App 等信息系统；物理信息系统主要是指物联网、传感器网络等数据采集设备产生的数据。科学实验系统是指专用的进行科学研究和实验的系统产生的数据。

拓展阅读
11-1-2

任务 11.1.4　认识大数据的结构类型

足够的数据体量是大数据的基础，多形态的混杂数据是大数据的核心。大数据获取技术就是将分散的、各种来源的、结构化/半结构化/非结构化的、文本/图像/视频等各式各样的数据进行采集并整合在一起。在大数据采集的数据类型层面，主要可以分为 3 类：结构化、非结构化和半结构化的数据。

拓展阅读
11-1-3

任务 11.1.5　掌握数据库及数据仓库的应用场景

传统的数据应用主要基于数据库和数据仓库，前者针对的是关系型数据库，一般进行 OLTP（On-Line Transaction Processing，联机事务处理）操作，也就是数据库的增删改查等"事务"型操作，具有要求速度快、数据一致性高、数据量小等特点，是结构化数据的主要数据源。后者针对的是数据仓库和 OLAP（On-Line Analytical Processing，联机分析处理）。数据仓库定期对 OLTP 流程中产生的数据进行提取、变换、清洗和加载（ETL）等操作，转换为围绕企业主题（Subject-Oriented）、经过集成（Integrated）、定期更新（Time-Variant）、具有非易失性（Non-Volatile）格式的数据，供决策者进行在线数据分析处理，可以支持复杂的分析、查询操作以及多维度分析处理。

大数据与最基本、最典型的传统 OLAP 场景的最明显区别是数据规模的急剧膨胀，从以往的单表千万级，到现在单表百亿、万亿级，维度也从传统的几十维到现在可能存在的上万维。数据价值越来越大，分析手段和分析算法越来越复杂，同时对系统的响应延迟要求又是秒级，这就对大数据的应用提出了更高的要求，也是大数据应用落地需要解决的问题。

【探索实践】尝试使用百度识图来识别植物

百度识图提供了识别照片中的物体的功能它提供了两种方式来进行识别，一种是上传用户希望进行识别的图片，另外一种是给出用户希望识别的图片的超链接。可以用手机拍摄一些不认识的花草，使用百度识图来进行识别。

11.2　大数据关键技术　>>>

大数据也是数据，因此大数据技术也就是在传统的数据技术基础之上，加入了针对海量数据的一些特定的处理技术和方法。从总体上来分析，主要就是数据的采集、传输、预处理、存储、查询、分析处理、展示或者可视化，这些内容就构成了数据的生命周期。

大数据的主要技术分类，可通俗地总结为 9 条，包括取数据、传数据、洗数据、存数据、管数据、查数据、算数据、挖数据和画数据。

拓展阅读
11-2-1

任务 11.2.1　认识"取数据"

要进行大数据处理，首先需要在找到数据的来源之后，采用各种方法取得数据，如通过爬虫等技术。

微课 11-1

💡【实训项目】使用八爪鱼工具获取大数据信息

情境描述 ▶

李明对爬虫技术一直很感兴趣，很羡慕那些会写爬虫的人。现在李明要在网上查一下租房的信息，希望可以拿到更多的信息，想用爬虫实现，但不会爬虫编程。李明请教了别人，有人推荐可以使用八爪鱼工具来爬取数据，李明想尝试一下。

实训目标 ▶

下载和安装八爪鱼软件，设定软件的相关内容，爬取希望获得的数据。

微课 11-2

实训内容 ▸

安装八爪鱼软件,并进行试用,完成自己设定的目标。

任务 11.2.2　了解"传数据"

进行大数据数据采集和获取的机器一般并不进行存储和分析工作,因此需要将在分散在各个位置上采集取得的数据传输到数据中心进行存储和处理。海量数据的传输技术是大数据技术中不可忽视的一环。

任务 11.2.3　熟悉"洗数据"

数据中心需要对传输回来的各种各样的数据进行必要的处理,以便于存储和分析。数据清洗技术是大数据存储和分析的基础技术。

任务 11.2.4　掌握"存数据"

存储是大数据的两大核心技术之一,因为数据量太大,如何进行存储就是必须解决的问题。

任务 11.2.5　把握"管数据"

可以说,大数据是企业最重要的资产之一。如何有效地管理大数据不但是企业本身的问题,更是整个社会,甚至是全人类的问题。如果放任大数据的应用而不加以限制和管理,必然会出现诸如数据霸权、隐私保护、信息安全等问题。

任务 11.2.6　理解"查数据"

对于少量数据来说,查询不是什么大问题,但是当数据量超过 TB 级别之后,哪怕只是一个简单的查询,也需要耗费巨大的资源和时间。因此,大数据查询技术是进行大数据分析和挖掘的基础技术之一。毕竟,只有先把需要分析的数据找出来,才能进行进一步操作。

任务 11.2.7　学会"算数据"

大数据的处理和传统的数据处理有一定的不同,其最为显著的特征就是采用分布式处理。由于数据量太大,一台机器无法提供足够的算力来处理,因此需要采取分布式集群的方式来进行,即将任务分解到很多台机器上一起计算,再进行归并,从而达到处理大数据集的目的。

任务 11.2.8　善于"挖数据"

数据挖掘是大数据分析的一个方面,现在已逐渐被机器学习和人工智能所替代。但从本质上来说,无论是机器学习还是人工智能,都是数据挖掘技术在大数据集上的一种操作,只不过采用了更适合于大数据集的算法和技术而已。

任务 11.2.9　尝试"画数据"

大数据分析的目的就是将看似杂乱无章、毫无头绪的数据,采用相应算法,按照所需的目的给出分析结果。大数据可视化是利用计算机图形学和图像处理技术,结合交互处理的理论、方法和技术,将数据分析的结果转换成图形或图像在屏幕上显示出来,给人们提供一个直观的、交互的和反应灵敏的可视化环境。

11.3　大数据分析算法 >>>

任务 11.3.1　了解数据分析的基本类型

传统的数据分析分为 4 种基本类型,也就是常说的描述性数据分析、诊断性数据分析、预测性数据分

拓展阅读 11-2-2

拓展阅读 11-2-3

拓展阅读 11-2-4

拓展阅读 11-2-5

拓展阅读 11-2-6

拓展阅读 11-2-7

拓展阅读 11-2-8

拓展阅读 11-2-9

微课 11-3

析和指导性数据分析,如图 11-1 所示。其中,描述性数据分析通过报表可视化工具等描述目前正在发生什么;诊断性数据分析通过数据挖掘等算法来揭示为什么会发生这种情况;预测性数据分析通过预测算法来预测如果保持现状未来会发生什么;指导性数据分析则利用对已经发生的事情、事情发生的原因以及可能发生的情况来辅助决策者确定最佳方案。

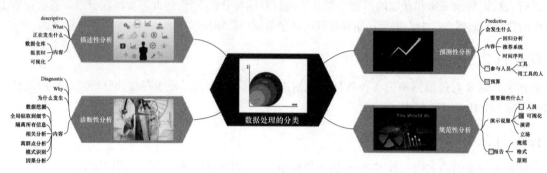

拓展阅读
11-3-1

图 11-1　数据分析的基本类型

任务 11.3.2　熟悉数据分析的基本流程

传统的数据分析和大数据分析,都遵循数据挖掘行业标准流程(Cross-Industry Standard Process,CRISP)中定义的基本步骤,如图 11-2 所示。

1) 商业理解(Business Understanding):了解业务并提出问题,提出需要的数据列表。

2) 数据理解(Data Understanding):包括对需要的数据进行采集、描绘获取的数据、探索数据特征以及检验数据的质量等。

3) 数据准备(Data Preparation):对获取的数据进行数据清洗、数据离散化、数据规范化、数据归约、数据集成等预处理,以方便后续的建模和算法的使用。

4) 数据建模(Modeling):针对问题的需要,构建不同的模型,并通过建造、评估模型将其参数校准为最为理想的值。

5) 评估(Evaluation):将模型或算法得到的结果通过图表的形式进行表达,并在进行最终的模型部署之前对模型和算法进行评估。

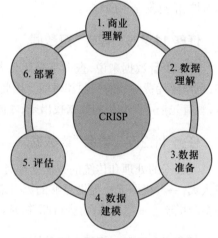

图 11-2　数据挖掘行业标准流程(CRISP)

6) 部署(Deployment):把通过评估的算法,以各种方式应用到企业实际的生产过程或者决策过程中。

任务 11.3.3　理解数据挖掘的基本算法

数据分析偏重于采用统计方法和工具进行分析,包括假设检验、显著性检验、差异分析、相关分析、T 检验、方差分析、卡方分析、回归分析、主成分分析、因子分析等。数据挖掘则是指从数据库的大量数据中揭示出隐含的、先前未知的并有潜在价值的信息的过程。

大数据分析与挖掘,就是将数据分析与挖掘的概念应用于大数据的环境中,主要包括分类问题(Classification)、聚类问题(Clustering)、关联分析(Association Analysis)、回归分析(Regression Analysis)、推荐系统(Recommendation)等。

拓展阅读
11-3-2

11.4　大数据安全风险与安全挑战　》》》

常言道,"机遇伴随着挑战,便利隐藏着风险。"大数据集的使用给人们的生活带来了更多便利,但同时也蕴含着安全的风险和挑战。

任务 11.4.1　认识大数据的安全风险

1. 分布式存储

大数据的存储采用分布式存储方式,数据和操作分布在许多系统上,这导致黑客只须攻击一个点就可以渗透到整个网络,从而很容易地获取敏感数据并破坏整个大数据系统。

2. 大数据泄露

大数据泄露问题主要表现在两个层面:一个是静态层面,另一个是动态层面。静态层面首先要保证在不泄露用户隐私的情况下进行数据挖掘和分析,其次要保证在分布式传输和数据交换中保证用户隐私数据的安全。动态层面首先是如何应对大数据的数据量不断增加带来的大数据动态数据属性和表现形式的数据隐私保护问题,其次是现有的敏感数据的隐私保护是否能够满足大数据复杂的数据信息安全保护要求。

3. 大数据传输

大数据处理的数据一般来自多个来源,需要多个传输环节,除了存在泄露、篡改、传输中的逐步失真、非授权访问等风险外,由于大数据的异构、多源、关联等特点,即使多个数据集各自脱敏处理,仍然存在数据因关联分析而造成个人信息泄露的风险。

任务 11.4.2　了解大数据的安全挑战

1. 侵犯隐私权

微信、微博、QQ 等社交软件记录着人们的聊天、上网等记录,蕴含着用户的社会关系;滴滴、携程等交通或旅游软件记录着人们的出行记录;网上支付、购物网站记录着人们的消费行为。特别是在大数据时代,数据的交叉比对使用户的匿名化变得近乎毫无意义,人们面临的威胁不仅限于个人隐私泄露,还有基于大数据分析对人的状态和行为预测的挑战。

2. 跨境数据流动

全球性购物活动导致数据的跨境流动是大数据的一个特殊属性。互联网无国界,但是数据有归属,如何建立大数据安全标准体系框架,在法律制度、数据服务外包、打击网络犯罪等方面保护跨境数据的安全是一项重要挑战。

3. 云安全不足

云存储是大数据存储的主要形式,而云存储面临着用户身份安全、共享业务安全以及用户数据安全等问题。如何融合并行处理、网格计算、未知病毒行为判断等新兴技术和概念,通过网状的大量客户端对网络中软件行为的异常监测等手段实现云安全,就成为大数据安全的又一个挑战。

拓展阅读
11-5-1

第 12 章

人 工 智 能

　　人工智能离我们有多远？它并不只存在于科幻电影中,而是已经来到了人们身边。从天猫精灵、小爱同学到无人驾驶汽车,人工智能已经以不同的形态与人们的生活紧密结合在一起。

　　本章在第 5 章新一代信息技术概述中"引领未来的人工智能"一节的基础上,介绍人工智能技术的发展历程、发展阶段和技术流派,帮助同学们了解人工智能的要素和形态,掌握人工智能的技术架构和应用流程,并思考与分析人工智能应用中面临的伦理和法律问题。

【学习目标】

1）了解人工智能的发展历程、发展阶段和技术流派。

2）了解人工智能的四要素和三种形态。

3）熟悉人工智能的技术架构及应用流程。

4）辨析人工智能应用中的伦理和法律问题。

12.1　人工智能简介　▶▶▶

💻 PPT-12

　　不同于人类或动物的自然智能,人工智能是一种由机器展示的智能。自 1956 年提出"制造智能机器的科学与工程"后,人工智能作为计算机科学的一个分支,主要集中在研究、开发用于模拟、延伸和扩展人的智能的理论、方法、技术及应用系统。

任务 12.1.1　回顾人工智能的发展历程

拓展阅读
12-1-1

　　人工智能的发展大致经历了萌芽期、形成期和发展期 3 个主要的阶段。

　　1. 萌芽期（1956 年以前）

　　从古时候人们对智慧机器的幻想,到 1936 年图灵在他的一篇题为《理想计算机》的论文中提出了著名的图灵机模型,人工智能在初期一直只是一种设想。图灵关于"机器能够思维"的论述以及美国数学家香农创立的信息论,为人工智能学科的诞生作了理论和实验工具上的铺垫。

　　2. 形成时期（1956—1961 年）

　　从 1956 年到 1976 年是人工智能发展的第一阶段,这个阶段的主要研究成果是用计算机成功地进行了数学定理的证明,主要研究方向是用机器模拟大脑,即按照大脑的方式来做设想、推理和研究。1956 年被称为"人工智能元年",这一年 10 位年轻的学者在美国的达特茅斯大学正式定义了"人工智能",讨论了包括自动计算机、编程语言、神经网络、计算规模理论、自我改进、抽象、随机性和创造性 7 个问题,形成了以人工智能为研究目标的几个研究组,如纽维尔和西蒙的 Carnegie-RAND 协作组,塞缪尔和格伦特尔的 IBM 公司工程课题研究组,明斯基和麦卡锡的 MIT 研究组等。

　　3. 发展时期（1961 年以后）

　　20 世纪 70 年代的研究集中在语言和语义以及逻辑等方面。80 年代之后,伴随着计算机的飞速发展,有关人工神经元网络的研究取得了突破性的进展。2000 年之后,深度神经网络的提出,开始了大规模的学习训练。伴随着大数据技术和云计算技术的逐渐成熟,2015 年,人工智能有了一次革命性的飞跃,卷积神经网络和深度学习使人工智能系统可以在某一特定领域达到人类的最高水平。

任务 12.1.2　了解人工智能技术发展的 3 个阶段

人工智能的发展从技术上可以分为计算智能、感知智能和认知智能 3 个阶段,如图 12-1 所示。计算智能使机器可以像人类一样存储、计算和传递信息,帮助人类存储和快速处理海量数据,是 3 个阶段的基础。感知智能力图使机器具有类似人的感知能力,如视觉、听觉等,不但可以听懂、看懂,还可以基于此做出判断并做出反馈或采取行动,是当前国内外人工智能技术所处阶段。认知智能则可以使机器能够像人一样主动思考并采取行动,全面辅助或替代人类工作,是未来人工智能的高级形态。

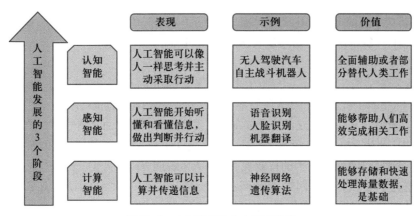

图 12-1　人工智能的 3 个发展阶段

任务 12.1.3　熟悉人工智能的技术流派

1. 符号主义

符号主义又称为逻辑主义、心理学派或计算机学派,其原理主要为物理符号系统假设和有限合理性原理,其实质是模拟人的抽象逻辑思维,用符号描述人类的认知过程。符号主义的研究思路源于数理逻辑,出现了逻辑理论家和几何定理证明器,20 世纪 70 年代又出现了大量的专家系统,并结合了领域知识和逻辑推断,使人工智能进入了工程应用领域,为人工智能的发展作出重要贡献。

拓展阅读
12-1-2

2. 连接主义

连接主义又称为仿生学派或生理学派,源于仿生学,特别是对人脑模型的研究。其主要原理为神经网络及神经网络间的连接机制与学习算法,在当前占据主导地位。该学派认为应以工程技术手段模拟人脑神经系统的结构和功能。随着 Hopfield 神经网络模型和反向传播算法的出现,神经网络的理论研究取得了重大突破,为神经网络计算机走向市场打下基础。

3. 行为主义

行为主义源于控制论,又称为进化主义或控制论学派,其原理为控制论及感知—动作型控制系统,即通过把神经系统的工作原理与信息理论、控制理论、逻辑以及计算机联系起来,模拟人在控制过程中的智能行为和作用。行为主义认为智能无须知识表示和推断,并对自寻优、自适应、自镇定、自组织和自学习等方面进行研究。

任务 12.1.4　认识人工智能的四要素与三种形态

1. 人工智能的四要素

（1）数据

当前人工智能的主要算法——深度学习算法,可以随着训练量的增加和时间的推移,产生出更好的结果。这也就意味着,人工智能将更加依赖于大量的数据。因此,数据是人工智能的要素之一。

（2）算法

人工智能水平的高低,主要依赖于算法的优劣及其适用程度。目前主流的人工智能算法主要分为传统的机器学习算法和神经网络算法。近年来深度学习算法得到了巨大的发展,将人工智能的水平提到了一个新的高度。

(3) 算力

人工智能的发展对算力提出了更高的要求。虽然 GPU 和 CPU 都擅长浮点计算,但相比于以往采用的 CPU 进行计算,GPU 进行浮点计算的能力是 CPU 的 10 倍,因此目前 GPU 领先其他芯片,在人工智能领域中应用得最广泛。深度学习加速框架通过在 GPU 上进行优化,再次提升了 GPU 的计算性能,有利于加速神经网络的计算。算力是人工智能发展的有力支撑,也是要素之一。

(4) 场景

人工智能需要从单纯的理论和技术研究逐步落地,走向实际应用。目前人工智能的典型应用场景包括机器人、语音识别、计算机视觉、专家系统等,涉及日常生活的多个方面。

2. 人工智能的三种形态

一般认为,人工智能有三种形态,分别为弱人工智能(Artificial Narrow Intelligence,ANI)、强人工智能(Artificial General Intelligence,AGI)和超人工智能(Artificial Super Intelligence,ASI)。

弱人工智能是只擅长某一领域或者某一方面的人工智能。例如前面介绍过的"深蓝"或者 AlphaGo,它们都只在其领域内达到甚至超过了人类水平。强人工智能也称为多能人工智能,它不局限于某一领域或单一方面,而是在各方面都有着类似于人类的智能水平。强人工智能可以像人类一样进行思考和计划,可以快速学习和从经验中进行学习,可以理解问题、抽象问题并解决问题。超人工智能则是指在各方面都比人类更强,可以各方面都比人类强一点也可以在某方面比人类强千万倍的人工智能,这种人工智能目前只是一种假想。

拓展阅读
12-1-3

任务 12.1.5　了解国内人工智能的主要企业

现在很多企业言必称人工智能。在国家政策的正面导引下,在国内众多科技、互联网公司的投入与努力下,我国在人工智能领域取得了显著的成绩,出现了诸如百度、阿里、腾讯、华为、科大讯飞、商汤科技、寒武纪、旷视科技、图普科技等一大批成功的人工智能公司,极大地推动了我国人工智能的发展和创新。

拓展阅读
12-1-4

🔨【探索实践】探寻国内企业和国外企业在人工智能领域的不同发展方向和发展程度

12.2　人工智能的技术架构及应用流程　⟫⟫⟫

微课 12-1

拓展阅读
12-2-1

任务 12.2.1　了解人工智能的技术架构

人工智能的应用不是单一技术的使用,而是有着相对完整的层次结构,如图 12-2 所示。

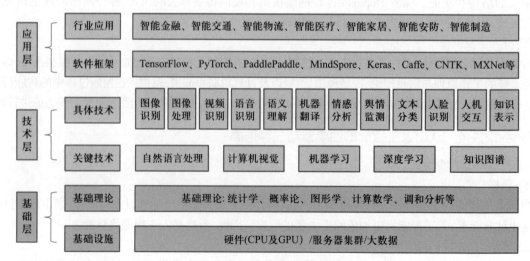

图 12-2　人工智能的技术架构

任务 12.2.2　理解人工智能的算法

1. 算法的设计逻辑

人工智能算法的设计逻辑为"学什么""怎么学"和"做什么"3 个维度。"学什么"指算法需要学习的内容，是能够表征所需完成任务的函数模型；"怎么学"指算法通过不断缩小函数模型结果与真实结果误差来达到学习目的；"做什么"指机器学习主要完成的三件任务，即分类、回归和聚类。

2. 算法的主要任务

人工智能通过对应用问题抽象和分解，划分出回归、分类和聚类 3 类基本任务，针对每一类基本任务，人工智能算法都提供了各具特点的解决方案。

回归是一种用于连续型数值变量预测和建模的监督学习算法，最常用的主要有线性回归（正则化）、回归树（集成方法）、最邻近算法和深度学习 4 种。分类算法是一种有监督学习的算法，主要包括逻辑回归（正则化）、分类树（集成方法）、支持向量机、朴素贝叶斯和深度学习 5 种。聚类算法是一种无监督学习算法，以达到在一个聚类中的模式之间比不在同一聚类中的模式之间具有更多的相似性为目标。常用的算法主要有 K 均值、均值漂移聚类、基于密度的聚类方法、分层聚类算法、最大期望（EM）聚类算法以及图团体检测算法等。

任务 12.2.3　熟悉人工智能技术应用的软件框架

当前，基于深度学习的人工智能算法通过封装至软件框架的方式供开发者使用，而软件框架是整个技术体系的核心，它实现了对人工智能算法的封装、数据的调用以及计算资源的调度使用等。软件框架为应用开发提供集成软件工具包，并为上层应用开发提供了算法调用接口，为人工智能应用落地提供了可靠的保障。常用的软件框架包括了 TensorFlow、PyTorch、PaddlePaddle、MindSpore、Keras、Caffe、CNTK、MXNet 等。

拓展阅读
12-2-2

任务 12.2.4　掌握人工智能项目的应用流程

一般来说，人工智能技术的应用主要包括 3 个层面：首先是数据，即在确认目标之后，根据目标的需要确认需要的数据集并对数据集进行必要的清洗和审核等工作，并保证数据的安全；其次是算法，即需要根据目标的要求和数据集的特点，选取适用的人工智能算法，并在已有的数据集基础上对算法进行训练以及模型的调参等工作；最后是算法的实施和部署，即将训练完成的算法根据实际的需要进行部署和应用，并在应用的过程中不断地对算法进行训练。

拓展阅读
12-2-3

【探索实践】使用微软小冰的人工智能 Office "X 套件"

安装 "X 套件" 系列应用软件，并进行试用。

12.3　人工智能面临的伦理、道德和法律问题　>>>

任务 12.3.1　辨析人工智能面临的伦理道德问题

1. 是否应当给予人工智能一定的"人权"

随着人工智能技术和量子计算机的飞速发展，人工智能将会越来越接近人类甚至在某些特定方面超过人类，人工智能拥有自己的意识也并不是什么不可能的事。那么是否应当给予人工智能一定的"人权"就将成为一个巨大难题，这不是技术上的问题，而是伦理道德方面的问题，也是全人类需要考虑的问题。

2. 人工智能过错的责任归属问题

人工智能的发展会导致越来越多的工作将由其来承担，那么人工智能在执行的过程中产生了错误，造成的损失和影响由谁来承担？人工智能要不要被监管？人工智能做错了要不要负责？谁来负责？这个问题是人工智能发展中不可回避的问题。

3. 人工智能的算法歧视问题

算法歧视包括两方面的问题：首先，一旦算法在训练和使用过程中产生了歧视，那么再将算法应用到关切人身利益的场合，必然危害个人权益；其次，很多人工智能算法都是"黑箱"算法，也即是连设计者可能都不知道算法如何决策，因此在技术上要发现有没有存在歧视和歧视的根源是比较困难的。

任务 12.3.2　了解人工智能面临的法律问题

1. 人格权保护问题

人工智能产品通过在系统中植入一些人的声音、表情、肢体动作等使其可以模仿他人的声音、形体动作等，可以像人一样表达，甚至能与人进行交流。如果未经同意而擅自模仿他人的活动，就有可能构成对他人人格权的侵害。人工智能还可能借助光学技术、声音控制、人脸识别技术等，利用他人的人格权客体，这也对人的声音、肖像等人格属性的保护提出了新的挑战。

拓展阅读
12-3-1

2. 知识产权的保护问题

目前人工智能程序已经可以自己创作音乐、绘画、诗歌等作品，但这些作品的产生，是在对大量他人作品的训练的结果上生成的，这就提出了人工智能作品的产权问题，即人工智能创作的作品的著作权究竟归属于谁？是归属于其所用来训练的数据的所有者，还是归属于机器人软件的发明者，或是机器人的所有权人，甚至是属于在法律已经被赋予主体地位并自身享有相关权利的机器人？

3. 数据财产的保护问题

数据在性质上属于新型财产，但数据保护问题并不限于财产权的归属和分配问题，还涉及国家安全。在利用人工智能时，如何规范数据的收集、储存、利用行为，避免因数据的泄露和滥用侵害他人权利，并确保国家数据的安全，这是不能回避的问题。

拓展阅读
12-4-1

第 13 章

云 计 算

随着互联网的普及,基于网络提供计算资源共享服务的技术不断成熟,"云计算"成为每一位联网用户都可以使用网上计算设施、存储设备、信息与应用程序资源的重要计算模式。人们无须了解计算设备的具体位置,也无须知晓有多少台计算设备参与到信息处理过程之中,只需要连接网络"云"端的计算服务,就可以自由地使用资源、共享信息。云计算是互联网时代信息处理的主要模式之一,以其强大的计算能力、高效集约的资源利用与共享方式,成为驱动产业数字化升级、构建数字社会、建设数字强国的重要力量。

本章在第 5 章新一代信息技术概述中"触手可及的云计算"一节的基础上,带领同学们深度了解云计算的应用场景、服务模式、部署方式、技术原理与架构、主流产品及应用方法等内容。

【学习目标】
1) 了解云计算的应用场景。
2) 熟悉云计算的服务和部署模式。
3) 了解分布式计算的原理,熟悉云计算的技术架构。
4) 了解云计算的关键技术和主流云服务商提供的业务。
5) 熟悉典型云服务的配置、操作和运维。

13.1 云计算的应用场景 >>>

PPT-13

任务 13.1.1 理解"云"与"云计算"

在信息技术中的"云"概念,是指将与计算机相关的各种硬件、软件等系列资源统一在一起,实现数据的计算、存储、处理和共享的一个资源网络。通俗地说,云计算是与信息技术、软件、互联网相关的一种服务,计算资源的共享池就称为"云"。

"云计算"的实质是就是基于"云"的分布式计算,通过任务分发、资源共享,借助互联网中可调度使用的计算资源,完成大规模的数据处理,并提供处理完成后合并计算结果的信息处理模式。在云计算时代,"云"会替用户做计算和存储工作,其实质上是计算机群,每个群内包含有成千上万台计算机,并且可以随时更新,保证"云"的长生不老。

拓展阅读
13-1-1

任务 13.1.2 体验"云计算"应用

云计算在现实社会中得到了广泛应用,如云会议、云存储、云社交、云游戏等。在互联网时代,云计算技术的支撑与赋能彻底改变了人们传统的生产、生活方式。

拓展阅读
13-1-2

13.2 云计算的交付服务与部署模式 >>>

云计算可以通过网络"云"将巨大的数据计算处理程序分解成无数个小程序,再通过多个服务器组成的系统进行处理和分析,最后将这些小程序得到的结果返回给用户。任何一个在互联网上提供服务的公司,都可以称为云计算公司。

微课 13-1

任务 13.2.1　认识云计算交付服务模式

并不是所有的云计算公司提供的服务模式都是一样的,通常可以根据公司提供的服务方式,将云计算交付服务划分为 3 级:基础设施即服务(Infrastructure as a Service,IaaS)、平台即服务(Platform as a Service,PaaS)和软件即服务(Software as a Service,SaaS),如图 13-1 所示。

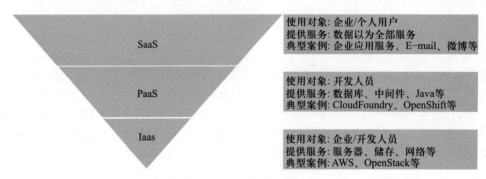

图 13-1　云服务的分级

1. Iaas

IaaS 处于底层,是指把 IT 基础设施作为一种通过网络对外提供的服务。在这种服务中,用户不用自己去构建数据中心,而是通过租用方式来使用基础设施服务,包括服务器、存储和网络等。用户自己管理应用程序、数据、运行环境、中间件和操作系统,如图 13-2(a)所示。例如,用户可以直接购买腾讯云的云服务器来使用。在使用模式上,IaaS 与传统的主机托管有相似之处,但是在服务的灵活性、扩展性和成本等方面其具有更大的优势。

Iaas 的作用就是将虚拟机或者其他资源作为服务提供给用户。

2. PaaS

在 PaaS 模式中,用户对云计算资源负有较小的责任,仅需要对数据和应用程序负责,其他的如网络、服务器、操作系统和存储在内的基本云基础设施都不用管。这种服务模式主要供创建应用或软件的开发人员使用,其实质是云端把用户所需的软件平台出租,在用户使用的时候,云端已经搭建好了操作系统、数据库、中间件,运行环境等。用户只需要在这个搭建好的平台上下载、安装并使用自己需要的应用程序和数据就可以了,如图 13-2(b)所示。

PaaS 的作用就是将开发平台作为服务提供给用户。相对 IaaS 来说,PaaS 相当于范围被限定,只能在特定的范围内做事情,因此其自由度和灵活度比较低,不太适合专业性比较高的 IT 技术人员。

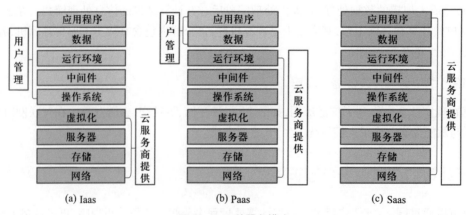

图 13-2　3 种服务模式

3. SaaS

SaaS 是"大包大揽"型的云计算托管环境,用户将数据交付给云服务商,此后该应用便由云服务提供商完全托管了,如图 13-2(c)所示。到了这个层次,云端已经把软件应用、中间件、数据库、运行环境、操作系统以及服务器、网络等统统部署好。大多数 SaaS 应用程序直接通过浏览器运行,不需要客户端安装。

SaaS 的作用就是将应用作为服务提供给用户。

对于用户而言,上述 3 种服务之间的关系是独立的,因为每种服务面向的用户群体不同,如果从技术角度而言,3 种服务也并不是简单的继承关系,SaaS 基于 PaaS,而 PaaS 基于 IaaS,现在的技术和平台多元化,使 PaaS 可直接构建在物理机上。

拓展阅读
13-2-1

任务 13.2.2　认识云计算的部署模式

1. 公有云

公有云是为大众提供计算资源的服务,其核心属性是共享资源服务,即云端资源通过互联网提供给社会公众使用。云端所有权的拥有者、日常管理和操作的主体可以是商业组织、学术机构、政府部门或者它们的联合体。云服务提供商负责所提供资源的安全性、可靠性和私密性。云端可能部署在本地,也可能部署于其他地方。

拓展阅读
13-2-2

2. 私有云

私有云部署在客户机房或托管在第三方机房并独享使用,不提供给外部。云端资源只给一个单位组织内的用户使用,这是私有云的核心特征。但云端的所有权、日常管理和操作的权利到底属于谁并没有严格的规定,可能是本单位,也可能是第三方机构,或者是二者的联合。云端可能位于本单位内部,也可能托管在其他地方。

私有云可由专门的厂商部署,如 VMWare、ZStack、EasyStack、华为等,也可以在自建的服务器系统上安装私有云服务,甚至在家中,也可以构建自己的私有云服务,如 NAS、Seafile、ownCloud 等。

3. 混合云

混合云由私有云和公有云结合组成,它们各自独立,可以经由专线或 VPN 形式实现资源的整合,既可以解决企业内部资源不足的问题,又便于横向扩展,业务可根据类型选型,安全性要求比较高的放在私有云,边缘业务放在公有云。目前的技术可以实现云之间的数据和应用程序的平滑流转。混合云可以实现公有云和私有云的优势互补,是目前比较流行的模式,当私有云资源出现短暂性过大需求时,自动租赁公共云资源来平抑需求峰值。例如,网店在节假日发生点击量暴增时,就可以临时使用公共云资源应急。

微课 13-2

13.3　分布式计算与云计算的架构 >>>

云计算的重要功能就是海量数据的计算处理。针对规模庞大的海量数据,需要先把这些数据分割,分成多个进程去处理,每个进程计算一部分数据,最后,将各个进程计算的结果进行汇总,这就是分布式计算。

在分布式领域中,有一种典型的方法叫作 MapReduce 模式。接下来将重点学习 MapReduce 模式的相关知识。

任务 13.3.1　了解分治法原理

分而治之,是人类处理复杂问题的重要的思想,也是计算机处理问题的重要方法,简称为分治法。

分治法将复杂、难以直接解决的问题,分割成一些规模较小的、可以直接求解的子问题,这些子问题与原问题形式相同且互相独立;递归求解这些子问题,然后将子问题的解合并,即得到原问题的解。

例如,职业学院要统计全校有多少学生,由于在校学生分布于多个不同专业的很多个班级中,如果逐个班级去数的话,肯定很费时间。于是可以让每个专业分别进行统计,然后汇总各专业的人数,就快速获得了全校学生人数,这就是一个分而治之的典型例子。

拓展阅读
13-3-1

任务 13.3.2　认识 MapReduce 分布式计算框架

2005 年出现的 MapReduce 分布式计算模型,作为分治法的典型代表,最开始用于搜索领域,后来被广泛应用于解决各种海量数据的计算问题。

MapReduce 是一个简化分布式编程的计算框架,可以分为 Map(映射)和 Reduce(化简)两个核心阶段,如图 13-3 所示。其中 Map 对应"分",即把大任务分解为若干较小的简单的任务去执行;得到的多个结果再通过 Reduce 对应的"合",整合成一个完整的结果,即对 Map 阶段的结果进行汇总。

拓展阅读
13-3-2

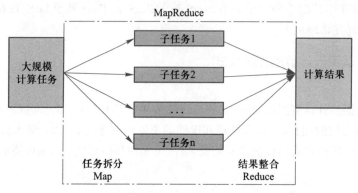

图 13-3　分布式计算的 Map 和 Reduce 两个核心阶段

13.4　云计算关键技术 ⟫⟫⟫

云计算是一种新型的超级计算模式,是在互联网的基础上以数据为中心的数据密集型超级计算。云计算需要以较低的成本提供高可用、高可靠、规模可伸缩的个性化服务,因此需要虚拟化技术、分布式存储技术、云平台管理技术、海量数据管理技术以及安全技术等关键技术的支撑。

任务 13.4.1　了解虚拟化技术

虚拟化是云计算最核心的技术,它为云计算服务提供基础架构层面的支撑,是信息通信技术(ICT)服务快速走向云计算的主要驱动力。虚拟化技术是指计算元件在虚拟的基础上而不是真实的基础上运行,它可以扩大硬件的容量,简化软件的重新配置过程,减少软件虚拟机相关开销和支持更广泛的操作系统。虚拟化的最大好处是增强系统的弹性和灵活性,降低成本、改进服务,从而提高效率。

虚拟化既可以按照用户需求调配资源,也能实现动态负载均衡和连续智能优化,从而保障了所有应用需要的资源。另外,虚拟化既能跨资源池进行计算资源动态调整,也能根据预定义的规则来智能分配资源。此外,虚拟化还可以实现弹性的计算,即根据用户的需求进行分配。在整个过程中,管理和调度虚拟化的整体资源是重点,虚拟化技术是关键。

拓展阅读
13-4-1

任务 13.4.2　认识分布式存储技术

分布式存储是将数据分散存储到多个存储服务器上,并将这些分散的存储资源集合为一个虚拟的存储设备。云计算系统由大量服务器组成,同时为大量用户服务,因此云计算系统采用分布式存储的方式存储数据。分布式数据存储技术能实现动态负载均衡、故障节点自动接管等功能,具有高可靠性、高可用性和高可扩展性。

拓展阅读
13-4-2

任务 13.4.3　了解云平台管理技术

云计算资源规模庞大,数量众多的服务器分布在不同的地点,同时运行着数百种应用。如何有效地管理这些服务器,保证整个系统提供不间断的服务是一个极大的挑战。云计算系统的平台管理技术需要使大量的服务器协同工作,方便地进行业务部署和开通,快速发现和恢复系统故障,通过自动化和智能化的

拓展阅读
13-4-3

手段实现大规模系统的可靠运维。

任务 13.4.4 认识海量数据管理技术

云平台承载了大量的用户信息,云计算需要对分散的、海量的数据进行分析和处理,因此数据管理技术必须具备高效管理海量的数据的能力,能够快速、稳定地管理大量的数据。当前,最典型的云计算数据管理技术是 BigTable 数据管理技术和 Hadoop 团队开发的开源数据管理模块 HBase。

拓展阅读
13-4-4

任务 13.4.5 了解云安全技术

安全问题已经成为阻碍云计算发展的重要原因之一。云安全是从传统互联网遗留下来的问题,到了云计算平台上,由于云环境规模巨大、组件复杂、用户众多,其存在潜在攻击面较大、发起攻击的成本很低、受攻击后的影响巨大等因素,因此安全问题也变得更加突出。

拓展阅读
13-4-5

13.5 典型云服务 >>>

云计算自 2006 年提出至今,大致经历了形成阶段、发展阶段和应用阶段。目前,各国政府纷纷制定推出"云优先"策略,我国云计算政策环境也日趋完善,云计算技术不断发展成熟,云计算应用从互联网行业向政务、金融、工业、医疗等传统行业加速渗透。

拓展阅读
13-5-1

任务 13.5.1 认识主流云服务商

国内云服务器提供商阿里、腾讯、华为排名靠前;云管理平台新华三、华为、华云排名领先;活跃 IP 增速华为云最突出,百度云次之。

任务 13.5.2 了解主流云产品

目前市场主流的云产品有云主机、云网络、云存储、云数据库、云安全、云开发等。

拓展阅读
13-5-2

任务 13.5.3 认识云服务器的运维

用户在购买云服务器后,除了依靠云服务商的技术支持,其自身也需要做一些日常运维工作,以确保长期稳定地使用。

拓展阅读
13-5-3

任务 13.5.4 展望云计算未来的发展

由中国信息通信研究院发布的《云计算发展白皮书(2020 年)》指出,云计算将迎来下一个黄金十年,进入普惠发展期。新基建促使云的定位从基础资源向基建操作系统扩展;云计算将加快应用落地进程,在互联网、政务、金融、交通、物流、教育等不同领域实现快速发展;在全球数字经济背景下,云计算成为企业数字化转型的必然选择,企业上云进程将进一步加速;远程办公、在线教育等 SaaS 服务加速落地,将推动云计算产业快速发展。

拓展阅读
13-5-4

拓展阅读
13-6-1

第 14 章

现代通信技术

　　现代通信技术是信息技术的重要组成部分,为信息技术的发展提供着重要支撑。互联网、物联网、智能移动终端、高清数字媒体、VR/AR 等,都是借助现代通信技术才得以兴起的。随着通信技术的不断发展,未来的通信网络将以更灵活、更可靠、可智能化的方式为用户提供信息通信服务。

　　本章将在第 5 章新一代信息技术概述中"沟通世界的移动通信"一节的基础上,重点学习现代通信基础知识及移动通信技术,了解现代通信主要技术特点及应用。

【学习目标】

1) 了解现代通信技术的发展。
2) 掌握移动通信组网、传输技术和 5G 网络架构。
3) 了解 5G 的应用基本特点和关键技术。
4) 掌握 5G 网络的建设流程。
5) 了解蓝牙、Wi-Fi、卫星通信、光纤通信等现代通信技术的特点和应用。
6) 了解现代通信技术与其他信息技术的融合发展。

🖥 PPT-14　14.1　现代通信技术的发展与组成 ▸▸▸

　　现代通信技术主要是指电通信,即利用电信号或光信号在线缆上或经无线电信号在空中发出和接收不同类型信息的通信方式。由于电通信方式快捷、准确、稳定且没有时间、地点以及间隔限制,其发展极为迅速,并被广泛应用。

任务 14.1.1　了解现代通信技术的发展

　　采用现代通信技术,可以将语音、数据和视频等信息在全球范围内进行高速传输。随着科技的不断进步,现代通信技术也在不断完善,以保持用最先进的技术来实现通信。现代通信技术主要有数字交换技术、光通信技术、移动通信技术、卫星通信技术、智能终端技术等,而覆盖全球的移动通信技术则是通信技术发展的重要方向。

　　移动通信技术问世于 20 世纪 80 年代,至今已经历了五代发展历程,是当代最重要的信息技术之一,如图 14-1 所示。

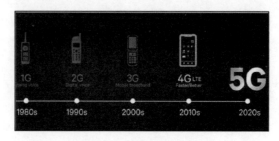

图 14-1　移动通信技术的发展

　　目前,移动通信 5G 时代已经到来。相比 1G~4G,5G 具有更特殊的优势。它不仅有更高的传输速率、更大的带宽、更强的通话能力，还能整合多个业务、多种技术，为用户带来更智能化的生活，从而打造以用户为核心的信息生态系统。

任务 14.1.2 熟悉移动通信网系统

移动通信网络由接入网、承载网、核心网和骨干网等部分组成，如图 14-2 所示。

拓展阅读
14-1-1

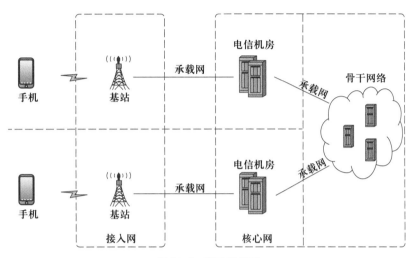

图 14-2 移动通信网

接入网是"窗口"，主要为移动终端提供接入网络服务，负责把数据收集上来；承载网是"卡车"，为数据传输服务，负责把数据送来送去；核心网和骨干网是"管理中枢"，主要为各种业务提供交换服务，负责管理这些数据，对数据进行分拣，然后告诉它该去何方，其本质就是对数据的处理和分发，即"路由交换"。

移动通信网的基本技术可分为传输技术和交换技术两大类。

拓展阅读
14-1-2

🔨 【实践探索】了解各种移动通信设备的作用

利用参观通信大楼、通信机房、通信设备生产企业和通信实训室等各种机会，了解通信设备及其在通信系统中的作用。

14.2 移动通信网架构 ▶▶▶

早期的固定电话网就是把电线两头的电话机连接起来，满足人们的通话需求。后来，用户数量越来越多，就有了电路交换。随着网络用户的增多，网络范围越来越大，网络架构也越来越复杂，就有了网络单元（Net Element，NE，简称网元，即具有某种功能的网络单元实体），同时也要识别和管理用户（不是任何一个用户都允许用这个通信网络，只有被授权的合法用户，才能使用）。于是，多了一些和用户有关的网元设备，它们的核心任务是认证、授权和记账。再后来，有了无线通信技术，连接用户的方式从电话线变成无线电波，无线接入网（Radio Access Network，RAN）便诞生了。接入网变了，核心网也要跟着变，于是有了无线核心网。每一代通信标准，都有属于自己的网络架构、硬件平台、网元和设备。

拓展阅读
14-2-1

任务 14.2.1 了解 5G 网络架构

5G 网络分为核心网（Core Network，5GC）与接入网（NG-RAN）两部分，如图 14-3 所示。

1）5G 核心网（5GC）由控制面（AMF）、用户面（UPF）分离组成，主要为用户提供互联网接入服务和相应的管理功能等。

2）5G 接入网（NG-RAN）由 5G 基站（gNB）、4G 基站（ng-eNB）组成，分别为 5G、4G 用户提供无线接入功能。

5G 的网络接口分为 Xn 和 NG 两种。Xn 接口为 gNB 之间的接口,支持数据和信令传输;NG 接口为 gNB 与核心网的接口。

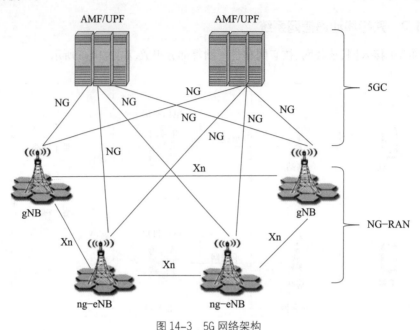

图 14-3　5G 网络架构

拓展阅读
14-2-2

任务 14.2.2　认识 5G 组网技术

为加快 5G 网络的商用,5G 提出了非独立组网(Non-Stand Alone,NSA)和独立组网(Stand Alone,SA)两种方案,如图 14-4 所示。

非独立组网(NSA)是指使用现有的 4G 基础设施进行 5G 网络的部署。作为过渡方案,NSA 以提升热点区域带宽为主要目标,依托 4G 基站和 4G 核心网工作。该方案沿用 4G 核心网,5G 类似于 4G 载波聚合中的辅载波,用于高速传输数据,NAS 信令则由 4G 承载;5G 无线空中接口的 RRC 信令、广播等信令可由 4G 传递,数据通过 5G NR 和 4G LTE 传递。其缺点是终端同时与 5G 和 4G 连接,手机终端很难在双连接状态下 NR 侧上行双发。

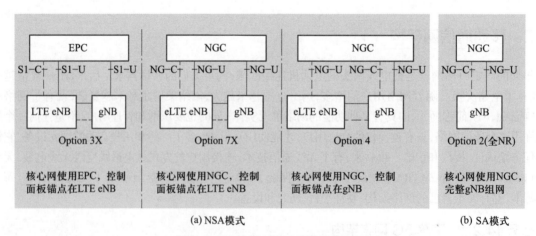

图 14-4　5G 的 NSA 和 SA 两种组网方案

独立组网(SA)是新建一个网络,包括新基站、回程链路以及核心网,能实现所有 5G 的新特性,有利于发挥 5G 的全部能力,是业界公认的 5G 目标方案。在该方案中,5G 核心网与 5G 基站直接相连,5G 核心网与 5G 基站通过 NG 接口直接相连,传递 NAS 信令和数据;5G 无线空中接口的 RRC 信令、广播信令、数据都通过 5G NR 传递;终端只接入 5G 或 4G,手机终端可以在 NR 侧上行双发。

14.3　5G 关键技术　▶▶▶

5G 关键技术包括 5G 无线传输技术、5G 网络技术和 5G 支撑技术 3 个方面。

任务 14.3.1　了解 5G 无线传输技术

5G 无线传输技术有大规模多天线技术、毫米波技术、多址技术、同时同频全双工技术和调制编码技术等,下面以大规模多天线技术为例进行介绍。

大规模多天线技术(Massive MIMO)是在基站覆盖区域内配置大规模天线阵列(天线数为数十甚至数百)并集中放置,同时服务分布在基站覆盖区内的多个用户。在同一时频资源上,利用基站大规模天线配置所提供的垂直维与水平维的空间自由度,提升多用户空分复用能力、波束成形能力以及抑制干扰的能力,大幅提高系统频谱资源的整体利用率。大规模天线阵列的使用,显著提升阵列增益,从而有效降低发射端功率消耗,使系统功率效率进一步显著提升。三维立体信号可以识别中心用户和小区边缘用户,可以消除其对其他用户或小区产生的干扰,还可以对高层楼宇进行广度和深度的室内覆盖。大规模多天线技术无论在频谱效率、网络可靠性还是能耗方面都具有不可比拟的优势,并因其优越的覆盖和容量性能,广泛适用于高流量、高楼层、高干扰、上行受限等场景。

 【实践探索】了解天线数量对无线覆盖和提高传输的可靠性等的影响

拓展阅读
14-3-1

1)体验移动终端在城市中心(天线数量密集)、郊区(天线数量适中)、农村(天线数量少)移动通信情况。
2)体验在固定点通信、在公交上通信、在火车上通信的感受有什么区别。

任务 14.3.2　探知 5G 网络技术

5G 网络技术有 NFV 技术、SDN 技术和 C–RAN 技术等,下面以 NFV 技术为例进行介绍。

NFV(Network Function Virtualization,网络功能虚拟化)技术的基础是云计算和虚拟化技术。该技术并非简单地在设备中增加虚拟机,其重要特征在于引入虚拟化层之后,将网络功能虚拟化并与硬件完全解耦,改变了电信领域软件、硬件紧绑定的设备提供模式。虚拟机对上层应用屏蔽硬件的差异,虚拟功能网元可以部署在虚拟机上,进而允许运营商对电信系统的硬件资源实行统一管理和调度,大幅提升电信网络的灵活性,缩短业务的部署和推出时间,并提升资源的使用效率。同时,在网络功能虚拟化之后,电信设备演进为虚拟功能网元,这些网元的开发和实现将不再依赖于特定的硬件平台,不仅可以降低电信设备(虚拟功能网元)的开发门槛,还能促进电信设备制造产业链的开放,加速新业务的推出。

拓展阅读
14-3-2

任务 14.3.3　认识 5G 支撑技术

5G 支撑技术有 SON 技术、D2D 技术、网络切片技术、MEC 技术、超密集网络技术、移动云技术、双连接技术、M2M 技术等,下面以 SON 技术为例进行介绍。

在传统无线通信网络中,网络部署、配置、运维等都是人工完成,不仅占用大量的人力资源,而且效率低下。随着移动通信网络的快速发展,仅仅依靠人力难以实现良好的网络优化。

5G 是一个多制式的异构网络,有多层、多种无线接入技术共存,使得网络结构变得十分复杂,各种无线接入技术内部和各种覆盖能力的网络节点之间的关系错综复杂,其部署、配置、运维将成为一个极具挑战性的工作。为了解决运营上的网络部署和优化问题,降低工作复杂度和成本,提高网络运维质量,5G 提出了自组织网络(Self–Organizing Network,SON)的概念,其设计思路是在网络中引入自组织能力,包括自配置、自优化、自愈合等,实现网络部署、维护、优化和排障等各个环节的自动进行,尽量减少人工干预。未来 5G 将会支持更智能的、统一的 SON 功能,统一实现多种无线接入技术和覆盖层次的联合。

拓展阅读
14-3-3

14.4　5G 技术应用与设施建设　》》》

5G 网络不但要满足日常的语音与短信业务,还要提供强大的数据业务。未来网络将是一个系统容量大、能量效率高、抗干扰、绿色通信、网络覆盖范围广、多网络融合构成的巨大的异构网络。5G 网络涉及人们的交通、工作、休闲和居住等各个场景,这些场景具有超高移动性、超高连接数密度、超高流量密度、超复杂通信状况等特点。

任务 14.4.1　熟悉 5G 的应用场景

3GPP 定义了 5G 应用场景的三大方向:增强移动宽带(eMBB),在现有移动宽带业务场景的基础上对于用户体验等性能的进一步提升,即解决人与人之间通信和人们上网的问题;海量机器类通信(mMTC),在6 GHz 以下的频段发展,同时应用在大规模物联网上,解决更大量、更密集的机器通信(每平方千米 100 万个以上的装置进行联机),即物联网的问题;超高可靠超低时延通信(uRLLC),5G 实现了基站与终端间上下行均为 0.5 ms 的用户面时延,时延通常来自上行链路和下行链路两个方向,无人驾驶、工业自动化和远端医疗手术等应用需要低的延迟。

1. eMBB(增强移动宽带)

未来几年,用户数据流量将持续呈现爆发式增长,而业务形态也以视频为主,在 5G 的支持下,用户可以轻松享受在线 2 K/4 K 视频以及 VR/AR 视频,用户体验速率可提升至 1 Gbit/s(4G 最高实现 10 Mbit/s),峰值速度甚至达到 10Gbit/s。

虚拟现实(VR)技术:在计算机上生成一个三维空间,并利用这个空间提供给使用者关于视觉、听觉、触觉等感官的虚拟,让使用者仿佛身临其境一般。

增强现实(AR)技术:计算机在现实影像上叠加相应的图像技术,利用虚拟世界套入现实世界并与之进行互动,达到“增强”现实的目的。

2. mMTC(海量物联)

5G 强大的连接能力可以快速促进各垂直行业(如智慧城市、智能家居、环境监测等)的深度融合。万物互联的背景下,人们的生活方式也将发生颠覆性的变化。在这一场景下,数据传输速率较低且时延不敏感,连接覆盖生活的方方面面,终端成本更低,电池寿命更长且可靠性更高。

3. URLLC(高可靠低时延连接)

在此场景下,连接时延要达到 1 ms 级别,而且要支持高速移动(500 km/h)情况下的高可靠性(99.999%)连接。这一场景更多面向车联网的自动驾驶、工业自动化控制、远程医疗等需要低时延、高可靠连接的业务。

随着需求的变化及配套技术的发展,URLLC 超高可靠超低时延通信场景也将稳步推进。未来 URLLC 场景主要应用于以下几个方面。

1)远程控制:时延要求低,可靠性要求低。

2)工厂自动化:时延要求高,可靠性要求高。

3)智能管道抄表等管理:可靠性要求高,时延要求适中。

4)过程自动化:可靠性要求高,时延要求低。

5)车辆自动指引:时延要求高,可靠性要求低。

🖱【探索实践】体验 5G 应用场景

在 5G 环境下体验 5G 应用,如 5G 上传下载资料、VR/AR 娱乐体验、城市物联等。

1)更快的上传下载速度。5G 时代带来的最明显和直观的影响就是网络数据上传下载速率的提升。5G 网络的峰值传输速率可达到 20 Gbit/s,意味着下一部 8 GB 的电影只需要 6 秒,而在 4G 网络下,至少要 7~8 分钟。

2)VR 娱乐体验。人们可以通过 VR 获得 360 度全角度的虚拟现实体验,仿佛置身其境,非常适合用于观影和游戏产业。

3)城市物联。万物互联是人工智能时代背景下物联网的终极目标之一。例如,基础设施物联是指基础设施被移动宽带连接起来,比如路灯、水表、垃圾桶,城市管理者可以精确地知道每个基础设施的状态,提高城市的运行效率和方便人们生活。

任务 14.4.2　了解 5G 设施建设流程

1. 无线网络规划

5G 建设流程至少包括以下内容:

1) 5G 基础网络建设。包括 5G 基站、核心网、传输线路,以及 5G 系统设备研发、网络部署、运营维护等。

2) 网络架构的升级改造。包括推动传统通信机房向数据中心升级改造,通信网络由刚性的传输与交换网络向弹性、云化、虚拟化、智能化、切片化等演进,网络控制由中心集中控制向多级分布式自适应控制演进。

3) 业务应用的对接。信息通信基础设施应该能够满足公众、行业和社会发展在数字化、智能化及数字孪生应用等领域对信息传输、存储、处理的需求,能够连通所有行业的各种类型的数据以及生产的全过程。

4) 新型治理架构。

满足未来世界的万物互联,需要综合多种技术优势来满足不同应用场景的需求。网络规划的重点就是要在保证网络结构合理的条件下,满足覆盖与网络质量的需求。

2. 网络建设方式

网络建设从广度覆盖向深度覆盖不断推进,以及基站建设站点资源需求的急剧增加,使得可用站点资源数量不断减少,站点资源的不足将严重影响网络质量。

目前网络建设基站设备主要以分布式基站为主。与常规建站方式相比,分布式基站设备小、功耗低、投资省、建设周期短,大大降低了建设难度,加快了网络建设速度。基站建设分为集中建设方式和共享建设方式。

拓展阅读 14-4-1

拓展阅读 14-4-2

微课 14-1

14.5　其他通信技术简介 >>>

随着电子技术、计算机技术的发展,无线通信技术蓬勃发展,出现了各种标准的无线数据传输标准,它们各有优缺点和不同的应用场合。

任务 14.5.1　了解蓝牙技术

蓝牙(Bluetooth)是一种无线数据与话音通信的开放性全球规范,是一种短距离的无线传输技术。其实质是为固定设备或移动设备之间的通信环境建立通用的短距离无线接口,将通信技术与计算机技术进一步结合起来,是各种设备在无电线或电缆相互连接的情况下,能在短距离范围内实现通信。蓝牙采用高速跳频和时分多址等先进技术,支持点对点及点对多点通信。其传输频段为全球公共通用的 2.4 GHz 频段,能提供 1 Mbit/s 的传输速率和 10 m 的传输距离,并采用时分双工传输方案实现全双工传输。

拓展阅读 14-5-1

🧪 **【探索实践】体验身边的蓝牙技术应用**

利用具有蓝牙功能的手机进行蓝牙通信操作,如传文件、视频和通话等。

任务 14.5.2　了解 Wi-Fi 技术

Wi-Fi(Wireless Fidelity)是一种允许电子设备连接到一个无线局域网(WLAN)的技术。其原本是一个无线网络通信技术的品牌,由 Wi-Fi 联盟所持有,目的是改善基于 IEEE 802.11 标准的无线网络产品之间的互通性。在无线局域网的范畴,Wi-Fi 是指"无线相容性认证",是一种商业认证,同时也是一种无线连网的技术,其通常使用 2.4G UHF 或 5G SHF ISM 射频频段,在 WLAN 信号覆盖范围内,任何设备都可以连接到无线局域网上。

拓展阅读 14-5-2

🧪 **【探索实践】Wi-Fi 应用体验**

在 Wi-Fi 覆盖的环境下,测试 Wi-Fi 信号的强弱对移动通信终端设备通信质量的影响因素。

拓展阅读
14-5-3

任务 14.5.3　了解 ZigBee 技术

ZigBee 是基于小型无线网络而开发的通信协议标准,是一种近距离、低复杂度、低功耗、低数据速率、低成本的双向无线通信技术。与其他无线通信协议相比,ZigBee 无线协议复杂性低,对资源要求少。

任务 14.5.4　了解 NFC 技术

NFC(Near Field Communication,近场通信技术)又称近距离的高频无线通信技术,是通过频谱中无线频率部分的电磁感应耦合方式传递信息,支持兼容设备之间的短距离通信,其工作频率为 13.56MHz。NFC 允许电子设备之间进行非接触式点对点数据传输(10 cm 内)交换数据,采用幅移键控(ASK)调制方式,其数据传输速率一般为 106 kbit/s 和 424 kbit/s,通信时需要至少一个传输设备和一个接收信号。NFC 设备有无源与有源两种。无源 NFC 设备包括 NFC 标签和其他小型发射器,它们可以向其他 NFC 设备发送信息,而不需要电源。但是,它们不能处理来自其他源的信息,也不能连接到其他无源设备。有源 NFC 设备能够发送和接收数据,并且可以彼此通信,也可以与无源设备通信。

拓展阅读
14-5-4

任务 14.5.5　了解卫星通信

拓展阅读
14-5-5

卫星通信是指利用人造地球卫星作为中继站来转发无线电信号,从而实现在多个地面站之间进行通信的一种技术,它是地面微波通信的继承和发展。卫星通信以微波为载波,微波是指波长为 1 mm~1 m 或频率为 300 MHz~300 GHz 范围内的电磁波。微波是直线传播的,其优点是不需要敷设或架设线路,但是如果想要在地面上进行长距离的微波通信,由于地球是球形的,因此必须每隔 50 km 就修建一座微波站,用于接力传输通信信号。卫星通信就是利用卫星作为中继站来转发微波,实现两个或多个地球站之间的通信。卫星通信系统一般由两部分组成:空间段和地面段。空间段以卫星为主体,并包括地面卫星控制中心及跟踪、遥测和指令站;地面段包括支持用户访问卫星转发器并实现用户间通信的所有地面设施。

> 📠 知识
> 小贴士:
> 同步卫星
> 和非同步
> 卫星

> 同步卫星在空中的运行方向和周期与地球的自转方向及周期相同,从地面的任何位置看,该卫星都是静止不动的;非同步卫星的运行周期大于或小于地球的运行周期,其轨道高度"倾角"可根据需要调整。移动卫星系统按技术手段可分为低轨道(LEO)系统、中轨道(MEO)系统、高轨道系统(HEO)和静止轨道(GEO)系统。LEO 卫星高度一般为 500~1 500 km,MEO 卫星高度为 5 000~20 000 km,HEO 卫星高度大于 20 000 km,而 GEO 卫星轨道高度为 35 786 km。

任务 14.5.6　了解光纤通信

拓展阅读
14-5-6

光纤通信是利用光波作为载体,通过光纤传输介质将信息从一端传输到另一端的通信方式,属于有线通信的一种。若要用光传送声音,首先应像普通电话那样,把声音信号转换为电信号,再将载有声音信息的电信号通过发光器件(如发光二极管(LED)或半导体激光二极管(LD))转换成光信号,最后使用光纤将这个光信号传送到远方。在光纤传输的接收端,把这个光信号通过光电检测器件(如 PIN 光敏二极管等)先转换成电信号,然后再将电信号还原成声音信号,这样就实现了通话。

> 📠 知识
> 小贴士:
> 光纤构造

> 光纤比头发丝还要细,一般由两层不同的玻璃组成,里面一层叫作纤芯或内芯,直径为 5~10 μm;外面一层叫作包层,外径为 100~300 μm。为保护光纤,包层外面往往还覆盖一层塑料。在光通信工程中应用的是光缆,它是由许多根光纤组合在一起并经加固处理而成的。光缆与铜电缆相比,具有体积小、重量轻、柔韧性强、容量大、不怕干扰、不会泄密、安装维护容易、费用低廉等优点。

🧪【探索实践】探寻现代通信技术与其他信息技术的融合发展

分组收集现代通信技术与云计算、物联网、大数据等技术的融合发展案例,展望新技术融合对未来生产、生活方式的影响。

新时代通信的一大特点是与云计算、物联网、大数据等技术的应用领域相融合。利用大数据和云计算,可以帮助通信行业构建信息化技术平台,满足多元化业务需求。大数据与云计算在通信行业的应用,具体表现在云服务、大数据获取、大数据挖掘与应用 3 个方面。

(1) 云服务

大数据与云计算的普及使得通信运营商可以为广大用户提供多元化云服务,以此满足不同客户群的服务需求,具体包含个人云服务、多人共享云服务、企业级安全云服务等。同时,电信运营商还通过开放能力云,与合作商共同为客户提供灵活度强、安全性高的云服务。

(2) 大数据获取

通信运营商以原有的云计算平台为基础,着力构建网络和终端智能化,以此充分获取用户信息及用户行为数据。在结合大数据及云计算之后,通过无线网络和有线宽带获取数据信息,对相关数据进行整合存储之后再向云端汇集,进而更好地为广大用户提供服务。

(3) 大数据挖掘与应用

云端是通信运营商应用大数据和云计算之后的资源聚集地。在获取用户信息数据之后,通信供应商可依据用户留下的数据信息深入挖掘并分析用户需求,并对产品及服务进行优化升级,以此提升客户满意度,使用户获得更为精准且贴切的业务服务。同时,由于大数据及云计算对网络维护更具实效性,对提升整体网络资源、优化资源配置较为有益。利用大数据和云计算,通信行业在激烈的竞争形势下,可以对管理及营销策略进行有效创新,并结合其优势之处,与其他行业实现协同合作。

拓展阅读
14-6-1

第15章

物　联　网

　　物联网是将各种信息传感设备与网络结合起来而形成的一个巨大网络,以实现在任何时间、任何地点、人、机、物的互连互通。物联网综合运用多种新兴技术,突破了互联网中人与人通信的限制,使通信能力扩展到人与物、物与物。加快发展物联网,建设高效顺畅的流通体系,降低物流成本,是建设现代化产业体系中的重要一环。

　　本章将在第5章新一代信息技术概述内容中"感知万物的物联网"一节的基础上,带领同学们深入学习和了解物联网架构、物联网核心技术、工作原理、部署方式等内容。

【学习目标】

1) 了解物联网的应用领域和发展趋势。

2) 熟悉物联网感知层、网络层和应用层体系结构及其作用。

3) 理解物联网感知层、网络层和应用层关键技术。

4) 了解物联网和其他技术的融合。

5) 掌握典型物联网应用系统的安装与配置。

15.1　物联网简介

PPT-15

　　物联网是在互联网基础之上延伸和扩展的一种网络。在物联网时代,通过在各种各样的网络用户端物品上嵌入一种短距离的移动收发器,使物品被智能化,所有被智能化的物品又都可以通过互联网主动进行信息交换和通信。如果说互联网时代拉近了人与人之间的距离,那么继互联网之后的物联网时代,则使人与物、物与物之间的距离变近了。

　　物联网的理念最早出现于20世纪90年代。从1999年首次提出物联网的概念,到目前为止,其发展已经历了以下3个阶段。

　　第一阶段:物联网连接大规模建立阶段,越来越多的设备在放入通信模块后通过移动网络、Wi-Fi、蓝牙、RFID、ZigBee等连接技术连接入网。这一阶段的核心是网络基础设施建设、连接建设及管理、终端智能化。

拓展阅读
15-1-1

拓展阅读
15-1-2

　　第二阶段:大量连接入网的设备状态被感知,产生海量数据,形成了物联网大数据。传感器、计量器等器件进一步智能化,多样化的数据被感知和采集,汇集到云平台进行存储、分类处理和分析。这一阶段的重点主要有 AEP 平台、云存储、云计算、大数据分析等。

　　第三阶段:实现人工智能,对物联网产生数据的智能分析和物联网行业应用及服务将体现出核心价值。物联网数据发挥出极大价值,企业对传感数据进行分析并利用分析结果构建解决方案。这一阶段的核心主要在于物联网综合解决系统方案设计、人工智能、机器学习等。

15.2　物联网的体系结构

　　物联网让物体拥有了"智慧",从而实现人与物、物与物之间的沟通。物联网的特征在于感知、互联和智能的叠加,物联网的体系架构大致可以分为感知层、网络层和应用层,如图 15-1 所示。

　　1) 感知层:物联网的"感觉器官",其主要作用是识别物体、采集信息,类似于人体结构中皮肤和五官的作用相似。

2）网络层：物联网的"神经中枢和大脑"，其主要作用包括通信与互联网的融合网络、网络管理中心和信息处理中心等。网络层将感知层获取的信息进行传递和处理，类似于人体结构中的神经中枢和大脑。

3）应用层：物联网与行业专业技术的深度融合，与行业需求结合，实现行业智能化，类似于社会分工最终构成人类社会。

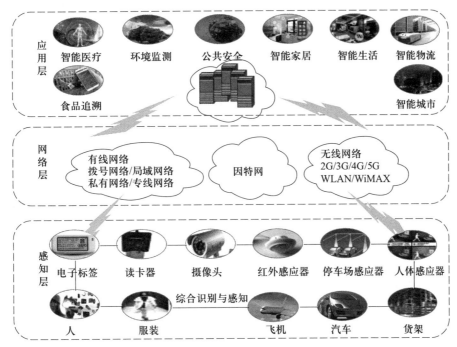

图 15-1　物联网体系结构

在各层之间，信息并不是单向传递的，也有交互、控制等，所传递的信息多种多样，这其中关键是物品的信息，包括在特定应用系统范围内能唯一标识物品的识别码和物品的静态与动态信息。

任务 15.2.1　认识感知层

感知层是物联网的感觉器官，用来采集信息并识别物体。物联网要实现物与物的通信，对"物"的感知是非常重要的。"物"只有通过分配的数字、名字或地址加以编码，才能被辨识。

> 这里的"物"并不是自然物品，而是要满足一定的条件才能够被纳入物联网的范围，例如有相应的信息接收器和发送器、数据传输通路、数据处理芯片、操作系统和存储空间等，并遵循物联网的通信协议，在物联网中有可被识别的标识。可以看出，现实世界的物品未必能满足这些要求，这就需要特定的物联网设备的帮助才能满足以上条件，并加入物联网。

📠 知识
小贴士：
正确理解物联网的"物"

感知层解决的就是人类世界和物理世界的数据获取问题，包括各类物理量、音频、视频数据。感知层的目标是利用诸多技术形成对客观世界的全面感知。在感知层中，物联网的终端是多样性的，现实世界中越来越多的物理实体要实现智能感知，涉及众多的技术，在与物联网终端相关的多种技术中，核心是要解决智能化、低功耗、低成本和小型化的问题。

感知层处于三层架构的最底层，是物联网发展和应用的基础，具有物联网全面感知的核心能力。感知层包括数据采集和数据短距离传输两部分，即首先通过传感器、摄像头等设备采集外部物理世界的数据，再通过蓝牙、红外线、ZigBee、工业现场总线等短距离有线或无线传输技术协同工作传递数据到网关设备。

拓展阅读
15-2-1

任务 15.2.2　探秘网络层

网络层是物联网的神经系统。物联网要实现物与物、人与物之间的全面通信，就必须在终端和网络之间开展协同,建立一个端到端的全局网络。物联网网络层是在现有网络的基础上建立起来的,它与目前主流的移动通信网、国际互联网、企业内部网、各类专网等网络一样,主要承担着数据传输的功能。

在物联网中,要求网络层能够把感知层感知到的数据无障碍、高可靠、高安全地进行传送,它解决的是将感知层所获得的数据在一定范围内,尤其是远距离的传输问题。同时,网络层将承担比现有网络更大的数据量,面临更高的服务质量要求,这就意味着物联网需要对现有网络进行融合和扩展,利用新技术以实现更加广泛和高效的互连功能。

任务 15.2.3　熟悉应用层

拓展阅读
15-2-2

物联网应用层的作用是提供丰富的基于物联网的应用,即物联网和用户(包括人、组织和其他系统)的接口。它与行业需求结合,实现物联网的智能应用,是物联网发展的根本目标。将物联网开发技术与行业信息化需求相结合,实现广泛智能化应用,关键在于行业融合、信息资源的开发利用、低成本高质量的解决方案、信息安全的保障以及有效的商业模式开发。

感知层收集到的大量、多样化的数据,需要进行相应的处理才能作出智能决策。海量的数据存储与处理,需要更加先进的计算机技术。云计算技术被认为是物联网发展最强大的技术支持,其为物联网海量数据的存储提供了平台。此外,数据挖掘技术、数据库技术的发展为海量数据的处理分析提供了可能。

15.3　物联网关键技术　▶▶▶

拓展阅读
15-3-1

与互联网相比,物联网不仅是对“物”实现连接和操控,它更通过技术手段的扩张,赋予了网络新的内含。物联网需要对物体具有全面感知的能力,对信息具有互通互连的能力,对系统具有智慧运行的能力,从而形成一个连接人与物体的信息网络。在此基础上,人类可以用更加精细和动态的方式管理生产和生活,提高资源利用率和生产力水平,改善人与自然的关系,达到更加“智慧”的状态。

任务 15.3.1　了解感知层关键技术

感知层的关键技术包括检测技术、中低速无线或有线短距离传输技术等。感知层综合了传感器技术、无线通信技术、嵌入式计算技术、智能组网技术、分布式信息处理技术等,能够通过各类集成化的微型传感器的协作实时监测、感知和采集各种环境或监测对象的信息。

1. 传感器技术

人是通过视觉、嗅觉、听觉及触觉等来感知外界信息的,将感知的信息输入大脑进行分析判断和处理,大脑再根据结果指挥人做出相应的动作,这是人类认识世界和改造世界具有的最基本的能力。在计算机控制的自动化装置中,计算机类似于人的大脑,也需要它们的“五官”获取不同类型的信息,这个装置就是传感器。传感器技术应用也是改造传统产业的重要方法,对提高经济效益、科学研究与生产技术的水平有着举足轻重的作用。

在物联网系统中,对各种参量进行信息采集和简单加工处理的设备称为物联网传感器,可分为一般传感器和智能传感器。传感器是一种检测装置,能感受到被测的信息,并能将检测到的信息按一定规律转换成为电信号或其他所需形式的信息输出,以满足信息的传输、处理、存储、显示、记录和控制等要求。它是实现自动检测和自动控制的首要环节。传感器可以独立存在,也可以与其他设备以一体方式呈现,但无论哪种方式,它都是物联网中的感知和输入部分。在物联网中,传感器及其组成的传感器网络将在数据采集前端发挥重要的作用。

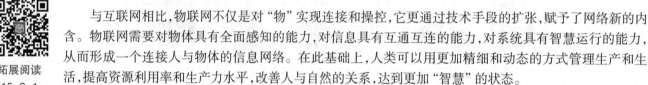

【探索实践】寻找传感器技术的主要特点

上网查询资料并进行交流,讨论传感器技术是通过哪些特点展现的?

2. 自动识别技术

自动识别技术是以计算机、激光、机械、电子、通信等技术的发展为基础的一种高度自动化的数据采集技术。它通过应用一定的识别装置,自动地获取被识别物体的相关信息,并提供给后台的处理系统来完成相关后续处理。

自动识别技术能够帮助人们快速而又准确地进行海量数据的自动采集和输入,在运输、仓储、配送等方面已得到广泛应用。自动识别技术已经成为由条码识别技术、智能卡识别技术、光字符识别技术、射频识别技术、生物识别技术等组成的综合技术,正在向集成应用的方向发展。

任务 15.3.2　了解网络层关键技术

物联网的网络层是建立在互联网和移动通信网等现有网络基础上的,除具有目前已经比较成熟的远距离有线、无线通信技术和网络技术外,为了实现“物物相连”的需求,物联网网络层将综合使用 4G/5G、Wi-Fi、IPv6 等通信技术,实现有线与无线的结合、宽带与窄带的结合、感知网与通信网的结合。物联网网络层在互联网、移动通信网以及无线传感器网络的相互配合下,完成了主要的层级功能,为构建物联网系统提供了技术参考和行业标准,也加快了物联网的全球化进程。

拓展阅读
15-3-2

1. 接入网技术

物联网要求对物体的信息能可靠传送,即利用网络的感知层将物体的信息接入互联网。传统的接入网主要以铜缆的形式为用户提供一般的语音业务和数据业务。随着网络的不断发展,出现了一系列新的接入网技术,包括无线接入技术、光纤接入技术、铜缆接入技术、光纤同轴电缆混合接入、以太网接入等多种方式。

2. 核心网技术

核心网是基于 IP 的统一、高性能、可扩展的分组网络,支持移动性以及异构接入。

（1）互联网

互联网是基于共同的协议,通过许多路由器和公共互联网连接而成,是一个信息资源和资源共享的集合。互联网是物联网中单独的“物”与外界联系的基础。

> 由于 Internet 中用 IP 地址对节点进行标识,目前的 IPv4 受制于地址资源空间耗竭,已经无法提供更多的 IP 地址,要实现物联网,就需要互联网适应更大的数据量,提供更多的终端,而要满足一些要求,就必须从技术上进行突破。目前,IPv6 技术攻克了这种难题,以其近乎无限的地址空间将在物联网中发挥重大作用。引入 IPv6 技术,使网络不仅可以为人类服务,还将服务于众多硬件设备,如家用电器、传感器、远程照相机、汽车等,它将使物联网深入社会每个角落。

📖 知识小贴士:
从 IPv4到 IPv6

拓展阅读
15-3-3

物联网被认为是互联网的进一步延伸,是拥有更丰富信息资源的互联网,一方面可以方便人们获取各种有用信息,让人们的生产、生活变得更加高效;另一方面可以让人们享受互联网所提供的优质服务,从而提高人们的生活水平。

（2）无线传感器网络

无线传感器网络（WSN）的基本功能是将一系列空间分散的传感器单元通过自组织的无线网络进行连接,从而将各自采集的数据通过无线网络进行传输汇总,以实现对空间分散范围内的物理或环境状况的协作监控,并根据这些信息进行相应的分析和处理。该技术可以使区域内物品的物理信息和周围环境信息全部以数据的形式存储在无线传感器中,有利于人们对目标物品和任务环境进行实时的监控,也有利于分析和处理有关信息,对物品进行有效的管理。无线传感器网络技术贯穿物联网的 3 个层面,包括现代网络技术、无线通信技术、嵌入式计算技术、分布式信息处理技术以及传感器技术等。

无线传感器网络是集成了监测、控制以及无线通信的网络系统。无线传感器网络由网关节点（汇聚节点）、传输网络、传感器节点和远程监控共同构成,它兼顾了无线通信、信息监控、事务控制等功能,具有较大范围、低成本、高密度、灵活布设、实时采集、全天候工作的优势,且对物联网其他产业具有显著带动作用。

拓展阅读
15-3-4

如果说互联网构成了逻辑上的虚拟数字世界,改变了人与人之间的沟通方式,那么无线传感器网络就是将逻辑上的数字世界与客观上的物理世界融合在一起,改变人类与自然界的交互方式。

任务 15.3.3　了解应用层关键技术

应用层利用 M2M、云计算、数据挖掘、中间件和 GIS 等技术实现对物品的自动控制与智能管理。

1. M2M 技术

根据不同应用场景,M2M 往往可以被解释为 Man to Machine(人对机器)、Machine to Man(机器对人)、Mobile to Machine(移动网络对机器)、Machine to Mobile(机器对移动网络)。Machine 一般特指人造的机器设备,而物联网(The Internet of Things)中的 Things 则是指更抽象的物体,范围也更广。例如,树木和动物属于 Things,可以被感知、被标记,属于物联网的研究范畴,但它们不是 Machine,不是人为事物。冰箱则属于 Machine,同时也是一种 Things。所以,M2M 可以看作是物联网的子集或应用。

拓展阅读
15-3-5

M2M 是现阶段物联网普遍的应用形式。M2M 将多种不同类型的通信技术有机地结合在一起,将数据从一台终端传送到另一台终端,也就是机器与机器的对话。M2M 业务通过结合通信技术、自动控制技术和软件智能处理技术,实现对机器设备信息的自动获取和自动控制。这个阶段的通信对象主要是机器设备,在通信过程中,以使用离散的终端节点为主。但 M2M 的平台不等于物联网运营的平台,它只解决了物与物的通信,解决不了物联网智能化的应用。随着软件的发展,特别是应用软件的发展和中间件软件的发展,M2M 平台逐渐过渡到物联网的应用平台上。

2. 数据仓库与数据挖掘技术

数据仓库是一个面向主题的、集成的、非易失的、时变的数据集合,目标是把来源不同、结构相异的数据经加工后在数据仓库中存储、提取和维护。它支持全面、大量的复杂数据的分析处理和高层次的决策支持,使用户拥有任意提取数据的自由而不干扰业务数据库的正常运行。

拓展阅读
15-3-6

数据挖掘主要基于人工智能、机器学习、模式识别、统计学、数据库、可视化技术等,高度自动化地统计分析数据,做出综合归纳性的推理,揭示事件间的相互关系,预测未来的发展趋势,为企业的决策者提供决策依据。数据挖掘可以分为描述型数据挖掘和预测型数据挖掘两种。描述型数据挖掘包括数据总结、聚类及关联分析等;预测型数据挖掘包括分类、回归及时间序列分析等。

3. 中间件技术

中间件是为了实现每个小的应用环境或系统的标准化以及它们之间的通信,在后台应用软件和读写器之间设置的一个通用的平台和接口。在许多物联网体系架构中,经常把中间件单独划分为一层,位于感知层与网络层或网络层与应用层之间。在物联网中,中间件作为其软件部分,有着举足轻重的地位。

拓展阅读
15-3-7

在物联网中采用中间件技术,可以实现多个系统或多种技术之间的资源共享,最终组成一个资源丰富、功能强大的服务系统,最大限度地发挥物联网系统的作用。物联网中间件的主要作用在于将实体对象转换为信息环境下的虚拟对象,因此数据处理是中间件最重要的功能。中间件具有数据的收集、过滤、整合与传递等特性,以便将正确的对象信息传到后端应用系统。物联网中间件的实现依托于中间件关键技术的支持,包括 Web 服务、嵌入式 Web、Semantic Web 技术、上下文感知技术、嵌入式设备及 Web of Things 等。

4. GIS 技术

拓展阅读
15-3-8

GIS(Geographic Information System,地理信息系统)是一门综合性学科,结合地理学、地图学以及遥感和计算机科学,已经广泛应用在不同的领域,是用于输入、存储、查询、分析和显示地理数据的计算机系统。GIS 是一种基于计算机的工具,它可以对空间信息进行分析和处理(简而言之,是对地球上存在的现象和发生的事件进行成图和分析)。GIS 技术把地图这种独特的视觉化效果和地理分析功能与一般的数据库操作(如查询和统计分析等)集成在一起。

任务 15.3.4　探查物联网与其他技术的融合

技术融合与发展创新是全球技术和产业发展的重要趋势。物联网是技术驱动型行业,其感知层、传输层、平台层、应用层需要多种物联网技术作为发展支撑,技术的升级与融合将直接推动市场发展。5G、云计算、大数据、区块链、边缘计算技术、AIoT 和 BIoT 等一系列新技术和题材将不断地注入物联网领域,助力"物联网 + 行业应用"快速落地,加快行业发展步伐。

1. 5G 与物联网的融合

5G 势必会促成物联网拓展出新的应用领域。5G 的大规模 MIMO 技术使基站在每个物联网设备周围组成天线阵列,足以形成对各种传感和控制节点的信息传输全覆盖网络。基于 5G 的物联网实现"物"与"网"的直连,在近端将物联网终端设备直接连接至 5G 基站,或者基于终端直通(Device-to-Device,D2D)

技术使设备与设备、设备与管理终端的直连；远端感知层数据则直接基于 5G 网络传输。通过 5G 的鉴权、加密技术可增加数据传输的安全性；应用层根据应用领域的行业标准对收到的数据进行处理和操作，对远端感知层设备检测、遥控。

5G 具有高速率、大容量、高可靠性、低延时的优点。将其与物联网融合，以 5G 技术作为物联网传输层的核心传输技术，将感知层采集的物体信息进行传输与交换，以实现人与物、物与物的互通互连。近几年来，世界各国正在加紧开展 5G 技术应用于物联网研究和物联网产品的开发。

拓展阅读
15-3-9

2. 边缘智能技术

"边"是与"中心"相对的概念，指的是贴近数据源头的区域。边缘智能是指将智能处理能力下沉至更贴近数据源头的网络边缘侧，就近提供智能化服务。边缘层主要包括边缘节点和边缘管理层两个主要部分，分别对应边缘智能硬件载体和软件平台。边缘节点主要指边缘智能相关的硬件实体，包括以网络协议处理和转换为重点的边缘网关、以支持实时闭环控制业务为重点的边缘控制器、以大规模数据处理为重点的边缘云、以低功耗信息采集和处理为重点的边缘传感器等。边缘管理层的核心是软件平台，主要负责对边缘节点进行统一管理和资源调用。目前边缘智能软件平台主要用于管理网络边缘的计算、网络和存储资源。未来边缘智能软件平台的重要任务将会向着浅训练和强推理发展，这顺应了低时延场景的迫切需求。

云和本地服务器并不是唯一可以执行计算的地方，而且使用远程服务器可能会导致传输延迟。显然，云计算不适合像自动驾驶汽车那样需要实时计算的实现。边缘计算技术对智能物联网设备、快速数据处理和数据安全的需求在不断增长。新一代物联网服务允许开发者在边缘设备中执行机器学习和计算任务，并将一些计算从云端推向终端设备。边缘智能技术满足市场对实时性、隐私性、节省带宽等方面的需求。

拓展阅读
15-3-10

3. 人工智能与物联网的融合

人工智能与物联网（AIoT）的融合，是信息技术、网络技术等共同支撑下所出现的新型应用技术。AIoT 不是简单的 AI+IoT，而是应用人工智能、物联网等技术，以大数据、云计算为基础支撑，以半导体为算法载体，以网络安全技术作为实施保障，以 5G 为传输工具，对数据、知识和智能进行集成。AIoT 系统通过物联网产生、收集海量的数据存储于云端或边缘端，再通过大数据分析，以及更高形式的人工智能，实现万物数据化、智联化。物联网与人工智能的融合追求的是一个智能化生态体系，且伴随着 5G 时代的到来，其内涵会愈加丰富。

拓展阅读
15-3-11

4. 区块链与物联网的融合

物联网应用以中心化结构为主，大部分数据汇总到云资源中心进行统一控制管理，物联网平台或系统一旦出现安全漏洞或是系统缺陷，信息数据将面临泄露风险。区块链技术的主要特点中，一是去中心化架构减轻了物联网的中心计算的压力，也为物联网的组织架构创新提供了更多的可能；二是数据发送前需要进行加密，数据传输和授权的过程中涉及个人数据的操作均需要经过身份认证进行解密和确权，并将操作记录等信息记录到链上，同步到区块网络上。由于所有传输的数据都经过严格的加密和验证处理，用户的数据和隐私将会更加安全，帮助物联网提高信息安全防护能力。

"区块链 + 物联网"（BIoT）为打通企业内和关联企业间的环节提供了重要方式：基于 BIoT 不但可以实现产品某一环节的链式信息互通，如产品出厂后物流状态的全程可信追踪，还可以实现更大范围的不同企业间的价值链共享，如多个企业协同完成复杂产品的大规模出厂，包括设计、供应、制造、物流等更多环节的互通。BIoT 提升了分布式数据的安全性、可靠性、可追溯性，也提升了信息的流通性，让价值有序地在人与人、物与物、人与物之间流动。

拓展阅读
15-3-12

15.4 构建智慧校园物联网系统 ▷▷▷

随着信息社会的发展，网络和信息已越来越多地出现在人们的生活中，这一切发展的最终目标都是为了给人类提供一个舒适、便捷、高效、安全的生活环境。开展智慧校园建设，可以加快推进教育现代化，促进信息技术与教育教学深度有效融合，提高信息化应用水平。

任务 15.4.1 认识智慧校园

智慧校园是以物联网、云计算、大数据分析等为核心技术，提供一种环境全面感知、智慧型、数据化、网络化、协作型一体化的教学、科研、管理和生活服务,并能对教育教学、教育管理进行洞察和预测的智慧学习环境。

【探索实践】智慧校园物联网能实现的主要功能和提供的服务

发挥想象,分组并讨论智慧校园应该是什么样子?应该具有哪些功能?也可以通过网络了解智慧校园的环境。

任务 15.4.2　编制智慧校园环境控制子系统解决方案

智慧校园环境控制子系统可划分为智能灯光照明控制子系统,温度、湿度控制子系统,智能安全防范控制子系统,智能监控子系统和访问控制子系统。这些子系统通过布置网络与智慧校园环境控制网关相连,在智慧校园管理系统的统一管理下,实现智慧校园环境控制功能,如图 15-2 所示。

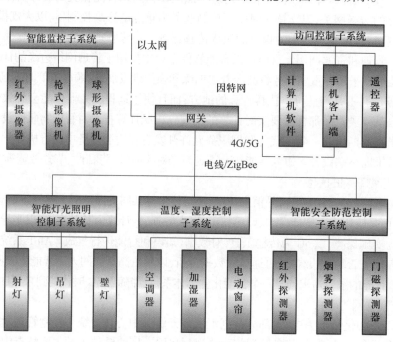

图 15-2　智慧校园环境控制子系统

微课 15-1

拓展阅读
15-4-1

（1）智能灯光照明控制子系统

室内照明控制系统除了可以对照明设备进行开关控制外,还可以进行亮度调节(除荧光灯外),以满足不同的需要。

（2）温度、湿度控制子系统

该系统负责收集被测环境的温度、湿度数据,然后通过温度、湿度控制系统对相关设备进行控制,按照设定的上下限使设备开关进行开合动作,实现加热、制冷、通风、加湿和除湿等功能。

（3）智能安全防范控制子系统

智能安全防范子系统由各种智能探测器和智能网关组成,构建房间内的主动防御系统。智能红外探测器可以探测人体的红外热量变化从而发出报警;智能烟雾探测器可以探测烟雾浓度并在浓度超标后发出报警;智能门禁探测器可以根据门的开关状态异常发出报警,并能实现布防、撤防的设置。

（4）智能监控子系统

通过智能监控可以有效地了解校园环境的状况,又分为室外监控和室内监控。智能监控子系统可实现实时查看、录像、录像调用、云台控制(即通过控制系统在远程控制摄像机等设备的转动或移动)等功能,主要设备包括摄像机、视频服务器等。

（5）访问控制子系统

拓展阅读
15-5-1

访问控制子系统包括智能遥控器、计算机综合管理软件、手机客户端软件等部分,实现对房间设备的综合访问管理和控制。

第16章

数 字 媒 体

信息技术的快速发展,推动了信息呈现方式的巨大变革,由信息技术与文化创意融合而生的数字创意产业,催生着媒体产业化、数字化时代的到来。在媒体融合发展的过程中,出现了全程媒体、全息媒体、全员媒体和全效媒体等概念,以数字媒体形态呈现的信息无处不在、无人不知。数字媒体技术的广泛应用已成为驱动数字经济发展的重要驱动力,数字媒体也成为全媒体时代的主流。

【学习目标】
1) 了解数字媒体与数字媒体技术的概念和发展趋势。
2) 了解数字文本、数字图像、数字声音的处理过程,掌握相应的处理技术。
3) 了解数字视频的特点,熟悉数字视频制作技术。
4) 了解 HTML5 应用的新特性,掌握 HTML5 应用的制作和发布技巧。

16.1 初识数字媒体 >>>

任务 16.1.1 了解数字媒体的概念

数字媒体(Digital Media)是指以二进制数的形式记录、处理、传播和获取的一种信息载体,包括数字化的文字、图形、图像、声音、视频影像和动画等感觉媒体及其表示媒体(可统称为逻辑媒体),以及存储、传输、显示逻辑媒体的实物媒体。通俗地说,数字媒体是文字、图像、音频、视频、动画等感官媒体的数字化形态。

任务 16.1.2 认识数字媒体技术

数字媒体是科技发展与进步的产物,其核心是计算机多媒体技术。数字媒体技术是综合运用计算机多媒体技术、网络通信技术、数字电视技术等,对包括图形、图像、影像、语音及 Web 在内的数字内容进行创建、存储、传输、利用和管理的技术,是现代信息传播的通用技术之一。数字媒体技术的核心内容主要包括计算机图形技术、数字图像处理技术、数字音频处理技术、虚拟现实技术、多媒体技术和大数据技术等。

如今,人们不仅能够使用计算机进行数字媒体的加工、处理和传输,还可以利用智能手机等移动终端进行数字媒体的处理,而且更加方便快捷。

任务 16.1.3 探查数字媒体的应用与发展

数字媒体在新闻、广告、娱乐、电商、影视制作以及教育等领域均有广泛应用,并在一定程度上改变了人们的思维方式、工作方式和行为方式。数字媒体技术的发展,使得信息传播的网络化、融合性、交互式、个性化特征日趋明显,同时给传统媒体造成了很大冲击,导致了信息呈现出碎片化的特征。

数字媒体及衍生的数字创意产业作为数字经济的重要组成部分,已逐步成长为推动经济高质量发展的支柱产业之一,其发展已经影响到国民经济的各个领域,尤其是消费领域、制造业和教育领域等受到的影响越来越大。

16.2　数字文本 ≫≫≫

任务 16.2.1　认识数字文本

文本是计算机中最常用的数字媒体之一,是文字信息在计算机中的表现形式。文本通常基于某种特定的字符集,是具有上下文相关性的字符流。

将传统书本上的内容转换成计算机可处理的数字文本的过程,称为文本的数字化。数字文本由正文字符构成,其输出形式可以是字母、数字字符和符号,或是由符号、短语、自然语言或人造语言写成的语句,即由字、词、数字或符号组成的文件。数字文本大多以文本文件方式存储,便于进行全文或部分检索,也可通过关键词等来进行数据信息的统计、分析、处理和信息共享。

任务 16.2.2　掌握数字文本的处理过程

文本进入计算机的处理过程主要包含文本准备、文本编辑、文本处理、文本存储与传输、文本的展示5 个步骤,如图 16-1 所示。

拓展阅读
16-2-1

拓展阅读
16-2-2

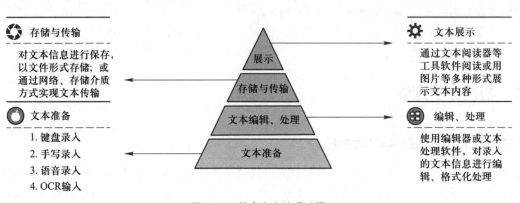

图 16-1　数字文本处理过程

16.3　数字图像 ≫≫≫

将现实生活中通过视觉辨识的图形或图像,运用多媒体技术转换成计算机可以存储、编辑和传输的图形图像文件,这一过程就称为图形图像的数字化处理。图形图像数字化是进行数字处理的前提,以二进制数编码方式存储的图形图像信息则称为数字图形或数字图像。

任务 16.3.1　了解色彩三要素及其表示方法

数字图像处理同样是基于色彩进行的,因此了解色彩知识是进行数字图像处理的基础。

光线照射到物体上,一部分会被物体吸收,其余的被反射或折射,这部分被反射回来的光就是人眼所能看到的物体的色彩,即物体的色彩是通过光被人所感知的。色彩具有色相、明度、饱和度 3 个特征,这三者是不可分割的,应用时必须同时考虑这 3 个因素。

自然界中的色彩数不胜数,但是通过三原色(红、绿、蓝)都可以调配出来。色彩在计算机中的表示方法就是色彩空间。在多媒体计算机系统中,根据图像处理的应用场景不同,通常使用 RGB、HSI、CMYK 等色彩空间来表示图形和图像的颜色,其中 RGB 是最常用的色彩表示方法。

拓展阅读
16-3-1

拓展阅读
16-3-2

任务 16.3.2 认识图像分类及图像文件格式

1. 图像的分类

将现实生活中的图形或图像数字化处理后,即可转换成计算机中可存储、编辑和传输的文件。按存储原理的不同,数字化后的图形图像可分为矢量图和位图两种。

2. 图像文件格式

图像文件是图像数字化后的文件载体。采用不同的编码压缩方法,就形成了图像文件的不同格式。一般来讲,通过图像文件的扩展名即可知道图像的存储格式。常用的图像文件格式有 BMP、JPG/JPEG、TIF/TIFF、GIF、PNG、RAW 等。

【探索实践】使用 ScreenToGif 制作 GIF 动画

GIF 动画文件较小,使用起来非常方便,便于网络传播。应用 GIF 小动画可以制作表情包,发布到微信、QQ 等社交媒体上,无须引入播放器即可实现类似于视频的动画效果。请搜索并下载 ScreenToGif,制作具有个性特点的 GIF 动画或表情包。

任务 16.3.3 编辑图像与转换格式

生活当中获取到的各类图像,通常因采集设备不同、素材来源不同、使用目标要求不同,导致得到图像文件的大小和格式也各不相同。当按照各类信息管理系统的要求上传图像时,如果其大小或格式不符合要求,就需要对格式进行转换,对文件大小进行调整。

最简便的图像格式转换方法是使用 Windows 系统自带的画图程序,打开图像文件,无须任何修改,直接选择"另存为"命令,在"保存类型"下拉列表中选择需要转换的格式,单击"确定"按钮即可完成图像格式转换,如图 16-2 所示。

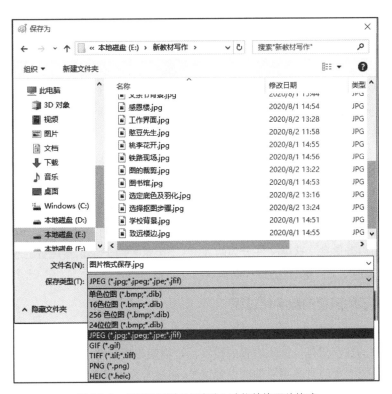

图 16-2 使用画图的"另存为"功能转换图片格式

在大多数的图像编辑软件中,都可以使用这种"另存为"的方式实现图像的格式转换。但这种简单的转换存在一个比较大的问题,就是对图像文件的大小无法改变。如果既想改变图像格式,又想缩减文件大

拓展阅读 16-3-3 拓展阅读 16-3-4 拓展阅读 16-3-5

小,还想进行画面的修改,就需要使用 Photoshop、Gimp、光影魔术手等专业的图像处理软件,也可以使用格式工厂等专业的转换工具。

任务 16.3.4　处理数字图像

数字图像处理就是利用计算机对数字化图像进行处理的过程。待处理的数字图像可能是低质量图像,处理后可以得到质量提升的图像。数字图像处理的常用操作有去噪、增强、复制、分割、提取特征、压缩、存储、检索等,如图 16-3 所示。

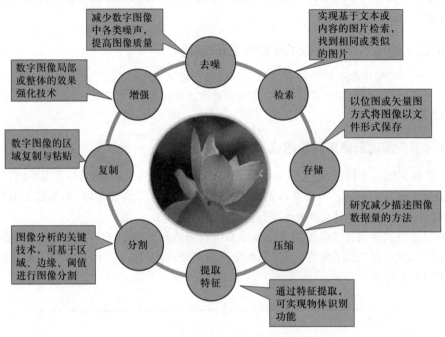

图 16-3　常用的数字图像处理方法

拓展阅读
16-3-6

微课 16-1

专业的图像处理人员,可以使用高级程序设计语言开发专门程序,单独对数字图像进行专业技术处理;日常生活中则多应用 Photoshop、Gimp、光影魔术手等图像处理软件,通过非常简单的操作,同样可以实现上述一种或多种复杂数字图像处理操作。

16.4　数字声音　》》》

声音也称为声波或音频,是由物体的振动产生的。从本质上看,声音是一种机械振动,通过媒介(空气)传播到人或动物的听觉器官(耳朵),刺激听觉神经后使大脑产生的一种感觉。计算机中的声音文件就是以数字方式记录的声音信息。这类文件分为两大类:一类是专门记录乐器声音的 MIDI 文件;另一类是采集到的各种声音,包括数字音乐、数字声音以及自然界的各种声音等。

任务 16.4.1　了解声音的数字化过程

声音是一种机械振动,需要通过拾音设备将声音转换为电信号,再通过模数(A/D)转换设备,将其将转换为计算机可以处理的数字信号。模拟声音的数字化过程就是模数转换的过程,需要经过采样、量化、编码 3 个阶段。采样是按固定的时间间隔抽取声音信号,通过采样可以将连续的声音信号变换成不连续的离散信号;量化是将采样得到的样本值转换为系统最小数量单位的整数倍;编码则是将经过量化后的数值用二进制代码表示出来。声音的模数转换过程如图 16-4 所示。

1)采样率:采样率的单位是赫兹(Hz),它表示将声音转换为数字时对音频信号的采样次数。依据采样定理,只要采样频率大于或等于有效信号最高频率的 2 倍以上,采样值就能包含原始信号的所有信息,被采样的信号就可以不失真地还原成原始信号。通常人耳能听到的声音频率范围是 20 Hz~20 kHz,因此对声音信号的采样频率不应当低于 40 kHz。

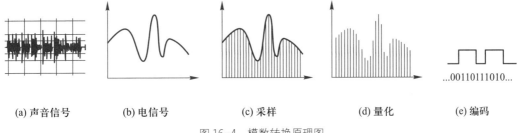

(a) 声音信号　　　(b) 电信号　　　(c) 采样　　　(d) 量化　　　(e) 编码

图 16-4　模数转换原理图

2) 位深度:也称为比特深度、位分辨率,与图像的分辨率类似,是用来描述音频信号样本的二进制位数(即对声音的辨析程度)。位深度为 8 位(bit)表示该文件的声音样本有 256(即 2^8)级范围,此外还有 16位、24 位等,位深度越大,声音样本的级数范围就越大,声音的解析度就越高,录制、回放的声音就越真实。

3) 声道:是指声音录制时的音源数量或回放时相应的扬声器数量。音频文件有单声道、双声道和多声道之分,双声道消除了单声道系统的钥匙孔效应,改善了音质,加强了临场感,但双声文件比单声道文件体积大;多声道技术会带来比较真实的立体感,使人产生身临其境的感觉。

4) 声音文件的大小:声音文件的大小与声音持续的时长、采样率、声道数和位深度有关,其计算公式为:文件大小(B)= 音频时长(s)× 采样率(Hz)× 声道数 ×(位深度 /8)。

【探索实践】测算音频文件播放时长

选择计算机中的某个音频文件,查看其文件属性,根据上面的公式计算该文件的大小,与实际大小相对照,看看计算是否准确。

拓展阅读
16-4-1

任务 16.4.2　认识声音文件的格式

数字化的声音在计算机中进行存储,需要一定的文件存储格式。不同的计算机系统支持不同的声音文件格式。WAV 是一种通用的无损音频数据文件格式,由微软公司和 IBM 公司共同开发。此外 CDA(CD音轨文件格式)、MP3、WMA、OGG、ACC、AMR、M4A 等格式也较为流行。

拓展阅读
16-4-2

任务 16.4.3　采集与传输声音

声音的采集有很多种方法,常见的有以下几种:

1) 直接使用计算机的声卡进行声音录制。

2) 利用抓音轨软件从 CD 上抓取音乐文件。

3) 使用手机等移动终端进行声音录制。

4) 应用软件从各类网站下载获得。

应用声音采集软件可以将获得的声音数据以文件形式保存起来,并通过网络或存储介质实现数字声音的传输与共享。

微课 16-2

任务 16.4.4　编辑数字音频文件

对数字音频文件进行编辑,需要使用专业的音频编辑软件。这类音频编辑软件很多,较为常见的有Audacity、Audition、Gold Wave 等。应用这些软件可以对音频文件进行音量调节、长度裁剪、声音降噪、增加特效等,甚至可以直接对音频文件进行编辑,如把多个音频文件剪辑、合并为一个音频文件,从而创作出丰富多彩的音效作品。

由于音频编辑软件众多,功能亮点各异,用户可以根据软件的特点和主要功能,结合自身使用需求进行选择。

拓展阅读
16-4-3

微课 16-3

16.5　数字视频　▶▶▶

拓展阅读
16-5-1

任务 16.5.1　认识数字视频

图像是静止的画面。当图像连续变化的速率超过 24 帧 /s 时,由于视觉暂留的原因,人眼会感觉到平滑连续的动态视觉效果,这样连续的画面就是视频。传统视频里连续变化的影像,其声音与图像是以模拟方式呈现的;数字视频则是计算机等设备通过视频卡、采集卡等获取视频信息,其声音与图像是以数字形式存在的。数字视频现已被广泛应用于视频会议、可视电话、视频点播(VOD)、电子商务、远程教育等多个领域。

任务 16.5.2　熟悉视频文件格式

数字视频文件有多种格式,比较常见的有 MPEG、AVI、MOV、WMA、3GP、MP4 等。其中,MPEG 和 AVI 很多人相对比较熟悉,下面介绍其他几种当前较为流行的视频文件格式。

1) MOV:也称为 QuickTime 封装格式或影片格式,是苹果公司开发的一种保存数字音、视频文件的存储封装技术。MOV 采用领先的集成压缩技术,适合在本地视频播放或作为视频流格式在网上传播。

2) WMV:微软数字视频格式,是微软公司开发的一系列视频编解码格式的统称。WMV 文件一般同时包含视频和音频部分,该格式的文件可以边下载边播放,非常适合在网上播放和传输。

3) MP4 :一种非常流行的视频格式,几乎当前所有的视频播放设备都支持该格式。MP4 文件有 H.264、MPEG4、H.263、VP6(已经淘汰)4 种编码格式,具有体积小、画质好、压缩率高等特点。现在互联网上的很多电影都是 MP4 格式的。

4) 3GP:3rd Generation Partnership Project(第三代合作伙伴项目)的缩写,这种格式其实是 MP4 格式的一个简化版本,减少了对储存空间和频宽的需求,可以在手机等有限的储存空间中使用,是手机中主要的流媒体视频文件格式。该格式的文件也可在 PC 上播放,但需要下载并安装专用的播放器。

任务 16.5.3　了解流媒体技术及其应用

拓展阅读
16-5-2

流媒体技术是为解决在网上迅速、流畅地播放视频文件的需求应运而生的。应用流媒体技术在播放视频前并不需要下载完成整个文件,而是随时传送随时播放,即边下载边播放。流媒体实现的关键技术是流式传输,相对成熟的流媒体传输一般都采用建立在 UDP 上的 RTP/RTSP 实时传输协议。

流媒体技术已经在网上直播、视频点播、在线教育、视频会议、远程医疗、远程监控等领域得到了广泛应用。

🧪【探索实践】召开一次视频会议

尝试使用钉钉、企业微信或腾讯会议等软件组织一次在线视频会议。

任务 16.5.4　处理数字视频

1. 数字视频的采集

数字视频的来源主要有以下几种方式:

1) 应用数字视频拍摄设备,如数码相机、数字录像机、监控录像机等获取视频。

2) 使用手机等移动设备随时录制视频。

3) 通过网络搜索下载视频。

4) 使用相关视频或动画制作软件、屏幕录像机等由计算机软件生成视频或动画。

2. 数字视频的编辑

获取到的视频文件按原有文件格式保存,如果需要进行格式转换等操作,则需要使用格式转换工厂等辅助工具软件或是专门的视频编辑软件来完成。

拓展阅读
16-5-3

微课 16-4

数字视频的编辑通常使用专业的视频处理软件如 Premiere、Vegas 等，现在应用手机 App 同样可以很轻松地完成专业级小视频的剪辑与制作。

数字视频的制作，既要收集丰富的素材，也要有足够的创意。在数字视频的编辑过程中可以添加字幕、配乐、转场、滤镜等特效，合理地运用这些编辑特效能够有效提升视觉效果。

3. 数字视频的播放与发布

制作完成的数字视频，需要选择发布的文件格式，不同格式的数字视频适用不同的播放场景。通常使用 MP4 格式发布，也可根据需要进行视频的格式转换或直接将视频发布为特定格式。

16.6　HTML5 应用 >>>

移动网络和移动媒体的快速兴起，使得 HTML5 迅速进入到人们的日常生活中。图文分享、在线海报、在线请柬、有声影集、互动小游戏等应用的出现，使得方寸之间的移动平台充满了色彩、动感、乐趣，这一切都要归功于 HTML5 的横空出世。

任务 16.6.1　了解 HTML 和 HTML5

HTML（Hyper Text Markup Language，超文本标记语言）是一种描述性语言，现在的很多网页就是用 HTML 编写的。通俗地讲，HTML 就是用户向浏览器下达命令的语言。例如，要把一篇图文混排的文章显示在浏览器上，就需要告诉浏览器哪些是文字，哪些是图片，以及它们都要放在哪个位置，需要用什么样式（颜色、大小、对齐等）呈现。通过浏览器呈现出来的页面就是网页。

HTML5 是 HTML 的第 5 个版本。HTML5 的出现是 Web 开发的一次重大变革，由于其具有富媒体化与富应用化的特性，只需要借助于浏览器的基础功能就能运行网络应用（视频、音乐、游戏），不再需要下载、安装 Flash 等特定插件，使得网络多媒体应用更加方便和安全；同时 HTML5 的屏幕适配效果更加优秀，通过手机浏览器观看网站能带来类似于 App 客户端的良好体验。

任务 16.6.2　熟悉 HTML5 的新特性

HTML5 为网页开发带来了很多新的特性，比如文档声明变得更加简洁、高效；增加了对本地离线存储的支持；增加了表单属性，提供了更加丰富的输入控制和验证；增加了画布功能，使得在网页上绘画变得更加轻松、方便。尤其是 HTML5 增加了 Audio、Video 等多媒体支持功能，可以与网站自带的摄像头、影音功能相得益彰，凸显网页的多媒体特性，并且再也不需要安装 Flash（2020 年 7 月以后，主流的浏览器都不再支持 Flash 播放）等插件。当前很多网站的多媒体播放器都已经更换为 HTML5 播放器。

下面简要介绍 HTML5 新增加的两个媒体标签。

1. Audio 标签

Audio 标签用来播放音乐，其书写格式如下：

```
<audio src="example.wav"controls=true>
您的浏览器不支持 Audio 标签。
</audio>
```

其中，src 属性用来指定要播放的音频文件位置，练习时更换这里的文件名，即可进行音频的播放。除此之外，还有 autoplay（自动播放）、controls（出现控制按钮）、loop（循环播放）、preload（预加载）等属性，使得页面对于音频的控制更加灵活方便。

2. Video 标签

Video 标签用来播放电影片段或其他视频流，其书写格式及属性与 Audio 标签类似：

```
<video src="movie.ogg"controls="controls">
您的浏览器不支持 Video 标签。
</video>
```

同样地，更改 src 属性的值可以指定要播放的视频或电影片段。

【探索实践】编写 HTML5 页面进行视频和音频文件的播放

1）将要播放的视频文件（movie.ogg）和音频文件（someaudio.wav）事先存放在一个文件夹内。

2）在当前文件夹内，使用记事本创建一个空白文档，输入如下代码：

源代码

```
<!DOCTYPE HTML>
 <html>
   <body>
     <video width="320"height="240"controls="controls">
       <source src="movie.ogg"type="video/ogg">
       您的浏览器不支持 Video 标签。
     </video>
     <audio src="someaudio.wav">
         您的浏览器不支持 Audio 标签。
     </audio>
   </body>
 </html>
```

3）将编写好的记事本文件重命名为"练习 .html"。

4）双击该文件，即可播放相应的视频和音频文件。

任务 16.6.3　在线制作 HTML5 文档

应用 HTML5，通过简单的代码即可实现影音播放的酷炫效果，但是要真正把 HTML5 页面传播出去，让所有人都能看到，还需要进行后台服务器搭建等复杂的技术工作。当前有很多支持 HTML5 页面展示的网站，借助于其提供的开发工具和素材，不需要编写任何代码，就可以很方便地实现 HTML5 的多媒体展示和共享。

数字媒体技术应用除了相关技巧之外，还需要丰富的素材积累和令人拍案的创意思考。技巧可以通过各种渠道学习和勤奋练习获得，素材则需要多收集工作生活中有意义、有趣味、有价值的资料，而创意来自对生活的热爱和对灵感的捕捉。保持积极的学习态度，记录生活当中的点滴，不断地尝试和探索，每一天都必将更加美好和快乐！

拓展阅读
16-6-1

拓展阅读
16-6-2

拓展阅读
16-7-1

第17章 ▶▶▶

虚拟现实 ▶▶▶▶

> 虚拟现实(Virtual Reality,VR)是一种可以创建和体验虚拟世界的计算机仿真技术,通过计算机生成的模拟环境,使用户沉浸到虚拟环境以获得接近真实的视觉等感知体验。虚拟现实被广泛地应用于教育、影视、建筑、设计、商务、医疗乃至军事等领域,通过人机交互和多感官体验,创设与现实感知体验相同和接近的体验氛围,带领人们观测未知的世界、进行仿真操作与训练、感受特殊环境的场景氛围。
>
> 【学习目标】
> 1) 了解 VR 的基本概念和发展过程。
> 2) 了解 VR 产品和应用。
> 3) 了解 VR 应用的开发流程和开发工具。
> 4) 进行简单 VR 应用程序的开发。

17.1 VR 简介 ▶▶▶

🖥 PPT-17

任务 17.1.1 初识 VR

VR 技术又称为灵境技术,是一门集计算机科学、网络工程、3D 建模、微距成像、机器视觉、语音识别、分布式计算、人工智能、穿戴型人机交互等技术于一体的综合性科学技术。使用 VR 头盔等设备可以呈现一个仿真甚至超越现实的虚拟世界,在这个虚拟世界中可以模拟现实世界中的事物,也可以创造一些现实世界中不存在的奇妙事物,给人以视觉、听觉、触觉甚至味觉上身临其境的感受。

VR 技术具有 3 个基本特征:沉浸、交互和构想。

> 增强现实(Augmented Reality,AR),顾名思义就是在现实世界的基础上叠加一个虚拟物体,即通过摄像头拍摄现实场景之后让事先构建的虚拟世界中的场景物品套现在现实世界中并发生互动,是一种与现实世界环境的交互式体验。AR 技术包含 3 个基本特征:虚实结合、实时交互和虚实对象 3D 配准。

📖 知识
小贴士:
增强现实

任务 17.1.2 探寻 VR 的发展过程

VR 的发展大约经历了 6 个阶段,如图 17-1 所示。随着 VR 产业的逐渐升温,虚拟经济与实体经济进一步融合,VR、AR、MR 在我国开始蓬勃发展,相关领域的技术公司无论是在数量、创新爆发力、核心技术产生量,还是在市场应用的深度与广度方面,都取得了长足的进步。

拓展阅读
17-1-1

任务 17.1.3 认识 VR 设备

VR 硬件设备是指与 VR 技术相关的硬件产品,目前相关设备常被运用在建模、声音、视觉显示和交互上。

1. VR 头盔设备

头戴式显示器(Head Mounted Display,HMD)简称头显,在虚拟现实应用中用来显示图形与观察的视觉设备。现阶段的 VR 头显种类繁多,大致可分为 PCVR 和一体机 VR 两类。

微课 17-1

拓展阅读
17-1-2

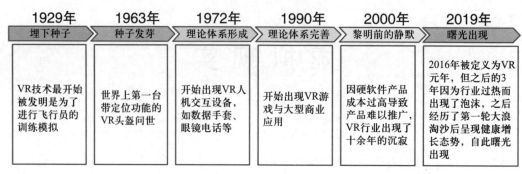

1929年	1963年	1972年	1990年	2000年	2019年
埋下种子	种子发芽	理论体系形成	理论体系完善	黎明前的静默	曙光出现
VR技术最开始被发明是为了进行飞行员的训练模拟	世界上第一台带定位功能的VR头盔问世	开始出现VR人机交互设备，如数据手套、眼镜电话等	开始出现VR游戏与大型商业应用	因硬软件产品成本过高导致产品难以推广，VR行业出现了十余年的沉寂	2016年被定义为VR元年，但之后的3年因为行业过热而出现了泡沫，之后经历了第一轮大浪淘沙后呈现健康增长态势，自此曙光出现

图 17-1 VR 的发展过程

2. 人机交互设备

为了更好地还原虚拟世界的真实性，从技术上讲，人机交互技术需要解决空间定位、肢体动作识别、力反馈这些重要技术课题。现阶段在空间定位技术与肢体动作识别技术领域都有了比较优秀的产品，而在力反馈领域有一些雏形技术已经出现，但更好的技术尚处在探索阶段。所谓肢体动作识别，是指将VR体验者的肢体动作复刻进虚拟世界，也就是让体验者在虚拟世界的行为动作可以像在现实中一样，随心所欲、灵活自如地完成各种动作，如灏存科技与诺亦腾公司的数据手套与穿戴型肢体动作捕捉设备就可以很好地实现将体验者的动作复刻到虚拟世界中，如图 17-2 所示。

拓展阅读
17-1-3

(a) 全身动作捕捉套装　　　　　　　(b) 手势识别数据手套

图 17-2 全身动作捕捉设备

任务 17.1.4　了解 VR 应用

1. 在教育中的应用

微课 17-2

VR 技术诞生之初就是用于飞行员的培训，所以它的教育属性是与生俱来的。利用 VR 技术进行各类仿真模拟，可以有效提高教学效果，在降低教学成本的同时也可以让学生更加深刻地理解知识所要表达的含义。下面以在 VR 环境下用数据手套模拟消防灭火流程为例进行介绍，如图 17-3 所示。

拓展阅读
17-1-4

图 17-3 VR 消防灭火

2. 在设计领域的应用

VR 技术用在设计领域可以真正做到"所想即所得"。设计师可以用虚拟画笔在虚拟环境中直接从线稿阶段开始作画,直到最后的建模、渲染出效果图都可以在同一套系统中完成,且创作完成后的物体、建筑、画作、雕塑等可以直接看到立体效果,好似这些事物已经真实存在于设计师眼前。这将极大方便设计师与客户间的沟通,同时大幅降低成本和缩短时间周期。

3. 在医学方面的应用

当今医学界在外科手术领域依旧存在培训成本高、风险大、效果不尽如人意、场景不能反复复现等问题。例如,教学中的人体模型越来越紧缺且成本越来越高,实验必须在特定实验室创造特定环境才能进行,实验部位切口无法复原以备二次使用等问题。VR 技术的出现可以很好地解决这些问题。在虚拟环境下,人体模型是 3D 建模创造出来的,可以根据病例库建立所有病例对应的人体模型,受训者可以直接用手术工具按照教学步骤对人体模型进行反复操作,手术刀切开的创面只需要一个复原按钮就可以恢复如初,实验可以几乎零成本的状态反复进行,如图 17-4 所示。这样的功能可以很好地用来训练医学院的在校学生以及新手医生,也可以用来做有经验医生的术前模拟。

4. 在军事方面的应用

VR 技术在军事方面的应用也非常广泛,例如使用 VR 技术实现虚拟作战地形图(数字沙盘),即在战场兵棋推演前可以对战场进行 3D 扫描建模,指挥官可以在 VR 头盔中观看 1∶1 复刻出的立体全息地形,进行身临其境的路线标定、排兵布阵等工作;也可以用 VR 技术开发射击训练系统来模拟射击训练场,用于新兵与预备役军人的训练,如图 17-5 所示;还可以进行多人战术协同仿真模拟演练。

图 17-4　VR 运用在医学领域

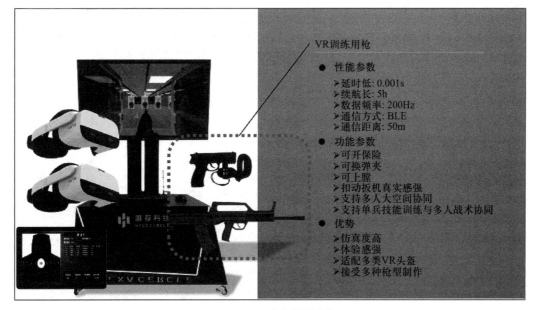

图 17-5　VR 仿真射击训练

微课 17-3

5. 在航空航天方面的应用

航空航天工程是一项成本极高的国家级工程,在地面建设模拟太空环境的实验舱,制造难度高且成本投入巨大。利用 VR 技术可以将大部分需要实体建造的设备用 3D 建模的形式建造出来,受训飞行员或者宇航员可以借助人工智能穿戴型肢体动作识别设备在虚拟世界中操作这些设备,在地面完成对飞机和航天器的熟悉及操作,大大提升训练的安全性且有效降低训练成本。此外,因为是在虚拟世界中训练,所以训练可以不限场地反复多次进行,更好地提升训练效果。

6. 在游戏行业中的应用

VR 技术的沉浸体验感和强大的交互特性注定了会被大量用在游戏产业中。VR 游戏可以给人立体环绕的视觉效果和与现实世界一致的操作方式,摆脱了以往用键盘、鼠标或手柄操作,在计算机屏幕上观看画面的方式,让玩家有一种进入平行时空的科幻感觉。

17.2　VR 开发技术　▶▶▶

任务 17.2.1　了解 VR 开发流程

一个 VR 项目在立项之初需要展开调研,分析各个模块的功能。针对真实场景的开发,虚拟世界中所用的纹理贴图要依据真实场景进行绘画和建模,一般会事先通过摄像的方式采集材质纹理贴图和真实场景中的模型。通过 Photoshop、Cinema 4D 等软件处理纹理,通过 3ds Max、Maya、Blender 等软件进行建模。再将制作好的贴图和模型按照开发平台导出相应格式,最后就可以在开发平台进行后期开发。例如在 Unity 3D 中,先将场景和模型资源导入 Unity 工程中,然后进行场景搭建、编程开发以及后期灯光音效处理,最后项目发布。

任务 17.2.2　熟悉 VR 开发技术

1. 建模技术

构建三维模型是为了在虚拟场景将现实场景再现。首先对现实场景进行清晰的拍摄,以保证后续纹理处理时对模型整体结构的把握,需要从不同方向拍摄一定数量及细节的照片。之后按照项目的需求,可使用 3ds Max 建立原始模型,如图 17-6 所示,再加上 UV 拆分和贴图绘制就能完成建模。

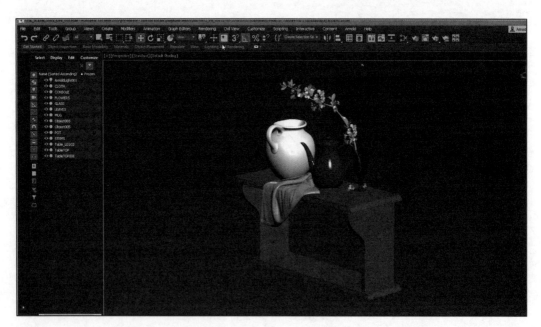

图 17-6　使用 3ds Max 建模

2. 人机交互技术

人机交互技术是完成 VR 项目的关键。在 Unity 3D 中,利用建好的场景与模型,通过编程达到体验者与虚拟场景交互的效果,用户则通过穿戴 VR 头盔设备,使用 VR 手柄设备或数据手套以及穿戴型全身动态捕捉设备等人机交互设备完成与虚拟场景的交互。体验者通过头盔设备可以看到虚拟场景并听到声音,通过人机交互设备实现抓取、触碰等交互。这些技术是将虚拟世界与用户连接在一起的开发纽带,协调整体虚拟系统的工作和运转。

3. 触觉反馈技术

触觉反馈(Haptic or Tactile Feedbacks)技术是指通过作用力、振动等方式让使用者有触感。这种反馈技术用在 VR 中可加强对设备的交互和操控。在 VR 中按下手柄按钮会触发振动反馈,当手柄在虚拟世界中触碰到了墙面也可以触发这种振动反馈,可以让使用者更清楚地了解他的手触摸到了墙壁。目前,触觉反馈装置种类很多,例如振动式触觉反馈装置、视觉式触觉反馈装置、充气式触觉反馈装置等。

4. 空间定位技术

空间定位分为由外向内(Outside In)与由内向外(Inside Out)两种模式。前者顾名思义就是由外向内探测,通过在建筑物内部穹顶上安装光学探测器来探测头盔或者肢体与空间位置的关系,用来同步现实世界与虚拟世界中的空间位置关系。后者利用配戴在身上的传感器或头戴设备上的摄像头来完成身份位置与外在事物的位置分析。

拓展阅读
17-2-1

任务 17.2.3　畅想 5G+VR 的时代

在 4G 时代,受限于相对较低的数据传输速率,VR 技术与应用的发展也受到诸多限制,大多数 VR 设备对视频体验与游戏体验不能同时兼顾。有部分体验者在使用 VR 设备时会产生调焦冲突,出现眩晕、呕吐等不良反应,出现这种现象的原因在于画面清晰度与屏幕的刷新率无法满足要求并且与人的生理结构有关。除此之外还有其他的问题,比如头显设备过于庞大,VR 产品价格高昂,VR 商业模式不够统一,等等。随着 5G 时代的来临,其所带来的高带宽、低时延特性将极大改善 VR/AR 体验。5G 网络的理论下行速率为 10Gbit/s,可以使 VR 产品的延迟缩短为原来的 1/10,能够帮助用户体验实时超高清画质,同时避免延时所带来的身体不适感,并且 5G 技术可以将在 VR 头盔中的计算放在云端,通过 5G 通信可以减轻 VR 设备的重量,打开 VR 用户之间的联机与互动。

🔬【探索实践】5G 与 VR 的碰撞

5G 与 VR 在网络上是被人津津乐道的话题,如果将来的某一天,5G 科技真的全面普及,那么与 VR 技术又能碰撞出什么样的火花呢? 有兴趣的读者可以去看一下《头号玩家》这部电影,了解电影中所描绘的 VR 景象。

任务 17.2.4　认识 VR 开发引擎和工具

1. 常用开发引擎

(1) Unity 3D

Unity 3D(图 17-7)是一款实时 3D 互动、内容创作和运营的开发平台,开发者利用它可以轻松创建三维游戏、三维动画、VR、AR 等各种类型的项目。Unity 3D 涉及的领域包括游戏、艺术、工业、教育、影视等。

拓展阅读
17-2-2

图 17-7　Unity 3D 图标

🔬【探索实践】了解 Unity 3D 引擎

登录 Unity 3D 中文官方网站,观看其在教育、VR、汽车运输制造、电影、动画、建筑、工程与施工、游戏等诸多领域的案例,从而了解 Unity 3D 在现实生活中的诸多应用。也可以去视频网站搜索有关 Unity 3D 的信息,通过观看网络教学视频对 Unity 3D 的应用有更深入的了解。

拓展阅读
17-2-3

(2) Unreal Engine

Unreal Engine(UE)是由 Epic Games 开发的一款功能非常强大的实时 3D 创作平台(图 17-8),具有强大的光照渲染系统。利用它制作出来的画面效果时常令人惊艳。

微课 17-4

拓展阅读
17-2-4

微课 17-5

图 17-8　Unreal Engine 图标

2. 交互程序开发工具

Microsoft Visual Studio(VS)是微软公司开发的一个功能丰富的开发工具集,可用于编辑、调试并生成代码,以及发布应用。VS 具有良好的性能、较快的运行速度和简洁的启动窗口,内嵌软件开发所需的大部分工具,如代码管控工具、代码完成工具、UML 工具、图形设计器集成开发环境等,如图 17-9 所示。通过使用 VS 可以极大地简化软件开发过程。

图 17-9　Visual Studio

17.3　VR 拓展技术 ≫

任务 17.3.1　观看 VR 游戏展示

如今 VR 技术发展迅速,随之也开发了很多 VR 游戏,类型多种多样,比较著名的有音乐类游戏如《Beat Saber》、枪战类游戏如《半衰期:艾利克斯》和《辐射 4》等。

任务 17.3.2　体验 VR 体感游戏

随着技术的不断发展,VR 交互方式越来越多,交互技术越来越先进,不仅产生了全身动作捕捉设备、数据手套等设备,更有多种体感设备随之诞生。灏存科技的枪战游戏就是 VR 体感游戏之一,在 VR 枪战游戏中加入了仿真枪械,更逼真地模拟了枪战游戏的真实性,带给玩家别致的体验,如图 17-10 所示。

图 17-10　VR 枪战游戏

拓展阅读
17-3-1

第18章

区 块 链

区块链目前正进入一个快速发展的阶段,在物流追踪、跨境支付、产品溯源等场景的技术已逐步进入了实际应用阶段,与区块链相匹配的新业务模式也不断涌现,并推动了基于已有中心化业务进行改革和创新。

本章在第5章新一代信息技术概述"信用的基石区块链"一节的基础上,介绍区块链的原理、发展阶段,讲述区块链的基本分类、技术模型以及基本结构等基础知识,带领同学们了解区块链中所应用的密码学技术、分布式系统技术及其特有的智能合约等技术,认识区块链的主流平台及区块链所面临的问题,并展望其发展前景。

【学习目标】
1）了解区块链的发展历史、技术基础与特性。
2）了解区块链的分类,包括公有链、私有链和联盟链。
3）了解区块链的技术模型、基本结构以及交易流程。
4）了解分布式账本、非对称加密算法、共识机制等技术原理。
5）了解典型区块链项目——超级账本的机制和特点。
6）了解区块链的价值和未来发展趋势。

📟 PPT18-1   18.1   区块链简介 ▶▶▶

微课 18-1

拓展阅读
18-1-1

拓展阅读
18-1-2

拓展阅读
18-1-3

任务 18.1.1   理解区块链的工作原理

通俗地讲,区块链是一种结合了密码学和分布式系统的相关技术,是通过所有参与方共同记账和分布式存储的方式,实现去中心化交易数据的记录和存储技术。其工作原理与传统的中心化系统不同,如图18-1所示。

进入21世纪以来,新一代信息技术呈现出系统性、整体性、协同性的融合发展态势,特别是区块链更被人们寄予厚望,因其具有的去中心化、不可篡改、无需信任等特点,为未来的可编程社会提供了技术基础。

任务 18.1.2   探寻区块链的发展历史

区块链为人所知始于数字货币概念的兴起,但数字货币却并不能代表区块链,其只是区块链的一个比较成熟的应用而已。从2008年的一篇描述基于区块链技术的数字货币模式的论文开始,到2014年人们逐渐意识到去中心化的分布式记账本技术,对于当前开放多维化的商业网络意义重大,并正式引发了区块链（Block Chain）技术的革新浪潮,再到通过智能合约概念的加入,用户可以借助编程语言写出更精密和智能的协议,区块链的运用开始扩展到金融行业以外的其他行业,从而进入3.0时代。

任务 18.1.3   了解区块链的应用发展

区块链的应用发展分为可编程货币、可编程经济和可编程社会3个阶段。

1. 可编程货币

可编程货币是一种具有灵活性的,并且几乎独立存在的数字货币,即将区块链技术应用于货币与交易的过程中,构建一个全新的数字支付系统,实现诸如购买、转账、汇款等数字货币交易或跨国支付。

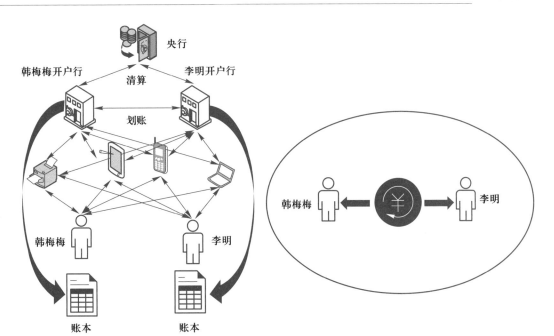

(a) 银行方式转账　　　　　　　　　　　　(b) 区块链方式转账

图 18-1　银行与区块链转账方式工作原理对比

2. 可编程经济

通过引入智能合约技术,区块链将作为一个可编程的分布式信用基础设施,用以支撑智能合约的应用。这就使得区块链的应用范围从货币领域扩展到具有合约功能的其他领域,如股票、债券、期货、贷款、智能资产等,交易内容可以包括房产契约、知识产权、权益及债务凭证等更广泛的非货币应用。

3. 可编程社会

区块链的发展不仅将应用扩展到身份认证、审计、仲裁、投标等社会治理领域,还包括科学、文化、艺术、工业和健康等其他社会领域。通过解决去信任问题,达到一定程度的社会自治与管理。

18.2　区块链的分类　>>>

区块链按开放程度可以分为公有链、私有链和联盟链。

任务 18.2.1　了解公有链

公有链的特征是开放性,即任何人都可以参与,完全不受任何机构控制,网络中的节点可任意接入,任何人都能参与共识过程,网络中数据读写权限不受限制,具有去中心化、中立、开放、不可篡改等特点,适用于虚拟货币、互联网金融等领域。

任务 18.2.2　认识私有链

私有链的特征为封闭性,仅限于企业、国家机构或者单独个体内部使用,其共识机制、验证、读取等行为被限定在一个范围内,仅对实体内部开放。其典型代表为 Multichain,主要适用于个体或者单个公司。

任务 18.2.3　了解联盟链

联盟链的特征是半开放,是需要注册许可才能访问的区块链。对于联盟链来说,只有组织内的成员才可以共享利益和资源,它采取指定节点计算的方式,且记账节点数量相对较少。联盟链介于公有链和私有链之间,适度对外开放,仅限于联盟成员参与。其典型代表为 R3CEV、Hyperledger,适用于大到国与国之间、小到不同企业之间的应用。

拓展阅读
18-1-4

拓展阅读
18-1-5

拓展阅读
18-2-1

拓展阅读
18-2-2

拓展阅读
18-2-3

18.3　区块链技术原理及核心技术　⟫⟫⟫

区块链是以非对称加密算法、散列函数、数字签名等密码技术为基础,以分布式账本、共识机制和智能合约等为关键技术,形成的一种区块 + 链式的分布式数据存储机制。

任务 18.3.1　认识区块链技术模型

区块链可以分为 6 层,分别是数据层、网络层、共识层、激励层、合约层以及应用层,如图 18-2 所示。

图 18-2　区块链的技术模型

拓展阅读

18-3-1

其中,数据层是区块链的核心部分,主要封装了底层数据区块结构、加密算法以及时间戳等技术;网络层是区块链平台信息传输的基础,包括了 P2P 网络的组网机制、数据传输机制以及数据验证机制等;共识层封装了区块链网络节点使用的共识算法;激励层是将经济因素引入区块链系统中,用于维持区块链系统的运行;合约层对各类算法、脚本、智能合约进行了封装,是区块链系统可编程的基础;应用层是区块链技术针对具体应用场景的应用实现,如 Web 网页、去中心化 App(DApp)等。

任务 18.3.2　了解区块链基本结构

区块链的基本结构可以归结为分布式架构 + 账本结构 + 共识机制,包括交易、区块和交易链 3 部分。区块链通过把数据分成不同的区块,每个区块通过特定的信息链接到上一区块的后面,前后顺连来呈现一套完整的数据。每个交易都会在区块链上增加一个对应的新的区块,多个区块链链接在一起就构成了区块链,如图 18-3 所示。

拓展阅读

18-3-2

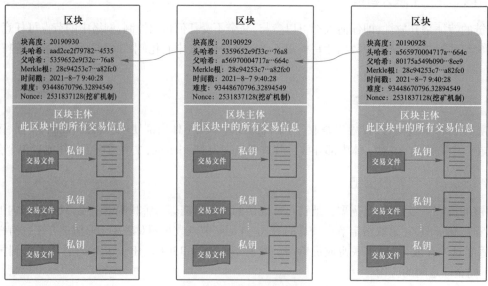

图 18-3　区块的基本结构

任务 18.3.3　了解区块链的核心技术

1. 密码学相关技术

（1）非对称加密算法

非对称加密算法在使用时需要一对密钥：公钥和私钥。因为加密和解密使用的是两个不同的密钥，所以叫作非对称加密。

（2）散列函数

散列函数也叫作哈希函数，是把任意长度的输入通过散列算法变换成固定长度输出的函数。这种转换是压缩映射，输出的就是散列值。散列函数通过将繁杂的交易信息加密压缩成固定字节的简单散列值，并将该值作为该区块的标志来保证区块链中交易信息不被篡改。

【探索实践】计算散列值

利用在线散列值计算工具计算散列值，并通过实际计算，理解散列算法的 4 个特性。首先输入一段话，采用不同的散列算法计算散列值。将输入的内容做一点修改，观察散列值的变化。尝试是否能通过输入不同的内容，得到相同的散列值。

（3）数字签名

数字签名使用非对称加密技术实现，通过对信息进行散列运算后产生的散列值，使用私钥进行签名，生成只有信息的发送者才能产生且别人无法伪造的一段数字串，达到鉴别数字信息来源、签名者身份识别以及抗抵赖的目标。

2. 分布式系统的相关技术

（1）分布式账本

分布式账本（Distributed Ledger）是一种在网络成员之间共享、复制和同步的数据库。它可以部署在多个节点，分布在不同的地理位置，或者在多个机构的网络里分别存在。账本里的任何改动都会在所有的副本中被反映出来。

（2）共识机制

在分布式系统中引入了共识机制来解决由于出现故障主机、网络拥塞、主机性能下降导致的主机状态无法达成一致的问题，以实现不同账本节点上的账本数据的一致性和正确性。通过算法来生成和更新数据，认定一个记录的有效性，并在所有分布式节点间达成共识，这既是认定手段，也是防篡改的手段。

（3）拜占庭将军问题

拜占庭将军问题（Byzantine Failures）是由莱斯利·兰伯特提出的点对点通信中的基本问题，是对现实世界的模型化，由于硬件错误、网络拥塞或断开以及遭到恶意攻击，计算机和网络可能出现不可预料的行为。区块链中的共识情况通常存在"拜占庭错误"，需要使用"容忍拜占庭错误"共识算法解决共识问题。

3. 区块链的核心技术

（1）Merkle 树

Merkle 树是一棵散列二叉树，树的每一个叶子节点都是一笔交易内容数据的散列值。

（2）智能合约

智能合约是一种运行在可复制、共享账本上的计算机程序，允许在没有第三方的情况下进行可信交易。

（3）分叉

所谓分叉，是指同一时间段内全网不止一个节点能计算出随机数，即会有多个节点在网络中广播它们各自打包好的临时区块（都是合法的），但只有最长的链条才会被全网公认，如图 18-4 所示。

拓展阅读
18-3-3

拓展阅读
18-3-4

拓展阅读
18-3-5

拓展阅读
18-3-6

拓展阅读
18-3-7

拓展阅读
18-3-8

拓展阅读
18-3-9

拓展阅读
18-3-10

拓展阅读
18-3-11

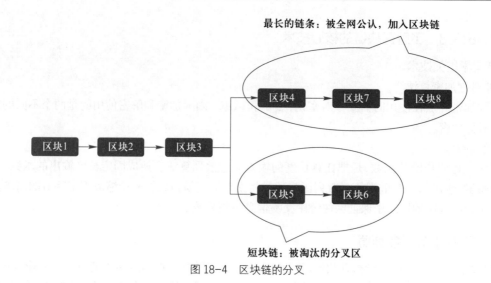

图 18-4　区块链的分叉

任务 18.3.4　熟悉区块链的交易流程

　　区块链的交易流程与传统的中心化的交易流程不同,一个节点创建了一个新的交易之后,它不是通过中心化的系统进行记账,而是会通过区块链网络将这个交易的数据在整个区块链网络中进行传播。传播的数据会按照不同的共识机制在区块链网络中对交易的真伪进行验证,当交易数据通过验证之后,验证的结果同样会通过区块链网络进行传播,当达到特定要求之后,交易的数据就会记入账本,这个账本会在区块链网络中的每个节点进行同步,至此区块链上的一笔交易就算完成了,交易的数据会记录在区块链网络每个节点的账本上,如图 18-5 所示。

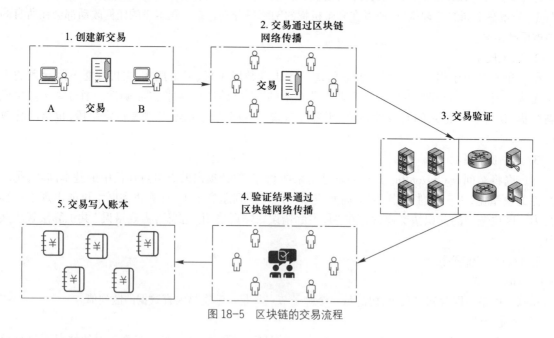

图 18-5　区块链的交易流程

18.4　典型区块链平台——超级账本　▶▶▶

　　超级账本(Hyperledger)是区块链行业中最大的项目之一,由一组开源工具和多个子项目组成,是首个面向企业的开放区块链技术。它是由 Linux 基金会主办的一个全球协作开源项目,旨在推动区块链的跨行业应用,其目标是实现一个强大的、业务驱动的具有通用权限的区块链的底层基础框架,采用模块化架构提供可切换和可扩展的组件,包括共识算法、加密安全、数字资产、智能合约和身份鉴权等,并提供智能合约的执行以及可配置的共识和成员服务,广泛应用于金融、物联网、供应链、制造和科技等行业。

拓展阅读
18-4-1

18.5 区块链的价值和前景 >>>

任务 18.5.1 了解区块链的价值

区块链的去中心化特性可以有效解决中心化所带来的负面问题,给予交易更自由、透明和公平的环境,有效降低信任的成本。有别于中心化方式所需要的利用大量的人力、物力成本来建立和维护信任,区块链的信任机制则是构建于机器信任的基础之上。通过去中心化,区块链技术可以有效降低信任成本。

任务 18.5.2 展望区块链的发展前景

无论从需求端还是从投资端来看,在金融、供应链、保险、医疗、公证、通信、公益等领域都开始意识到区块链的重要性,相关投资金额及热情也不断高涨,有力推动了区块链技术与社会对接,促进区块链向供应链、物联网、公共服务等众多领域发展。

拓展阅读
18-5-1

拓展阅读
18-6-1

附录1　计算机的发展、类型及应用领域 >>>

1. 计算机的发展

计算工具的发展一直伴随人类文明的发展进程。从"结绳记事"中的绳结到算筹、算盘、计算尺、机械计算机等,计算工具的演化经历了由简单到复杂、从低级到高级的不同阶段,孕育了现代电子计算机的雏形和设计思想。1946年,世界上第一台真正意义的通用电子计算机(ENIAC)诞生,标志着现代计算机技术时代的到来。

2. 计算机的类型

计算机的类型繁多、形态各异,有个人计算机、网络计算机、超级计算机以及具有特定功能的嵌入式计算机、工业控制用计算机等多种类型的电子计算机;近年来又出现了生物计算机、光子计算机、量子计算机等新类型的计算机。

3. 计算机的应用领域

计算机被广泛应用于生产、生活的各个领域,如科学计算、信息处理、辅助设计、过程控制、辅助教学、人工智能等,以计算机技术为核心的信息产品和信息服务成为社会生产、生活不可缺少的元素,也是推动经济发展的重要引擎。

附录2　计算机中数据的表示与存储 >>>

在计算机等信息技术设备中,文字、数值、图像、声音、视频等都可以看成是数据,一般使用二进制数代码来编码和存储这些数据。

1. 数制

数制是表示数值的方法,有进位计数制和非进位计数制两种。按照进位的原则进行计数的数制称为进位计数制,简称进制。日常生活中,除了十进制(DEC)数外,还有二十四进制(24小时为1天)、六十进制(60分钟为1小时,60秒为1分钟)。

计算机等信息技术设备中使用的是二进制(BIN)。二进制的基数为2,进位规则是"逢二进一",借位规则是"借一当二"。在计算机技术领域,为便于计算,除二进制外,还经常使用八进制(OCT)和十六进制(HEX)。八进制数"逢八进一",用0~7这8个数码表示数据;十六进制数"逢十六进一",使用0~9这10个数码和A、B、C、D、E、F(或a、b、c、d、e、f)这6个字母表示数据,其中A~F对应十进制的10~15。

例如:　　$(10)_{10}=(1010)_2=(12)_8=(A)_{16}$

或表示为:$(10)_{DEC}=(1010)_{BIN}=(12)_{OCT}=(A)_{HEX}$

在信息技术应用中,经常会使用到数制的转换,如十进制、二进制和十六进制间的相互转换。

2. 数据的编码与存储

在计算机中,不同类型的数据都通过二进制数代码来表示和存储,由此形成了不同的编码方式。

(1) 数值编码

数值编码是指数值在计算机中的二进制数表示形式,也称为机器数。机器数所对应的实际数值称为机器数的真值。一个数值在计算机中可以有多种编码,即机器数可以有多种表现形式,但其对应的真值只

拓展阅读
附1-1

拓展阅读
附1-2

拓展阅读
附2-1

拓展阅读
附2-2

有一个。机器数有无符号数和带符号数两种类型,带符号数的最高位是表示正、负的符号位,其余位置用来表示数值。

（2）字符编码

计算机除了要处理数值信息外,还要处理大量的非数值信息,如字符等。字符也是通过二进制数代码方式进行编码,有西文字符和中文字符等不同类型。

拓展阅读
附 2-3

3. 数据的存储

数值、字符、声音、图像、视频等不同类型的信息经过计算机等信息技术设备的处理编码后,形成二进制数代码形式的数据,可以存储于信息技术设备的硬盘、光盘、闪存卡、U 盘等存储设备中。

字节（Byte,B）是信息技术中用于计量存储容量的基本单位,1 个字节的容量可以存储 8 位（bit）二进制数。1 个 ASCII 码由 8 位二进制代码组成,容量为 1 B。1 个 GB 码汉字编码由 16 位二进制代码组成,容量为 2 B。在 UTF-8 编码中,1 个英文字符占用容量为 1 B,1 个中文字符占用容量为 3 B。

随着信息存储量的不断增大,人们在字节之上定义了更高数量级的存储容量单位,如 KB、MB、GB、TB、PB、EB、ZB 等,以 $2^{10}=1024$ 为级间倍数。

$1 \text{ KB} = 1024 \text{ B} = 2^{10} \text{ B}$ $1 \text{ MB} = 1024 \text{ KB} = 2^{20} \text{ B}$

$1 \text{ GB} = 1024 \text{ MB} = 2^{30} \text{ B}$ $1 \text{ TB} = 1024 \text{ GB} = 2^{40} \text{ B}$

$1 \text{ PB} = 1024 \text{ TB} = 2^{50} \text{ B}$ $1 \text{ EB} = 1024 \text{ PB} = 2^{60} \text{ B}$

> 硬盘是最常用的信息存储设备,其标注容量虽然也以 KB、MB、GB、TB 为单位,但与二进制 $2^{10}=1024$ 的级间倍数不同,硬盘厂商在标注硬盘容量时通常取 1000 为级间倍数。标称 1 TB 的硬盘容量,转换为二进制的容量单位,在计算机中识别的实际容量为 0.93 TB。

📖 知识
小贴士:
硬盘的存储容量

附录 3 计算机系统的组成 >>>

计算机是最常见的信息技术设备,一个完整的计算机系统主要由硬件、软件和信息资源等组成。硬件是计算机系统中电子、机械设备的总称,主要包括计算机及其他移动终端、信息输入/输出设备、网络和通信设备等。软件是可运行于计算机中的、按照特定顺序组织的数据和指令的集合。信息资源包括文档、数据、图形图像、音视频等有价值的信息,是信息处理不可或缺的内容要素。

拓展阅读
附 3-1

1. 计算机的软件系统

软件是各种程序及文档的总称。人们要运用信息技术设备和系统完成各种任务,最终都要通过软件来完成。如果说硬件是信息系统的躯体,软件就是信息系统的灵魂。软件的应用能力是个人信息技术素养的重要内容。

软件的种类很多,一般可分为系统软件和应用软件。常用软件见附表 3-1。

附表 3-1 常 用 软 件

类别		常用软件
系统软件	操作系统	Windows 系列、Linux 系列、UNIX 系列、Mac OS、Andriod、iOS、鸿蒙等
	软件开发工具	Visual Studio、VS Code、QT、Eclipse、PyCharm、IntelliJ IDEA、PhpStorm、WebStorm、Android Studio、Xcode、NI LabVIEW、Scratch 等
	数据库	MySQL、SQL Server、Oracle、OceanBase、GaussDB 等
	系统工具	火绒、电脑管家、安全卫士、鲁大师、卡巴斯基等

续表

类别		常用软件
应用软件	办公应用	MS Office、WPS 等
	辅助设计	AutoCAD、3ds MAX、Maya、Multisim、Solidworks、Inventor、Pro/Engineer、UG、中望 CAD、浩辰 CAD 等
	图形图像	Photoshop、GIMP、CorelDRAW、Illustrator、美图秀秀、亿图图示等
	媒体编辑	Premiere、After Effects、会声会影、爱剪辑、Audacity、Audition、格式工厂等
	文件压缩	WinRAR、WinZip 等
	网页浏览	Internet Explorer、Chrome、FireFox、Edge 等
	即时通信	QQ、微信、钉钉等
	下载上传	迅雷、FileZilla 等
	网盘	微云、百度网盘、Seafile 等
	虚拟机	VMWare、Virtual Box、Hyper-V

不同的软件一般都有对应的软件授权,软件使用者必须在获得软件使用许可的情况下才能合法的使用软件。依据许可方式的不同,大致可将软件区分为以下几类。

1) 专属软件:此类授权通常不允许用户随意复制、研究、修改或传播该软件,需要通过购买方式取得此类软件的使用授权。传统的商业软件公司会采用此类授权,如微软的 Windows 和 Office。

2) 开源软件:此类授权与专属软件相反,赋予用户复制、研究、修改和传播该软件的权利,并提供源代码供用户自由使用,如 Linux、Firefox、GIMP、Virtual Box 等。

3) 共享软件:通常可免费取得并使用其试用版,但在功能或使用期间上受到限制。开发者会鼓励使用者付费以取得功能完整的商业版本。

4) 免费软件:可免费使用,但并不提供源码,也无法修改,如电脑管家、QQ、微信等。

5) 公共软件:原作者已放弃权利,或著作权过期,或作者已经不可考究的软件,使用上无任何限制。

【探索实践】了解常用软件

交流探讨并且上网查询资料,看看都有哪些在生活或未来工作中会使用的软件,其主要功能是什么,可以帮助完成哪些任务?

2. 计算机进行信息处理的流程

计算机进行信息处理时,首先通过键盘、鼠标等输入设备采集信息,如程序指令、信息数据等,然后编码为二进制代码。

编码后的二进制代码信息暂时保存在计算机内存中,等待 CPU 的处理;内存中的信息可以直接来源于输入设备,也可以是来源于预先存储在硬盘等外存储器的信息。

CPU 从内存中取出第一条程序指令,通过译码,按指令的要求再从内存中取出相应的数据,进行指定的运算和逻辑操作等加工处理,然后按地址把结果回送到内存中去;接下来,再取出第二条程序指令,依此进行,直至遇到停止指令。

经过 CPU 处理的结果数据回存到内存后,在 CPU 程序指令的调度下,一方面可将其转存到硬盘等外存储器中长期保存以备日后使用,另一方面将其传送到显示器等输出设备、将二进制数代码表示的信息转换为人们可以理解的文字、图形图像、音频和视频等信息,呈现信息处理的结果,还可以通过网络或通信线路将相应信息传送到其他的设备中。

附录4　操作系统概述　▶▶▶

操作系统是最重要的系统软件,用于对信息技术设备和其他的软件资源进行管理控制。人们要使用计算机、智能手机等信息技术设备,一般要通过操作系统来进行。

操作系统位于计算机等信息技术设备底层硬件与用户之间,是两者沟通的桥梁和交互接口。用户通过操作系统的用户界面,以鼠标操作、命令行代码或语音等方式输入指令,操作系统对指令进行解释,驱动硬件设备、调度软件和信息资源,完成用户的任务要求。

1. 操作系统的分类

根据使用环境和功能特征的不同,操作系统一般可分为批处理操作系统、分时操作系统和通用操作系统。随着信息技术设备的多样化,出现了个人计算机操作系统、嵌入式操作系统、网络操作系统、分布式操作系统和移动终端操作系统等不同类型。当前主流的操作系统按产品技术线分类,则可分为 Windows 系列、Linux 系列和 UNIX 系列等。

拓展阅读
附 4-1

个人计算机操作系统也称为桌面操作系统,最常见的是微软公司推出的 Windows 系列。Linux 系列产品较多,如 Ubuntu 等,以及我国自主研发的 Deepin、UOS、银河麒麟以及中兴新支点等。UNIX 系列中最有名的有苹果公司推出的 Mac OS X。

网络操作系统主要分四大系列:Windows Server、NetWare、UNIX 和 Linux。近年来,Linux 系列的网络操作系统越来越受到重视,常见的产品有 CentOS、Debian、Ubuntu、Fedora、Red Hat 和 OpenEuler 等。

移动终端操作系统主要用于智能手机和平板电脑等,主要有 Android(安卓)、iOS、鸿蒙等。

2. 操作系统的用户界面

对操作系统的使用主要是通过用户界面操作来发出各种的指令、输入文字等信息、进行信息资源的管理以及完成各种各样的任务。

用户界面(UI)是用户使用计算机等信息技术设备的接口,又称为人机界面。早期的操作系统,如 UNIX、MS-DOS 等,只配有命令行用户界面(CUI),需要通过输入由字符组成的命令和设备屏幕上显示的字符信息来进行操作交互。Windows 等操作系统引入了图形用户界面(GUI)以后,可以通过设备屏幕上显示的窗口、图标、按钮等不同图形呈现信息,用户则使用鼠标等设备进行控制操作,相较命令行界面更加直观、便捷。大多数的个人计算机和网络操作系统同时支持图形用户界面和命令行界面的操作,智能手机和平板电脑等等移动终端设备的操作系统,一般则只支持图形用户界面操作。

拓展阅读
附 4-2

附录 5　操作系统文件管理　»»»

操作系统的一个主要的功能就是进行信息资源的管理,即文件管理。文件是以硬盘、U 盘、光盘等外存储器为载体存储的一组信息集合,如文本、图片、音频、视频、程序等,不同类型的信息集合具有不同的文件格式。文件放置于不同的文件夹中,可进行新建、复制、移动、删除、属性设置等操作。使用文件时,可通过查找检索快速定位文件,并应用合适的程序打开文件以进行信息资源的操作。

1. 文件的命名规则

每一个文件都有一个文件名,系统通过文件名对文件进行组织管理。文件名通常由主文件名和扩展名两部分构成,中间用间隔符 “.” 隔开,如文件 “aa.txt”,其中 “aa” 是主文件名,可由用户自己命名;“txt” 是扩展名,一般用于标明文件的类型。文件命名规则如下:

1) 文件名最长可以使用 255 个字符。

2) 文件名可以使用多间隔符,最后一个间隔符后的字符被认定为扩展名。如 “deepin-desktop-community-20.2.2-amd64.iso” 是一个合法的文件名,其扩展名为 “iso”。

3) 文件名中允许使用空格,但不允许使用下列英文半角字符:<、>、/、\、|、:、"、*、? 。在查询文件时可使用通配符 “*” 和 “?”。

4) 文件名中允许使用大小写字母,显示时有所不同。Windows 操作系统在管理文件时不区分大小写,而在 UNIX、Linux 等系列的操作系统中需要区分文件名的大小写。

扩展名一般与文件所保存信息的类型相关联,用于区别文件的类型。Windows 系统中常见的文件扩展名与文件类型对应关系见附表 5-1。

附表 5-1　Windows 常见文件类型与文件扩展名

文件类型	文件扩展名
文本文件	txt
网页文件	htm、html
图像文件	jpg、jpeg、png、bmp、tif、gif
音频文件	wav、mp3、wma、au
影像文件	avi、mp4、mkv、wmv、mov、mpeg
可执行程序文件	exe
库文件	lib
压缩文件	zip、rar
光盘镜像文件	iso

2. 文件目录与文件夹

　　文件目录是指在计算机等信息技术设备中文件名与文件信息存储位置对应关系的索引数据。每个文件在文件目录中记录为一条数据,作为文件系统建立和维护文件的清单。文件目录一般包含文件名、文件内部标识、文件的类型、文件存储地址、文件的长度、访问权限、建立时间和访问时间等内容。

　　为便于管理成千上万的文件,文件目录采取多级结构:有一个根目录,根目录下可以包含若干子目录和文件,在子目录中不但可以包含文件,还可包含下一级子目录,依此类推构成多级目录结构。文件在多级目录结构中存储的位置称为目录路径,在 Windows 系统中,上一级和下一级目录用"\"分隔。多级目录的结构可以将不同类型和不同功能的文件分类储存,既方便文件管理和查找,还允许不同文件目录中的文件具有相同的文件名,解决了在同一级目录中不能存在重名文件的问题。文件夹是为了分类储存文件而建立的容器,即子目录。文件夹可用固定的命名来标识其内部存储文件的类型,如文档、图片、相册、音乐、音乐集等。

📖 知识
小贴士:
Windows
系统的文
件目录结
构

　　在 Windows 系统的文件目录结构中,首先将磁盘等外存储器划分为一个个的驱动器盘符,盘符代表着硬盘及分区、光盘、U 盘等。每个驱动器都有自己的多级文件目录,盘符下的顶级目录为根目录"\"。例如,目录路径"C:\"代表着硬盘第 1 个分区的根目录,"E:\wj\file\"代表着硬盘第 3 个分区下(或第 3 个硬盘下)"wj"文件夹中的"file"文件夹,即 E 盘根目录下 wj 一级子目录中的 file 二级子目录,如附图 5-1 所示。

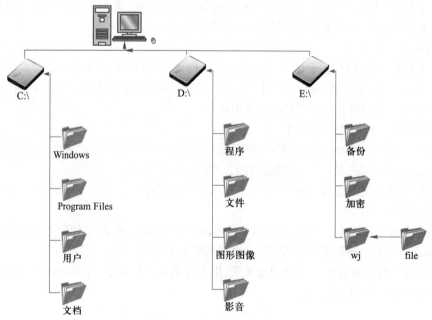

附图 5-1　Windows 目录结构

拓展阅读
附 5-1

郑重声明

高等教育出版社依法对本书享有专有出版权。任何未经许可的复制、销售行为均违反《中华人民共和国著作权法》，其行为人将承担相应的民事责任和行政责任；构成犯罪的，将被依法追究刑事责任。为了维护市场秩序，保护读者的合法权益，避免读者误用盗版书造成不良后果，我社将配合行政执法部门和司法机关对违法犯罪的单位和个人进行严厉打击。社会各界人士如发现上述侵权行为，希望及时举报，我社将奖励举报有功人员。

反盗版举报电话　（010）58581999　58582371

反盗版举报邮箱　dd@hep.com.cn

通信地址　北京市西城区德外大街4号

　　　　　高等教育出版社法律事务部

邮政编码　100120

读者意见反馈

为收集对教材的意见建议,进一步完善教材编写并做好服务工作,读者可将对本教材的意见建议通过如下渠道反馈至我社。

咨询电话　400-810-0598

反馈邮箱　gjdzfwb@pub.hep.cn

通信地址　北京市朝阳区惠新东街4号富盛大厦1座

　　　　　高等教育出版社总编辑办公室

邮政编码　100029